Die Sprache wissenschaftlicher Objekte

Lingua Academica

Beiträge zur Erforschung historischer Gelehrten- und Wissenschaftssprachen

Herausgegeben von
Wolf Peter Klein, Michael Prinz
und Bettina Lindner-Bornemann

Band 8

Die Sprache wissenschaftlicher Objekte

Interdisziplinäre Perspektiven auf die materielle Kultur in den Wissenschaften

Herausgegeben von
Bettina Lindner-Bornemann und Sebastian Kürschner

DE GRUYTER

ISBN 978-3-11-143713-2
e-ISBN (PDF) 978-3-11-143739-2
e-ISBN (EPUB) 978-3-11-143757-6
ISSN 2569-9903

Library of Congress Control Number: 2024940664

Bibliografische Information der Deutschen Nationalbibliothek
Die Deutsche Nationalbibliothek verzeichnet diese Publikation in der Deutschen Nationalbibliografie; detaillierte bibliografische Daten sind im Internet über http://dnb.dnb.de abrufbar.

www.degruyter.com

Inhaltsverzeichnis

Vorwort

Unter dem Titel „Die Sprache wissenschaftlicher Objekte. Interdisziplinäre Perspektiven auf die materielle Kultur in den Wissenschaften“ trafen sich im September 2019 Wissenschaftlerinnen und Wissenschaftler aus (Medizin-)Geschichte, Literaturwissenschaft, Kunstgeschichte und Linguistik in Eichstätt. Die Ergebnisse sind in diesem Tagungsband versammelt. Den Teilnehmerinnen und Teilnehmern möchten wir an dieser Stelle noch einmal für ihre vielseitigen und interessanten Beiträge und die regen Diskussionen, aber auch für ihre Geduld im Publikationsprozess danken.

Wir freuen uns, dass der Band nun zum Abschluss gekommen ist. Hierfür sind wir einer Reihe von Unterstützerinnen und Unterstützern zu Dank verpflichtet. Wir danken unseren Gutachterinnen und Gutachtern, die zur Qualität der Beiträge und des Bandes beigetragen haben. Elisabeth Regensburger und Kerstin Dierolf sind wir für ihre Hilfe bei der Vorbereitung und Durchführung der Tagung dankbar. Für die Aufnahme und Betreuung des Bandes durch den De Gruyter-Verlag danken wir Prof. Dr. Wolf Peter Klein und Prof. Dr. Michael Prinz sowie den Mitarbeiterinnen und Mitarbeitern des Verlags. Herzlich bedanken möchten wir uns außerdem bei Jana Dietzel, Kerstin Dierolf, Chiara Rastelli und Magdalena Wank für ihre kritische Lektüre und redaktionelle Bearbeitung der Beiträge. Der Sprach- und Literaturwissenschaftlichen Fakultät der KU Eichstätt-Ingolstadt danken wir für ihre finanzielle Unterstützung der Druckkosten des Bandes.

Hildesheim und Eichstätt im Juli 2024
Bettina Lindner-Bornemann und Sebastian Kürschner

https://doi.org/10.1515/9783111437392-203

Bettina Lindner-Bornemann und Sebastian Kürschner

Einleitung

Im Zuge des ‚material turn' in den Geisteswissenschaften wurden Objekte in das Zentrum des Forschungsinteresses gerückt und die herausragende Bedeutung der Sachkultur für die europäische Kulturgeschichte herausgearbeitet.[1] Ein zentrales Ergebnis der zahlreichen Studien aus unterschiedlichen Disziplinen ist, dass Gegenstände eng mit der soziokulturellen Identität des Menschen verbunden sind und dass sich in der materiellen Beschaffenheit der Dinge auch immer Vorstellungswelten und Wissenshorizonte einer spezifischen Zeit zeigen (vgl. Bräunlein 2012; Samida, Eggert & Hahn 2014). Wie Wissen in Objekten und Dingen wirkt bzw. wie diese es hervorbringen, zählte dabei von Anfang an zu den zentralen Fragestellungen. Ohne Zweifel kam und kommt Objekten im (wissenschaftlichen) Erkenntnisprozess eine tragende Rolle bei der Erforschung und Systematisierung der Welt zu, sei es als Gegenstand des Nachdenkens und Sammelns, als Hilfsmittel zur Erfassung der Wirklichkeit oder zur Veranschaulichung.

Um sie für den Erkenntnisprozess fruchtbar zu machen, mussten die Objekte im Austausch mit anderen Gelehrten und Wissenschaftlern geordnet, beschrieben, archiviert und interpretiert werden (vgl. u. a. Siemer 2004). Gerade dieses Wechselspiel von Objekten und der kommunikativen Dimension von Wissenschaft ist aber noch verhältnismäßig wenig erforscht.[2] Wie werden Objekte be-

1 In den beteiligten Disziplinen haben sich zu diesem Themenkomplex mittlerweile kaum noch zu überblickende Fachdiskurse entsponnen. Nur exemplarisch möchten wir hier auf einige Publikationen verweisen: Einen guten Überblick über die verschiedenen Fachdiskurse zum Thema bietet das „Handbuch Materielle Kultur" von Hahn, Eggert & Samida (2014). Auf mittlerweile 46 Bände kommt die Reihe „Materiale Textkulturen", die die altertumswissenschaftlichen Forschungen des gleichnamigen Heidelberger Sonderforschungsbereiches dokumentiert, vgl. u.a. den Einführungsband von Meier, Ott & Sauer (2015) und den Abschlussband Dietrich, Lieb & Schneidereit (2023). Und auch die Universitäts- und Wissenschaftsgeschichte sowie die Wissenschaftssoziologie widmen sich in den letzten drei Jahrzehnten zunehmend ihrer reichen Objekt- und Sammlungsgeschichte (vgl. z. B. zur Rolle von Objekten im disziplinären Ausdifferenzierungsprozess Stichweh 1984 & 1994; zur Entstehung und Entwicklung wissenschaftlicher Sammlungen vgl. u.a. Andraschke & Ruisinger 2007; Georg-August-Universität Göttingen 2012; Müller 2020; Szemethy et al. 2013; Wenderholm & Posselt-Kuhli 2017).

2 Vgl. zu kulturwissenschaftlichen Ansätzen das umfängliche „Handbuch Literatur & Materielle Kultur" von Scholz & Vedder (2018) sowie etwa Brunner (2015), Mühlherr et al. (2018) oder Stapelfeld, Vedder & Wiehl (2020).

https://doi.org/10.1515/9783111437392-001

nannt und wie verändern sich die Bezeichnungen im Laufe der Zeit?[3] Welche Intention verfolgen die Kommunizierenden[4] bei der Benennung und wie entstehen wissenschaftliche Systematiken und Taxonomien? Welche Sprachlichkeit ist Objekten inhärent und wie wird diese durch die Materialität beeinflusst? Wie wird über wissenschaftliche Objekte gesprochen und wie verändern Objekte das Sprechen über Wissenschaft? Welche neuen Textsorten entstehen durch Objekte?

Zu diesen und weiteren objektbezogenen Fragen liefert der vorliegende Band, der auf eine entsprechende Tagung an der Katholischen Universität Eichstätt-Ingolstadt im Jahr 2019 zurückgeht, schlaglichtartige Ergebnisse aus einer interdisziplinären Perspektive. Das Innovationspotential der hier versammelten Beiträge liegt dabei in der disziplinären Horizonterweiterung. Disziplinen, die schon immer einen genuinen Objektbezug aufweisen – wie Kunstgeschichte und Kunstwissenschaft – und Fächer, die sich schon lange mit Fragen der Materialität beschäftigen – wie die Geschichtswissenschaft, Literaturwissenschaft und Medizingeschichte – berücksichtigen hier noch stärker sprachliche Aspekte, und die Sprachwissenschaft, die bisher sehr verhalten auf die Impulse aus den Kulturwissenschaften reagiert hat, öffnet sich für objektbezogene Fragestellungen.

Diese disziplinär offene Herangehensweise hat zur Folge, dass im vorliegenden Band die Begriffe *Objekt*, *Ding*, *Sache*, *Gegenstand*, *Artefakt* etc. nicht einheitlich verwenden werden (zur Begriffsgeschichte vgl. Samida, Eggert & Hahn 2014: 2). Wir haben uns bewusst gegen eine Vereinheitlichung des Objektbegriffs entschieden. Diesen unterschiedlichen Sprachgebrauch gilt es bei der Lektüre der Beiträge zu beachten.

Die Beiträge umspannen mit Bezug auf die untersuchten Objekte und ihre sprachlichen Aspekte Zeiträume von der Frühen Neuzeit bis zur Gegenwart. Die Anordnung der Beiträge reflektiert die im Band vertretenen Untersuchungszeiträume chronologisch.

Eine wissenschaftliche Benennungspraxis der Frühen Neuzeit nimmt Jonathan Gaede mit seinem Beitrag „So nehmet die materia und thut sie in ein

---

3 So entstand beispielsweise die auch heute noch gültige binäre Nomenklatur und Taxonomie Carl von Linnés durch das beständige Neuanordnen und Vergleichen der im Herbarium aufbewahrten Blätter, Samen etc. und durch den intensiven Austausch mit anderen Gelehrten in ganz Europa, vgl. Siemer (2004).

4 Bezeichnungen für Dinge, die den Namen des Entdeckers oder einer verehrten Persönlichkeit dokumentieren (z. B. *Anophthalmus hitleri* für einen Käfer, 1937 durch Oskar Scheibel explizit mit dem Motiv der Verehrung benannt), zeigen, dass neben einer wissenschaftlich eindeutigen Zu- und Einordnung in die wissenschaftliche Systematik auch andere Intentionen bei der Benennung eine Rolle spielen können.

solches Glaß' – Gefäßdarstellungen in Destillationsbüchern und alchemistischen Traktaten der frühen Neuzeit" in den Blick. Auf der Basis einer akribischen Analyse werden die Benennungen unterschiedlicher Gefäßtypen in den genannten Quellen untersucht. Die terminologische Vielfalt zeigt, dass weder klare Benennungen noch eine einheitliche Handhabung der Gefäße in der frühen Neuzeit bereits etabliert waren. Entsprechendes Gewicht kommt den Abbildungen zu, die zur Illustration der Benennungen vorzufinden sind und als weitere Orientierungsquelle dienen.

Im Beitrag „Objekte und das Schreiben über Objekte: Bauprojekte des 15. und 16. Jahrhunderts und ihre Versprachlichung" von Matthias Schulz geht es um historische sog. Werkmeisterbücher, Bauhüttenordnungen, Verträge und Briefe, Rechnungen, Skizzen und weitere Texte, die herangezogen werden, um dem Bezug zwischen Objekt, Prozess und Versprachlichung nachzuspüren. Der Verfasser zeigt Innovationspotentiale auf, verweist aber auch auf Schwierigkeiten interdisziplinärer Projekte vor dem Hintergrund mangelnden Wissens über das historische Bauwesen in allen beteiligten Disziplinen.

Sabine Schlegelmilch geht in ihrem Beitrag „Das irritierende Objekt: Girolamo Fabrizis *Hoplomochlion* und die Regeln der Objektkommunikation in frühneuzeitlichen Chirurgiebüchern" den Konventionen der Kommunikation von Objekten in medizinischen Werken der Frühen Neuzeit nach. Durch die neuen Möglichkeiten des Buchdrucks wurden zunehmend mehr Objekte in der medizinischen Fachliteratur abgebildet. Das erforderte, die Abbildungen in Bezugstexten zu erläutern. In welchem Umfang und wie explizit die Erläuterungen ausfielen, blieb aber den Autoren vorbehalten – und damit auch ihren akademischen, praktischen oder monetären Interessen. Im Laufe der Zeit etablierten sich Standards der fachsprachlichen Kommunikation im Deutschen. Diese Entwicklung zeichnet die Verfasserin anhand eines in Fabrizis *Operationes chirurgicae* abgebildeten Objekts, dem *Hoplomochlion*, exemplarisch nach.

Den Übergang von der Frühen Neuzeit hin zur Moderne markiert der Beitrag von Marcus Stelter, der sich mit dem „Argumentieren mit Geschenken – Vakzingeschenke an der Wende zum 19. Jahrhundert." beschäftigt. Thema ist das unter Wissenschaftlern im späten 18. Jahrhundert etablierte Austauschen von Geschenken und Gefälligkeiten, das insbesondere als Teil der Wissenschaftskommunikation betrachtet wird, also als Teil einer argumentativen Strategie, um Erkenntnisprozesse und Neubewertungen beim Empfänger auszulösen. Beispielhaft wird dies anhand von Pocken-Vakzingeschenken untersucht. Das Versenden solcher Geschenke spielte eine wichtige Rolle bei der Verbreitung der neuen Impfpraxis. Deutlich wird dabei auch, dass die materielle Weitergabe zusätzliche Vorteile gegenüber der rein schriftlich-argumentativen Darstellung mit sich brachte, indem sie das Ausprobieren ermöglichte.

In seinem Beitrag „Die Neubildung einer Wissenschaft. Die Sprache der experimentellen und der Völkerpsychologie bei Wilhelm Wundt“ untersucht Thomas Fuchs die Schriften Wilhelm Wundts und seines Umfelds auf die Frage hin, wie das wissenschaftliche Paradigma der sich neu als experimentell-empirisches Fach orientierenden Psychologie zur Zeit der Jahrhundertwende durch die Etablierung von neuen Begrifflichkeiten und Erkenntnisstrategien fundiert werden sollte. Mit ihrem Anspruch, durch objektive Messungen zu Erkenntnissen zu gelangen, setzte sich das neue Verständnis der Psychologie von den bisherigen philosophisch geprägten Traditionen ab. Das ebenfalls von Wundt maßgeblich beeinflusste Paradigma der „Völkerpsychologie“ zeigt im Vergleich dazu keine neuen Begriffsprägungen, sondern bleibt beim traditionellen, historisch-kulturwissenschaftlichen Wortschatz.

Im Beitrag „Odradeks Erben. Poetik und Politik technischer Individuation in Franz Kafkas *Die Sorge eines Hausvaters*, Karel Čapeks *R.U.R.* und bei Simon Denny“ setzt sich Martin Bartelmus mit der literarischen und künstlerischen Erarbeitung und Verarbeitung technischer Objekte auseinander. Anhand zweier literarischer Werke, die auf unterschiedliche Art und Weise anthropomorphe technische Objekte behandeln, wird Fragen zur Poetisierung des Mensch-Maschine-Verhältnisses nachgegangen. Der Beitrag diskutiert darüber hinaus die aus dem Umgang mit Objekten entstehenden Konsequenzen für das menschliche Selbstbild, die Grenzziehung zwischen Mensch und Maschine und die Folgerungen für das Zusammenleben.

Im Beitrag von Cornelia Ortlieb geht es um „Arbeit am fragilen Objekt. Die vier Dimensionen des Papiers bei Josef Albers“, dem Bauhauskünstler und Volksschullehrer. Behandelt werden Objekte, die heute verschwunden sind, nämlich Papiergebilde, die in den Vorkursen für das Studium am Bauhaus entstanden. Anhand eines Berichts und der Fotografien von Erich Consemüller wird der Versuch unternommen, Einblick in diese Vorkurse und die dort erstellten Objekte zu nehmen. Es wird hier die Arbeit an einem einfachen Blatt Papier als Flächenobjekt offenbar, das durch Falten neue, faszinierende Dimensionen annimmt. Die wissenschaftliche Arbeit am „fragilen Objekt“ wird bezüglich ihrer Beschränktheit, aber auch bezüglich ihrer kreativen Möglichkeiten diskutiert und reflektiert.

Die moderne Benennungspraxis in der Mikrobiologie ist Gegenstand des Beitrags von Alexander Waszynski. In „Macht des Benennens. Mikroben als sprachliche Objekte in Sammlungskontexten“ geht er Benennungspraktiken für Kleinstlebewesen nach und zeigt auf, welche Rolle sprachliche Verfahren bei der Konstitution von Mikroben als „Biofakte“ spielen. Am Beispiel der *Deutschen*

Sammlung von Mikroorganismen und Zellkulturen (DSMZ) wird dargestellt, welche Schwierigkeiten sich in der sprachlichen Benennung der Mikroben und ihrer Wechselwirkung mit der Abgrenzung und Einteilung auf biologischer Ebene ergeben. Die Namengebung wird dabei als konstitutiver Bestandteil der Erkenntnis und Einordnung des Objekts gerahmt.

Es lässt sich resümieren, dass die Beiträge wertvolle Einblicke in den wissenschaftshistorisch relevanten Themenkomplex liefern. Gleichzeitig ist aber auch deutlich geworden, dass wir noch weit von einer auch nur annähernd exhaustiven Beantwortung der aufgeworfenen Fragestellungen entfernt sind. Ein zentrales Anliegen der Herausgeber ist es daher, dass die hier präsentierten Ergebnisse Anknüpfungspunkte für weitere Forschungen bieten und zu einer intensiveren Beschäftigung mit der sprachlichen Dimension wissenschaftlicher Objekte anregen.

Literaturverzeichnis

Andraschke, Udo & Marion M. Ruisinger (Hrsg.) (2007): *Die Sammlungen der Universität Erlangen-Nürnberg. Begleitband zur Ausstellung „Ausgepackt. Die Sammlungen der Universität Erlangen-Nürnberg“.* Nürnberg: Tümmels.

Bräunlein, Peter J. (2012): Material turn. In: Georg-August-Universität Göttingen (Hrsg.), *Dinge des Wissens. Die Sammlungen, Museen und Gärten der Universität Göttingen.* Göttingen: Wallstein, 30–44.

Brunner, José (Hrsg.) (2015): *Erzählte Dinge. Mensch-Objekt-Beziehungen in der deutschen Literatur.* Göttingen: Wallstein.

Georg-August-Universität Göttingen (Hrsg.) (2012): *Dinge des Wissens. Die Sammlungen, Museen und Gärten der Universität Göttingen.* Göttingen: Wallstein.

Hahn, Hans P., Manfred Eggert & Stefanie Samida (Hrsg.) (2014): *Handbuch Materielle Kultur.* Stuttgart: Metzler.

Dietrich, Nikolaus, Ludger Lieb & Nele Schneidereit (2023): *Theory and Classification of Material Text Cultures: Concluding Volume of the CRC 933*. Berlin, Boston: De Gruyter.

Meier, Thomas, Michael R. Ott & Rebecca Sauer (2015): *Materiale Textkulturen: Konzepte - Materialien - Praktiken*. Berlin, Boston: De Gruyter.

Mühlherr, Anna et al. (Hrsg.) (2018): *Dingkulturen. Objekte in Literatur, Kunst und Gesellschaft der Vormoderne.* Berlin, Boston: De Gruyter.

Müller, Miriam (2020): *Der sammelnde Professor. Wissensdinge an Universitäten des Alten Reichs im 18. Jahrhundert.* Stuttgart: Steiner.

Scholz, Susanne & Ulrike Vedder (2018): *Handbuch Literatur & Materielle Kultur.* Berlin, Boston: De Gruyter.

Siemer, Stefan (2004): *Geselligkeit und Methode: naturgeschichtliches Sammeln im 18. Jahrhundert.* Mainz: von Zabern.

Stapelfeldt, Johanna, Ulrike Vedder & Klaus Wiehl (Hrsg.) (2020): *Museales Erzählen. Dinge, Räume, Narrative.* Paderborn: Fink.

Stichweh, Rudolf (1994): *Wissenschaft, Universität, Professionen. Soziologische Analysen.* Frankfurt am Main: Suhrkamp.

Stichweh, Rudolf (1984): *Zur Entstehung des modernen Systems wissenschaftlicher Disziplinen. Physik in Deutschland 1740–1890.* Frankfurt am Main: Suhrkamp.

Szemethy, Hubert et al. (Hrsg.) (2013): *Gelehrte Objekte? Wege zum Wissen. Aus den Sammlungen der Historisch- Kulturwissenschaftlichen Fakultät der Universität Wien.* Wien: Gerhard Löcker.

Wenderholm, Iris & Christina Posselt-Kuhli (Hrsg.) (2019): *Kunstschätze und Wissensdinge. Eine Geschichte der Universität Hamburg in 100 Objekten*. Petersberg: Michael Imhof.

Jonathan Gaede

„So nehmet die materia und thut sie in ein solches Glaß“

Gefäßdarstellungen in Destillationsbüchern und alchemistischen Traktaten der frühen Neuzeit

Gefäße aus Glas, Ton oder Metall waren für die frühneuzeitliche (Al-)Chemie und die mit ihr verwandte Destillationskunst als Arbeitswerkzeuge für eine Vielzahl chemischer Prozesse von herausragender Bedeutung: Neben einfachem Aufbewahrungs- und Auffanggefäßen wie *Kolben* und *Phiole* dienten *Aludel*, *Alembik* und *Retorte* der Destillation bzw. Sublimation von Feststoffen und Flüssigkeiten; andere, oft geschlossene Gefäßvorrichtungen kamen für Filtrationen, Mazerations- und Fäulungsprozesse sowie viele aus heutiger Sicht eigentümlich erscheinende Operationen zum Einsatz – vom Erwärmen des Destillationsguts im Ameisenhaufen bis hin zur wiederholten Zirkulation von Destillaten. Ein exemplarischer Blick über die z.T. auch in der einfachen Bevölkerung verbreiteten Destillationsbücher sowie die oft in Form geheimnisvoller Allegorien und Bilder verfassten alchemistischen Traktate belegt nicht nur die große Formenvielfalt, sondern auch die Benennungsvielfalt der verwendeten Gefäße und die daraus resultierenden terminologischen Unsicherheiten. Um dieser Vielfalt Herr zu werden, kamen neben schriftlichen Definitions- und Systematisierungsversuchen vor allem auch Illustrationen zum Einsatz. Neben den vergleichsweise nüchternen Darstellungen in Destillationsbüchern und frühen „chymischen“ Werken waren Gefäße wie das *philosophische Ei* zudem auch fester Bestandteil der alchemistischen Ikonographie und Allegorik. Der vorliegende Beitrag liefert einen Überblick über die Destillationsgefäße der Frühen Neuzeit und widmet sich im Kern der Frage, woher die terminologischen Unsicherheiten in Bezug auf ihre Benennungen rühren und inwieweit Abbildungen dieses Problem lösen konnten. Darüber hinaus widmet er sich im Eingangsteil auch den verschiedenen Akteuren, die Destillationen und verwandte Prozesse durchführten und welche Vermittlungsperspektiven sich hieraus ergaben: zwischen gelehrten Alchemisten, ihren Laborhelfern und ihren adeligen Gönnern, zwischen professionellen Destillateuren und einfachen Hausbrennern und -brennerinnen.

https://doi.org/10.1515/9783111437392-002

1 Vorbemerkungen

Für die moderne Chemie sind Gefäße als wissenschaftliche Objekte nach wie vor von großer Bedeutung und noch größerer Ikonizität: Kaum eine Darstellung von Chemikerinnen und Chemikern bei der Arbeit kommt ohne Reagenzglas oder Kolben aus; die zur Destillation verwendete Retorte findet sich als paraheraldische Figur unter anderem in Stadtwappen, Vereins- und Firmenlogos und sogar in den militärischen Abzeichen von ABC-Abwehrtruppen. Bereits in der Alchemie als historischem Vorläufer der Chemie gehörten eine Fülle von Gefäßen zum ständigen Handwerkszeug, von Kolben und Phiolen über Retorten, Alembiken und Aludeln bis hin zum *philosophischen Ei* der Transmutationsalchemie. Die Form, Materialität und Benennung dieser äußerst vielgestaltigen Objekte wird in zahlreichen Traktakten der frühen Neuzeit intensiv behandelt. Neben rein alchemistischen (und frühen chemischen) Texten ist hierbei die Rolle der Destillationsbücher gesondert herauszustellen; dies zum einen, weil die frühneuzeitliche Destillationskunst der Alchemie zum Teil nur in einem erweiterten Sinne zugerechnet werden kann, vor allem aber, um der Bedeutung dieser auch in der einfachen Bevölkerung weit verbreiteten Handwerkskunst Rechnung zu tragen. Nach einem kurzen Überblick zu den einbezogenen Texten (Kap. 2) soll daher zunächst auf die – in der Praxis zu jeder Zeit durchlässigen – Abgrenzungen zwischen Destillationskunst und Alchemie, aber auch auf weitere Abgrenzungen von und innerhalb der Alchemie eingegangen werden; hierzu zählen etwa die Begriffe der Spagyrik, Iatrochemie oder Chemiatrie, die metallurgische Probierkunst und nicht zuletzt auch die Chemie bzw. *Chymie* (vgl. Barke 1991: 47), die sich im späteren Verlauf der Frühen Neuzeit zunehmend von der Alchemie zu emanzipieren begann (Kap. 3). Auch einige relevante Vermittlungsperspektiven werden hierbei beleuchtet, etwa der Kontakt mit adeligen Auftraggebern. Im darauffolgenden, umfangreichsten Abschnitt werden die zum Einsatz kommenden Gefäße sowie die mit ihnen zusammenhängende historische Terminologie erörtert (Kap. 4). Die zahlreichen begleitenden Abbildungen in den Texten werden dabei bewusst nicht ausgeklammert und – nach einem Zwischenbefund zur Gefäßterminologie – noch einmal gesondert betrachtet (Kap. 5). Neben den mehr oder weniger realitätsgetreuen Abbildungen zur Veranschaulichung von Gefäßen und Gefäßkonstruktionen werden hier aber auch ihre Darstellung in den allegorischen Bildsujets der Transmutationsalchemie sowie ihre Abkürzung durch alchemistische Symbole beleuchtet.

2 Übersicht der Texte

Bei den untersuchten Primärtexten handelt es sich um zwischen 1500 und 1700 erschienene, ganz oder überwiegend deutschsprachige (z.T. auch auf Deutsch übersetzte) Drucktexte, die sich in unterschiedlichem Umfang und unterschiedlicher Form mit Destillationsvorgängen und verwandten Verfahren sowie den dabei zum Einsatz kommenden Gefäßen befassen. Alle Werke sind zum gegenwärtigen Zeitpunkt als Online-Digitalisate frei verfügbar, die entsprechenden Verlinkungen können dem Literaturverzeichnis entnommen werden. Sie verfügen jeweils auch über Einträge in der Würzburger *Fachtexte-Datenbank* (vgl. Klein et al. 2008), wo sie dem Sachbereich *Chemie und Alchemie* und in einigen Fällen auch dem Spezialthema *Destillationskunst* zugeordnet werden – letzteres aber nur dann, wenn es tatsächlich in der Hauptsache um Destillationen geht.[1]

Das ist z.B. der Fall bei den beiden Destillationsbüchern des Straßburger Wundarztes und Botanikers *Hieronymus Brunschwig* (auch: Braunschweig, geb. um 1450 in Straßburg, gest. 1512–1513 ebd.). Sein *Kleines Destillierbuch* (vgl. Brunschwig 1500) erfreute sich als heilkundliches Volksbuch, aber auch unter professionellen Apothekern und Berufs-Destillierern größter Beliebtheit. Es wurde bis ins frühe 18. Jahrhundert mehrfach übersetzt und neu aufgelegt (vgl. Will 2009: 11, Salzer 2010: 36) und darf für die frühneuzeitliche Destillationskunst zweifellos als Standardwerk und Vorbild zahlreicher weiterer Destillationsbücher gelten. Neben den Destillationsmethoden und den dabei verwendeten Instrumenten werden vor allem Pflanzen und ihre medizinische Wirkung vorgestellt, wodurch das Werk eine Brücke zwischen den alchemistisch tradierten Destillationstechniken und den zeitgenössischen Kräuterbüchern schlägt. Das *Große Destillierbuch* (vgl. Brunschwig 1512) weitete den Rahmen über die im kleinen Destillierbuch behandelten einfachen Arzneimittel (*Simplicia*) hinaus auf die zusammengesetzten *Composita* aus.

Von vergleichbarer Reichweite wie Brunschwig (1500) war das bereits im 15. Jahrhundert erschienene *Büchlein von den ausgebrannten Wässern* des Wiener Arztes und Universitätsdekans *Michael Puff* (auch: *Puff von Schrick*, um 1400–1473,

1 Um weitere Entwicklungslinien der Gefäßterminologie über 1700 hinaus zu beleuchten, werden außerdem einige jüngere Wörterbücher und Fachlexika hinzugezogen. Es handelt sich hierbei um die Wörterbücher von Adelung (1793–1801) und Zedler (1732–1754) sowie das *Lehrbuch der Chemie* (Berzelius 1831) des schwedischen Chemikers Jöns Jakob Berzelius.

s. Keil 2003: 6), das hier aber nur in Bezug auf die Titelillustration herangezogen wird (vgl. Puff 1501).

Auch der Arzt und Alchemist Adam von Bodenstein (geb. 1528 in Kemberg, gest. März 1577 in Basel) wird im Folgenden nur einen kleinen, aber nicht unwichtigen Auftritt haben. Bodenstein, eine „Zentralgestalt des dt. Frühparacelsismus" (Telle 2008: 307), begründete mit seinem *Onomasticum Theophrasti Paracelsi* (vgl. Bodenstein 1575) die „Paracelsus-Lexikographie" (Telle 2008: 310, Klein 2011a: 491, s.a. Kühlmann 2017: 159) – es handelt sich also um eine Sammlung von Begriffen aus dem Werk des Universalgelehrten und Reformmediziners Theophrastus Bombast von Hohenheim, besser bekannt als *Paracelsus*.

Das Gesamtwerk des „Polyskribenten" (Müller-Jahnke 2013: 118) *Andreas Libavius* (geb. 1555 in Halle, gest. 25.7.1616 in Coburg) ist noch nicht vollständig erschlossen und umfasst neben pädagogischen Schriften und Gedichten auch naturkundliche und alchemistische Texte, daneben aber auch Polemiken gegen den seinerzeit aufkommenden Paracelsismus und das ebenfalls alchemistisch-naturmagisch motivierte Rosenkreuzertum. Sein Verhältnis zur Alchemie und zu Paracelsus war ambivalent: Er unterstützte durchaus die chemiatrischen Neuerungen des Paracelsismus, lehnte aber dessen „naturphilos.-magischen Bereich als orthodoxer Lutheraner strikt ab" (Müller-Jahnke 2013: 119). Seine auf Latein verfasste *Alchemia* (vgl. Libavius 1597) gilt als Anfang der „chemische[n] Lehrbuchtradition" (Priesner 2011: 60, vgl. auch Müller-Jahnke 1998: 222), seine deutschsprachige *Alchymistische Practic* (Libavius 1603) enthält aber auch ein umfangreiches Rezept für den Stein der Weisen (*Lapis Philosophorum*), das im Gegensatz zu den meisten anderen *Lapis*-Rezepten jedoch nicht „mit Charakteren / heimlichen Worten / Himmlischen Zeichen / Figuren und Gemälden" verschlüsselt, sondern „klar unnd einfeltig" (Libavius 1603: 242) beschrieben wird.

Unter dem Namen *Salomon Trismosin* wurden zahlreiche alchemistische Traktate veröffentlicht, wahrscheinlich bedienten sich mehrere Autoren dieses Pseudonyms. Der Legende nach soll Trismosin ein in Deutschland geborener fahrender Alchemist gewesen sein, der sich mithilfe des Steins der Weisen im hohen Alter selbst verjüngt und noch mindestens weitere 150 Jahre gelebt haben soll, außerdem wurde er zum Lehrmeister des Paracelsus verklärt (vgl. Kopp 1886a: 98). Als sein angebliches Hauptwerk zählt das *Aureum Vellum*, das eigentlich aus einer Kompilation alchemistischer Traktate verschiedener Autoren besteht. Der erste gedruckte Band erschien 1598, im Folgenden zitiert wird der fünfte und letzte Band, der u.a. ein mit allegorischen Gefäßdarstellungen bebildertes Rezept für den Stein der Weisen enthält (vgl. Trismosin 1605: 244). Der wahre Autor des Texts ist unbekannt.

Wie *Brunschwig* (1500, 1512) trägt auch die *Ars Destillatoria* des neapolitanischen Naturphilosophen Giambattista della Porta (geb. 1535 in Vico Equense, Süditalien, gest. 1615 in Neapel) die Destillation bereits im Titel. Der aus einer edelfreien Salerner Familie stammende Porta gehörte zu den prominentesten Gelehrten seiner Zeit. Zentral für seine Naturphilosophie war der Begriff einer *Magia naturalis*, einer natürlichen Magie, die durch „theoretische Einsichten und praktisch-experimentelle Arbeit" (Keil 1998: 287) wissenschaftlich erklärt und verstanden werden konnte. In seinen späteren Lebensjahren wandte sich Porta verstärkt alchemistischen Studien zu. Im Zuge dessen erschien 1608 sein alchemistischen Laborarbeiten gewidmetes Werk *De distillatione*, die vorliegende deutsche Übersetzung durch den Frankfurter Stadtarzt *Peter Uffenbach* (s. hierzu Jung 1895: 134) folgte drei Jahre später (vgl. Porta 1611).

Der *Vollkommenene Bericht von der hochberümbten Kunst der Alchymj* (vgl. Beuther & Burggrav 1631) eröffnet spannende Einblicke in die alchemistische Praxis an den Fürstenhöfen, und dies gleich in doppelter Hinsicht. Der vermutlich zwischen 1514 und 1533 geborene *David Beuther* war einer der ersten Alchemisten im Dienste des Kurfürsten August von Sachsen, bekleidete diese Position aber nicht durchgehend freiwillig: Nachdem er seine vorgeblichen Kenntnisse über den Stein der Weisen nicht preisgeben wollte, soll er von August gefangengesetzt und sogar mit Folter bedroht worden sein. Und noch abenteuerlichere Geschichten ranken sich um seine Person: So soll er das Manuskript seiner „drei Feuerkünste" in der Wand seiner Klosterstube entdeckt haben und sich 1582 durch Suizid mit einer unbekannten Substanz dem Zugriff des Fürsten entzogen haben (vgl. Bartkowski 2012). Der *Vollkommenene Bericht* besteht zu einem Großteil aus einen Schriftwechsel zwischen Beuther und August, der anscheinend ebenjene „drei Feuerkünste" behandelt. Fast ein halbes Jahrhundert nach Beuthers Tod gibt sie der 1608–1633 wirkende Alchemist Johann Ernst Burggrav (s. DNB-Eintrag) wiederum für seinen eigenen adligen Gönner Graf Ludwig Casimir zu Sayn-Wittgenstein-Berleburg in den Druck, nachdem er die Manuskripte angeblich von seinem Vater Johann Bartholomäus Burggrav geerbt haben will.[2]

2 Es sei an dieser Stelle angemerkt, dass in der Alchemie oft eigene Werke unter fremden Namen, Pseudonymen oder als angebliche Fund- oder Erbstücke herausgegeben wurden, wie sich am Beispiel Trismosins schon zeigte – da ein *wahrer Alchemist* nach landläufiger Vorstellung seine Geheimnisse niemals freiwillig verraten würde, konnte so eine plausible Distanz zwischen Werk und Autor geschaffen werden. Beuthers Geschichte vom angeblichen Klosterfund, die zudem verdächtig an die Legende der angeblichen Schriften des Basilius Valentinus (s. Barke 1991: 56–58) erinnert, ist sehr wahrscheinlich erfunden – aber auch Burggravs eigene Erläuterung

Wie schon bei Salomon Trismosin dürfte es sich bei den beiden unter dem Namen *Isaac* und *Johannes Isaac Hollandus* auftretenden Alchemisten um Pseudonyme handeln: Einigen Quellen zufolge soll es sich um Vater und Sohn gehandelt haben, dies ist aber ebenso ungesichert wie eine niederländische Herkunft, die der gemeinsame Name vermuten lässt. Unter dem Namen *Hollandus* wurden bis ins 17. Jahrhundert hinein zahlreiche medizinisch-alchemistische Schriften veröffentlicht, „die teilweise paracelsistische Einflüsse erkennen lassen und damit entgegen der Legende nicht im 15., sondern erst im 16. Jh. entstanden sein können" (Paulus 1998: 181). Hierzu zählt auch der *Tractatus de Lapide Philosophico* (vgl. Hollandus 1669), der sich mit der Herstellung des Steins der Weisen und der Metalltransmutation befasst.

Wenig bekannt ist auch zur Vita des italienischen Chemikers *Carlo Lancillotti*, er findet aber Erwähnung bei Kopp (1886b): Nachdem er bereits 1672 zu Modena ein *Guida alla chimica* herausbrachte, veröffentlichte Lancillotti 1677 in Venedig sein *Nuovo guida alla chimica*, das zunächst 1680 als *De brandende Salamander* ins Holländische und ein Jahr später durch einen gewissen „J. L. M. C." aus dem Holländischen ins Deutsche übersetzt wurde (Lancillotti 1681). Das Werk liefert eine umfangreiche Übersicht chemischer Operationen und erhielt noch zahlreiche weitere Auflagen (vgl. Kopp 1886b: 380).

Das *Theatrum Chimicum* des niederländische Arzts, Anatoms und Pharmazeuten *Steven Blankaart* (geb. 1650 in Middelburg, gest. 1701 in Amsterdam) „gehört in die Reihe frühaufklärerischer Chemiebücher, die schon eher zur modernen Chemie als zur Alchemie zu zählen sind": Blankaart kompiliert hier nüchtern eine Vielzahl von Geräten, Verfahren und Rezepturen und „bedient sich dabei berühmter chemischer bzw. alchemistischer Schriften, ohne dass er seine Quellen präzise kenntlich machen würde" (Laube 2012). Blankaart war aber keineswegs nur als Kompilator von bekanntem Wissen aktiv, sondern forschte auch selbst empirisch in anderen naturkundlichen Bereichen, etwa in der Insektenkunde, wobei er anderem auch mit der Naturforscherin Maria Sibylla Merian (1647–1717) zusammenarbeitete.

der Herkunftsgeschichte der Texte könnte eine geschickte Fiktion sein, die die seinerzeit bereits bekannte Geschichte des vom Kurfürsten gepeinigten Alchemisten Beuther aufgreift. Von Burggrav stammt zumindest das Vorwort (vgl. Beuther & Burggrav 1631: 1–8) des Werks; das abschließende Kapitel, das in Form eines Lehrdialogs über die Tricks der betrügerischen „schweiffenden Alchimisten" aufklärt (Beuter & Burggrav 36), kann dagegen weder Beuther noch Burggrav klar zugeordnet werden.

3 Fachliche Abgrenzungen und Übergänge

3.1 Alchemie, Spagyrik und die frühe *Chymie*

Die frühe Neuzeit war nicht nur eine Blütezeit alchemistischer Lehren in Europa, sondern zugleich auch eine Zeit, in der sich erste Entwicklungen hin zu einem modernen Chemieverständnis abzeichneten – Entwicklungen, die schließlich zu der heutigen begrifflichen Trennung zwischen der aufgeklärten, rationalen Chemie und der esoterischen „Pseudowissenschaft" Alchemie führten. Zugleich erfuhr die Alchemie mit dem Aufkommen der paracelsischen *Spagyrik* (auch: *Iatrochemie*, *Chemiatrie*, vgl. Helmstädter et al. 2011: 55–57; Burckhardt 1960: 21) eine immense Erweiterung ihres Anwendungsbereichs: Bei den Paracelsisten stand nicht mehr die zunehmender Kritik und Betrugsvorwürfen ausgesetzte „Goldmacherkunst" (Helmstädter et al. 2011: 52) im Vordergrund, sondern der medizinische Nutzen alchemistisch hergestellter Präparate (vgl. Kühlmann 2017: 164). So verschob sich der Schwerpunkt „von der Herstellung eines Transmutationsagens zu einer Hilfswissenschaft der Medizin, deren Ziel in der Darstellung neuer Arzneien bestand" (Priesner 2011: 55). Auch die metallurgische *Probierkunst* – das Prüfen des Metallgehalts von Erzadern (vgl. Alberto 2012) – gehörte zum Anwendungsfeld alchemistischer Lehren.

Je nach Anwendungsbereich und theoretischer Ausrichtung der Autoren finden sich daher zahlreiche synonyme und teilsynonyme Begriffe zur Alchemie: Neben Spagyrik, Chemiatrie und Iatrochemie auch Begriffe wie Schmelz- und Probierkunst in metallurgischen Kontexten, Scheidekunst, Hermetische Philosophie und nicht zuletzt auch der Begriff der Chemie bzw. *Chymie*, der sich zunächst lediglich durch den Verzicht auf die aus der arabischen Tradition stammende Vorsilbe *Al-* (vgl. Meller et al. 2016: 22, Helmstädter et al. 2011: 51) auszeichnete. Diese Begriffsvielfalt wird auch in den zeitgenössischen alchemistischen Quellen wahrgenommen und kommentiert.[3]

Die Verwendung der Begriffe Chemie oder *Chymie* anstelle von Alchemie muss dabei nicht zwangsläufig als programmatischer Bruch mit derselben verstanden werden: Blankaarts *Theatrum Chimicum* (vgl. Blankaart 1695) mag aus

3 „Will sie [die Chemie] jemand nach der Araber Nennung *Alchimia* nennen/ der wird darmit derselben Fürtrefflichkeit zu erkennen geben; nennet er sie *Spagyrikam*, so erweiset er damit ebenmässig derselbigen allerschönste und fürnehmste Wirckungen; heisset er sie aber *Hermeticam* ? dadurch gibt er Zeugnüß von ihrem Alter und *Antiquit*ät." (Lancillotti 1681: 30).

heutiger Sicht tatsächlich stärker in der praktischen Chemie als im alchemistischen Mystizismus verankert sein, Lancillottis *Brennender Salamander* (vgl. Lancillotti 1681) trägt dagegen ebenfalls die Begriffe *Chimie* und *Chimisten* auf dem Titelblatt und weist neben praktischen Erklärungen von Prozessen und Gerätschaften auch alchemistische Symbole (vgl. Lancillotti 1681: 14–28) auf und erläutert alchemistische Theorien zur Metallgenese aus Schwefel und Quecksilber (vgl. Lancillotti 1681: 164–166). Andreas Libavius wird bisweilen als „erster Chemiker" (Priesner 2011: 59) bezeichnet, bei Kühlmann (2017: 159) dagegen noch als „Alchemiker".

Die Traktate von Libavius (1603), Lancillotti (1681) und Blankaart (1694) weisen im Vergleich zu den noch klar der Transmutationsalchemie verschriebenen Werken von Trismosin (1604) oder Hollandus (1669) Neuerungen und Kritik an althergebrachten Lehren auf, die aber z.B. bei Libavius wohl weniger durch eine Ablehnung der „traditionellen Alchemie (Goldherstellung)" (Bartkowski 2018), sondern vor allem durch seine Gegnerschaft zum Paracelsismus motiviert sind, von dem sich ein „rechter Chymist nicht irren" (Libavius 1603: 151, s.a. Helmstädter 2011: 58, Moran 2005: 81) lassen soll. Eine klare Zuordnung dieser Traktate zur Alchemie oder zur frühen Chemie wird ihrem „hybriden" Charakter nicht gerecht. Barke (1991) schlägt als Bezeichnung für diesen Übergangsbereich den Begriff *Chymie* vor; diese befasse sich „mit einem Objektbereich, der grundsätzlich alle natürlichen Stoffe einschließt, jedoch die anorganischen Stoffe (Metalle, Mineralien) stärker betont", in Abgrenzung zur Alchemie werde aber „die Naturerkenntnis nicht länger der Gewinnung des Lapis untergeordnet" (Barke 1991: 47). Eine solche Grenzziehung würde natürlich auch eine Verengung des Alchemiebegriffs bedeuten: Diese könnte dann tatsächlich nur noch die Metalltransmutation und das Streben nach dem Stein der Weisen umfassen; die Probierkunst und metallurgische Verfahren zur Herstellung von Legierungen, die Herstellung spagyrischer Arzneimittel (mit Ausnahme der mystisch überhöhten Universalmedizin, der Quintessenzen oder dem *aurum potabile,* die gewissermaßen die medizinischen Äquivalente des *Lapis* darstellten) und Errungenschaften wie die Herstellung von Schwarzpulver, Salpeter, Alaun, Mineralsäuren, Phosphor, europäischem Hartporzellan oder von Glaubersalz (vgl. Helmstädter et al. 2011: 53–54 , Meller et al. 2016: 102–104) wären bereits zu praktisch und profan, um noch als alchemistisch zu gelten. Moran (2005) fasst dagegen den Alchemiebegriff deutlich weiter und macht diesen an der Verwendung alchemistisch tradierter Technologien und insbesondere an der Destillation fest – nach diesem Verständnis wäre selbst die Herstellung von Branntwein schon eine Form von Alchemie (vgl. Moran 2005: 13).

3.2 Alchemie und Destillationskunst

Die Verfahren, Instrumente und Termini der Destillationskunst gehen auf die lateinische Überlieferung von arabischen alchemistischen Texten zurück, die bereits im Mittelalter eine „beachtliche Gerätevielfalt" (Helmstädter et al. 2011: 53) in Bild und Schrift aufwiesen. Ab dem 11. Jahrhundert verbreiteten sich die Destillationstechniken in Europa, ab 1150 auch der (destillierte) Alkohol, der um 1300 in der alchemistischen Literatur unter Namen wie „burning water, the water of life, and the fifth essence" (Moran 2005: 12) zu erscheinen begann.[4] Die Destillation ist damit zwar eine „Technik mit alchemistischer Tradition" (Müller-Grzenda 1996: 141), sie hat jedoch früh eine gewisse Autonomie als praktische Handwerkskunst erlangt, die auch in der einfachen Bevölkerung verbreitet war.

Destillationen wurden also längst nicht nur von Gelehrten durchgeführt: „Seit dem frühen 14. Jahrhundert hatte sich, aus Italien kommend, auch diesseits der Alpen die Branntweinbrennerei als eigenständiges Handwerk sowie als Tätigkeitsbereich der Apotheker etabliert." (Müller-Grzenda 1996: 40). Nicht nur alkoholhaltige Produkte wurden durch Destillation hergestellt, sondern auch Pflanzenenextrakte und andere *Wässer*, meist mit einem medizinischen Anwendungsbereich. Zu beachten ist hier, dass der Begriff *Destillation* in dieser Zeit noch deutlich weiter gefasst war: Nach dem modernen Verständnis besteht diese aus dem Verdampfen der Flüssigkeit und beigesetzter Zutaten und der darauffolgenden Kondensation des Dampfs in einem Helm oder einem anderen Kondensator, der zu diesem Zweck zusätzliche Kühlvorrichtungen aufweisen konnte. Nach dem mittelalterlichen und frühneuzeitlichen Verständnis wurden dagegen viele weitere Verfahren der Destillation zugerechnet, bei denen (meist pflanzlichen, zum Teil aber auch tierischen und sogar mineralischen) Ausgangssubstanzen ihre Wirkstoffe entzogen wurden. Hierzu zählten etwa Niedrigtemperaturtechniken wie die Mazeration und Digestion (s. Kap. 3.3.), Filtrationen sowie heiße Aufgüsse (vgl. Feuerstein-Herz 2014: 296) – schon das Aufbrühen von Kaffee oder Tee wäre demnach bereits ein Destillationsvorgang.

Eine kompakte Übersicht der zehn wichtigsten Destillationsformen findet sich bei Brunschwig (1500: 40–41, vgl. auch Will 2009: 28–29, Müller-Grzenda 1996: 65–

4 Zuerst stand hier der medizinische Nutzen im Vordergrund, zum Ende des 15. Jahrhunderts hatte sich der Branntwein aber auch als Genussmittel etabliert, was „keineswegs einen Widerspruch zu dessen Arzneifunktion bildete, denn die beiden Hauptmotive für den Verzehr von Branntwein – Gesundheit und Genuss – bildeten eine im Einzelfall nur schwer von einander zu trennende Einheit." (Salzer 2010: 54).

66). Diese werden zweigeteilt in Techniken, die „on kosten“ (Brunschwig 1500: 40) auskommen und solche, bei denen das Destillationsgut direkt oder indirekt durch Feuer erhitzt wird. Erstere enthalten die Filtration durch einen Filz (*distillation per filtrum*) sowie das Erhitzen durch Sonnenwärme (*destillation per solem*), durch Einbacken des Destillationsgefäßes in einen Brotteig (*per panem*), durch Einsetzen in warmen Pferdemist (*per fimum equinum*) oder einen Ameisenhaufen (*per formicem*). Die Verfahren „mit kosten“ (Brunschwig 1500: 40) werden danach unterschieden, wie die Hitze des Feuers vermittelt wird: Durch ein Wasserbad (*balneum mariae*), Wasserbad mit Pferdemist (*per ventrem equinum*), Aschenbad (*per cineres*), Sandbad (*per arenam*) und schließlich direkt über dem offenen Feuer (*per ignem*).[5] Nur die Verfahren „mit kosten“ eignen sich dabei für eine Destillation nach dem heutigen Verständnis.

Zumindest für branntweinhaltige Destillate waren „Destillierkolben, Kondensator (Helm, Kühler), Rezeptakel und Energiequelle [...] zwingend notwendig. *Wässrige* Wässer hingegen konnten auch mit weniger aufwändigen Geräten hergestellt werden.“ (Müller-Grzenda 1996: 79). Nach Müller-Grzenda (1996: 156) war sogar „das wäßrige Wasser [...] die Regel, das branntweinige die Ausnahme.“ Erst im Laufe des 16. Jahrhunderts verengte sich der Destillationsbegriff zunehmend auf Verfahren, die „eine dem Ausgangsmaterial innewohnende ‚Wirkkraft‘ mit der Kraft der Wärme“ (Müller-Grzenda 1996: 79) auslösen sollten – und schließlich auf die Konzentration und Reinigung des Wirkstoffs durch Verdampfung. Zwischen der Destillationskunst des einfachen Volkes und den gelehrteren Formen der Alchemie und frühen Chemie dürfte durchaus ein gewisses Prestige- und Bildungsgefälle bestanden haben; die resultierenden Unterschiede in der Terminologie und im vorausgesetzten Wissenshorizont werden in den hier behandelten Traktaten bisweilen auch kommentiert.

So leitet etwa Brunschwig, der vermutlich kein Hochschulstudium, sondern lediglich eine Ausbildung zum Wundarzt absolviert hatte und nach eigenen Angaben nur dürftige Lateinkenntnisse besaß (vgl. Will 2009: 7–8), sein Kapitel zu den Destillationsinstrumenten ein mit der Bemerkung: „So hab ich für genummen

5 Bemerkenswert ist, das Brunschwig den Lesern einen großen Ermessensspielraum in der Wahl der Destillationsmethoden lässt: „Brunschwig gibt in den einzelnen Pflanzenkapiteln nur sehr selten die jeweilige geeignete Methode der ‚Destillation‘ an. Stattdessen macht er im ersten, allgemeinen Teil seines Buches konkrete Angaben darüber, welche Methode für welche Art von Destilliergut am besten geeignet sei.“ (Will 2009: 30). Andere Destillationsbücher wie das Buch *Von den ausgebrannten Wassern* (vgl. Puff von Schrick 1501) verzichten ganz auf die Schilderung von Destillationsmethoden und beschränken sich auf die Wirkung der Pflanzenwässer.

etlich zu offenbaren/ doch den gelerten und den erfarenden in der kunst der alchimi wol erkannt“ (Brunschwig 1500: 41). Umgekehrt schreibt später Libavius (1603: 130) in seiner Übersicht: „Der autor zeigt geliebter kürtze halben / nur die bekandtesten und im destilliren gebräuchlichsten / an / damit der incipient etwas Bericht davon habe. Man findet sonst die Gefäß und öffen in vielen Teutschen Kräuter büchern genugsam vorgebildet“. Bemerkungen wie diese zeugen von einer wechselseitigen Anerkennung zwischen den gelehrten Alchemisten und *Chymikern* und den einfacheren Destillateuren. Auch die verwendeten Terminologien weisen eine große Durchlässigkeit auf. Zwar finden sich in den Destillationstraktaten an verschiedenen Stellen metasprachliche Äußerungen, die einen bestimmten Begriff in der Sphäre der Gelehrten, Alchemisten, Apotheker oder aber in der handwerklichen Destillationskunst verorten, sie werden aber dennoch durchgängig in allen Traktaten verwendet.

Schon aufgrund der alchemistischen Tradition der Destillationstechniken- und Instrumente ist es ist nach Ansicht des Verfassers durchaus zulässig, auch viele „einfache“ Destillationsbücher wie Brunschwig (1500, 1512) oder Porta (1611) der Alchemie zuzurechnen. Dabei sollte man aber im Blick behalten, dass dies nur innerhalb eines breiter gefassten Alchemiebegriffs geschehen kann. Zudem sollten durch eine solche Zuschreibung andere fachliche Überschneidungen, insb. die medizinischen Anwendungen und die Kontinuität zu den Texten der „Kräuterbuch-Traditionen“ (Klein 2011a: 502), nicht unter den Tisch fallen: Es handelt sich hier um einen „große[n] Übergangsbereich“ (Klein 2011b: 40–41) von Medizin, Chirurgie, Kräuter- und Realienkunde, der zunächst über die Destillationsverfahren, gemeinsame astrologische Bezüge im Rahmen der Mikrokosmos-Makrokosmos-Theorie (vgl. Burckhardt 196: 36) und in der Nachfolge von Paracelsus auch über die medizinische Spagyrik mit der Alchemie verbunden war.

Eine Destillieranlage durfte jedenfalls in keinem alchemistischen Labor fehlen. Zu den Einsatzfeldern der Destillation in der Alchemie gehörten die Herstellung von Mineralsäuren und anderen Scheidewässern wie Salpetersäure oder Königswasser sowie die Herstellung spagyrischer Arzneimittel (vgl. Salzer 2010: 51–52), und nicht zuletzt auch die Herstellung des *Steins der Weisen.*

3.3 Vermittlungsperspektiven

Ob man die Destillationskunst nun zur Alchemie zählt oder nicht: Die frühe Neuzeit ist auch eine Zeit, in der diese Künste eine wachsende Breitenwirkung entfalteten – und dies auch über den Gelehrtenkreis hinaus. Dies zeigt sich auch in der Publikationslandschaft: „Craft alchemy as well as household alchemy had almost instantly become part of a global publishing milieu.“ (Moran 2005: 47). Es überrascht daher nicht, dass diese „Kunstbücher“ (Pörksen 1986: 17) nicht in Latein, sondern in der jeweiligen Volkssprache verfasst wurden. Aber auch in der alchemistischen Literatur wurde zunehmend „die handwerklich-praktische Stoßrichtung in den Mittelpunkt gestellt und damit eine gewisse Opposition zu einem kontemplativ-theoretischen Wissenschaftsverständnis greifbar.“ (Klein 2011a: 502). Ein entscheidendes Motiv für die Verwendung der Volkssprache: „Gelehrte Texte erschienen nämlich oft genau dann in deutscher Sprache, wenn mit den betreffenden Wissensbeständen ein alltagsweltliches Problemlösungspotential verbunden war“ (Klein 2011a: 499). So waren viele Destillationsbücher vollständig auf Deutsch verfasst, während für anspruchsvollere alchemistische Texte zumeist eine „Symbiose von Latein und Deutsch“ (Schmid 2015: 193) charakteristisch war.[6] Neben dem grundsätzlichen Interesse an einer über den Gelehrtenkreis hinausreichenden volkssprachlichen Kommunikation sind in Bezug auf die Alchemie und Destillation drei Vermittlungsperspektiven gesondert herauszustellen:

Zum Ersten die Kommunikation mit Laboranten, Gesellen und „Feuerknechten“: Da die Alchemie kein universitär geordnetes Fach war, konnten Anstellungen als Laborhelfer auch weniger Gebildeten Aufstiegschancen bieten. Einige Alchemisten und Destillatoren begannen ihre Karriere in solchen Positionen (vgl. Barke 1991: 36–37) und eigneten sich dabei ein Flickwerk an Wissen aus verschiedenen Disziplinen an, dem aber oft nur lückenhafte Lateinkenntnisse zugrunde lagen.

Zum Zweiten die Kommunikation mit adligen Gönnern und Auftraggebern: „Eine beträchtliche Zahl alchimistischer Schriften ist Fürsten gewidmet, die entweder selbst überzeugte Adepten waren oder Alchimisten an ihren Höfen beschäftigten.“ (Schmid 2015: 193). Hierbei musste nicht nur die standesgemäße Ansprache beachtet, sondern auch die heterogenen Fach- und Lateinkenntnisse der Fürsten berücksichtigt werden, denn gerade an den Fürstenhöfen wurde der Ruf der Alchemie zunehmend durch Betrüger und Goldmacher bedroht.[7] Ange-

6 In der Mehrzahl der hier behandelten Traktate findet sich auch der für frühneuzeitliche deutschsprachige Texte charakteristische Wechsel zwischen Fraktur- und Antiquatypen, der vorrangig der Kennzeichnung von fremdsprachlichem und insbesondere lateinischem Sprachmaterial dient (vgl. Habermann 2001: 239–240). Diese Antiqua-Auszeichnungen werden in den folgenden transkribierten Beispielen kursiv wiedergegeben. Zudem werden Nasalstriche und andere Abkürzungen durch Diakritika (nicht jedoch durch Abkürzungspunkte) sowie Worttrennungen am Zeilenende nach bestem Verständnis aufgelöst.

7 „Die Zunahme der betrügerischen Alchemie, die in der barocken Verschwendungssucht und der merkantilistisch-kameralistischen Wirtschaftsförderung der Fürstenhöfe einen zusätzlichen

sichts des wachsenden Argwohns und höfischer Neider konnte es für einen Hofalchemisten geradezu überlebensnotwendig sein, seine Kenntnisse dem jeweiligen Gönner klar und unmissverständlich mitzuteilen – auch um sich gegen eventuelle Vorwürfe der Scharlatanerie zu wappnen. Ein prägnantes Beispiel für einen Text aus der „Hofalchemie" liefern Beuther & Burggrav (1631): Im Vorwort Burggravs, insb. aber auch in Beuthers Ausführungen wird der adlige Brotgeber wiederholt direkt angesprochen (vgl. Beuther & Burggrav 1631: 12), und bisweilen liest sich die Beschreibung fast so, als sollte sie auch dem Kurfürsten selbst zur Anleitung für eigene Versuche dienen.[8]

Auszuschließen wäre es nicht: Sowohl August von Sachsen als auch seine Frau Anna (vgl. Meller et al. 2016: 71–72; Bartkowski 2018) waren prominente Förderer der Alchemie, die mit der Unterstützung eines Stabs aus Hofalchemisten und Leibärzten auch selbst alchemistisch tätig wurden. Der metallurgisch vorgebildete August beschäftigte sich dabei vor allem mit der Metalltransmutation und dem Stein der Weisen, Anna von Sachsen vor allem mit der Destillationskunst und der Herstellung von medizinischen Produkten und Kosmetika auf Grundlage paracelsischer Lehren. Nach Bartkowski (2018) hat sich vor allem die Kurfürstin als „eine der zentralen Akteurinnen dargestellt": Sie unterhielt eigene Destillierhäuser zur Produktion von Pflanzenwässern und insbesondere von *aqua vitae* – ein hochprozentiger Branntwein, der als Genuss- und Heilmittel zum „Exportschlager" (Meller et al. 2016: 71) der kurfürstlichen Laboratorien wurde.

Mit Anna von Sachsen deutet sich bereits eine dritte, keineswegs zu unterschätzende Vermittlungsperspektive an, welche auch die Verwendung der Volkssprache zusätzlich befördert haben dürfte (vgl. Klein 2011a: 500): Zwar sind die Autoren der hier vorgestellten Primärtexte allesamt männlichen Geschlechts, aber gerade die einfacheren „Küchentechniken" (Müller-Grzenda 1996: 40) der Destillation wurden auch – und womöglich sogar mehrheitlich – von Frauen durchgeführt. Schon die erste Druckausgabe des Destillierbuchs *Von den ausgebrannten Wässern* von 1477 zeigte auf dem Titelbild eine Frau beim Destillieren auf dem Ofen mit einem *Rosenhut* (vgl. Müller-Grzenda 1996: 108–109, in späterer Ausgabe Puff 1501, zum Begriff *Rosenhut* s.a. Kap. 4.2.1 des vorliegenden Beitrags). Auch bei Brunschwig (1500) werden auf dem Titelblatt neben einigen männlichen

Nährboden fand, schadete nicht nur ihrem gesellschaftlichen Ansehen, sondern auch ihrem Fortbestand, da sie ein Klima von Mißgunst und Eifersüchtelei schuf, das einen Austausch von Wissen behinderte." (Barke 1991: 38–39, s.a. Darmstädter 1978: VII, Priesner 2011: 66–75).

8 Dies setzt natürlich voraus, dass es sich nicht um geschickte Fälschung durch Burggrav handelt (s. Kap. 2).

Figuren zwei Frauen abgebildet, die mit Pflanzen hantieren. Darüber hinaus erwähnt Brunschwig sogar explizit, dass sich unter seinen Quellen und Vorbildern auch Frauen befanden.[9]

4 Gefäßtypen und ihre Terminologie

4.1 Kolben und einfache Gefäße

Unter „einfachen Gefäßen“ wird im Folgenden eine Vielzahl von Objekten aus Glas, Metall oder Ton verstanden, die in den verschiedenen Destillationsvorrichtungen zum Halten und Erhitzen von Stoffen dienten, wobei diese in der jeweiligen Anwendung oft weitgehend untereinander ausgetauscht werden konnten. Wie sich im Folgenden vielfach zeigen wird, beförderte diese Austauschbarkeit in der Praxis zusammen mit der Fülle an Gefäßformen und Synonymen eine auffällige terminologische Varianz – eine Tatsache, die auch von den Autoren oft kommentiert, dabei aber weitgehend akzeptiert wird.[10] Die Grenzziehungen zwischen vergleichbaren Termini und die terminologischen Verwandtschaftsbeziehungen der Gefäße sind oft nicht klar erfassbar, bisweilen widersprüchlich und unterscheiden sich von Quelle zu Quelle zum Teil erheblich.

Grundsätzlich lässt sich festhalten, dass der deutsche Begriff *Kolben* (im Singular z.T. auch verkürzt zu Kolb, Kolbe[11]) meist eine Art Überbegriff darstellte, der

9 „Ich geschwig der bücher groß unnd cleyn die ich gesehen und gelesen hab / in ettlichen alten liberyen und von guten meystern mit worheit ich wol sprechen mag ob dry tustent und von manchem gelerten und leyen man und frowen durch ir experiment erfaren hab.“ (Brunschwig 1500: 8).

10 Della Porta (1611: 42): „SO viel und mancherley die *destillationes* selbsten sindt/ in so viel und mancherley Unterscheidt werden auch die Gefäß zertrennet/ ja es mag ein jeder dieselbige lassen anstellen und formiren/ wie sie im zu seinem Vorhaben dienen/ dennenhero dann ein unbegreifflicher Unterscheid erfolgt/ sintemal etliche langlecht/ etliche kurz/ etliche krumb und etliche strack/ und dergleichen zu seyn pflegen.“, Libavius (1603: 130–131): „Es kommen auch immer neuwe Formen und Muster auff durch erfahrung / oder auch wol andere gelegenheit. Man kann nicht an allen Orten allerley haben / muß sich ein Laborant mancherley compendien behelffen/ und darumb viel Formen erkennen lernen/ sonst stehet die Kunst nicht in viele der Gläser/ und köndte man mit einem geringen Zeug viel außrichten“.

11 Della Porta (1603: 16): „damit der Kolb nicht auff dem Kupffer selbst stehe und zerbreche“, Lancillotti (1681: 19): „Ein Kolbe mit seinem Helm in Sand gesetztet“.

selbst wiederum zahlreiche Gefäßtypen und Formen umfassen konnte.[12] Der entsprechende Eintrag in Zedlers *Universal-Lexicon* identifiziert *Kolben* sowie „Destillier-Kolben" als deutsche Entsprechungen des lateinischen Begriffs *Cucurbit* (dt. ‚Kürbis'), der ein „Chymisch Gefäß, unten rund mit einem Bauche und langen Halse" (Zedler 1732, Bd. 15: 713) bezeichnet. Als synonyme Begriffe finden sich Kolben und *Cucurbit* bereits bei Brunschwig (1500: 42): „gleser genant cucurbit/ von den tütschen kolben gemacht von Venedischen Scherben glaß/ uff das sie füer erleiden mögen/ deren form also ist".[13] Als weiteren lateinischen Begriff nennt Brunschwig später auch *Cucumer* (dt. Gurke), wobei in der Beschreibung trotzdem von einem Kürbis die Rede: „Ist das du nemest ein glaß wie ein kürbs von den latinschen genant Cucumer. Und von den tütschen ein kolb" (Brunschwig 1500: 54).[14] Bemerkenswert ist zudem, dass *Cucurbit* bei einigen Autoren wiederum bereits als Hyponym des deutschen Begriffs geführt wird, nämlich als eine besondere Form eines Kolbens mit rundem Bauch.[15]

Zedler (1732, Bd. 15: 713) unterscheidet die Kolben weiterhin nach der Größe: Kleine Kolben werden demnach als *Scheid-Kolben* bezeichnet, besonders große als *Harnkolben* und mittelgroße werden „schlecht weg Kolben genannt." Nach Adelung (1793, Bd. 2: Sp. 977) geht die Bezeichnung der größeren Kolben als Harn- oder auch Urinkolben auf ihre Verwendung zur Destillation von Urin zurück. Demnach wären die *Harnkolben* also nicht identisch mit jenen Gläsern, die bei der Harnschau in der mittelalterlichen und frühneuzeitlichen Diagnostik (vgl. Schmid

---

12 Vgl. Libavius (1603: 5): Abgebildet werden drei verschiedene bauchige Gefäße, nebst der Erläuterung: „Diß nennet man einen Kolben/ es sey von einem Glaß oder anderen Materien/ und derselben muß man klein/ groß/ hoch/ nidrig/ weit und enge/ eine zimliche Anzahl haben".

13 Das hier dargestellte Gefäß ist unten zwar bauchig und abgerundet, einen besonders langen Hals weist es jedoch nicht auf. Eine identische Abbildung findet sich später auch bei Brunschwig (1512: 52), hier erfolgt die Beschreibung aber ohne den Hinweis auf den deutschen Begriff: „gleser genant cucurbit".

14 Tatsächlich zählt auch die Gurke zu den Kürbisgewächsen, es ist aber fraglich, ob sich Brunschwig dieser Verwandtschaft bewusst war. Es erscheint naheliegender, dass es sich hier um eine Verwechslung handelt, die auf Brunschwigs lückenhafte Lateinkenntnisse (vgl. Will 2009: 8) zurückzuführen ist. In den weiteren behandelten Quellen findet sich die Bezeichnung als *Cucumer* nicht.

15 Vgl. Lancillotti (1681: 14) „Ein *Cuburbit* oder Kolben, der unten rund ist", demgegenüber „Ein flacher Kolbe, oder Scheid-Glaß"; Della Porta (1611: 49): „weitbäuchige Kolben, welche man von wegen ihrer Gestallt *cucurbitas* nennt". Es ist also später nicht mehr selbstverständlich, dass ein Kolben unten abgerundet ist: Die zwei Jahrhunderte später bei Berzelius (1831: 892–893) dargestellten Kolben sind zwar allesamt rundbäuchig, demgegenüber findet sich hier aber auch der „Setzkolben" als Terminus für einen Kolben mit flachem Boden (Berzelius 1831: 1018).

2015: 152) zum Einsatz kamen. Auch diese als Urinale, Harn- oder Uringläser bezeichneten Gefäße werden in den älteren Destillationstexten aber referenziert, dann jedoch nicht mit Bezug auf ihr großes Füllvolumen, sondern auf ihre Form.[16] Die Bezeichnung Scheid-Kolben für kleinere Kolben findet sich auch bei Libavius,[17] die größeren Kolben werden hier aber anders bezeichnet:

> Man hat aber mancherley Kolben/ welche vom Brauch und Form unterschiedene Namen haben/ die kleinen werden gemeiniglich Scheid kolben genennet/ die anderen Distillier kolben oder Gläser: die weiten nennet man auch *metretas, matratia, matulas*, &c. dienen aber nicht zum distilliren allein/ sonder auch zum putrificiren/ digeriren/ sublimiren/ etc. geben bißweilen auch gute Vorlagen. Deren sind auch etliche gerade/ etliche gebogen: etliche fistulirt/ einfach/ duppelt/ bestrichen oder sonst belegt.
>
> (Libavius 1603: 131)

Die Bezeichnung *Matratia* (gr. μετρητής, *metretes*, ein Volumenmaß von ca. 40 Litern!) findet sich auch bei Blankaart (1694),[18] dahinter findet sich bei Libavius (1603: 131) aber auch beinahe versteckt der Begriff *matula* – eine weitere Bezeichnung für das Harnglas. Hier wurden im Laufe der Begriffsgeschichte bis Zedler (1732) offenbar verschiedene Termini, Anwendungen und Benennungsmotive konfundiert. Befördert wurde dies womöglich auch durch die Entdeckung des Phosphors durch den Alchemisten Henning Brand, mit der die Destillation von Urin ab 1669 schlagartig an Bedeutung gewann.

Das gesonderte Synonym *Destillierkolben* für einen unspezifischen, mittelgroßen Kolben findet sich auch bei Zedler (1732, Bd. 15: 713), darüber hinaus auch als „Der Destillierkolb." bei Porta (1603: 10), wobei fraglich ist, inwieweit das Determinans *Destillier-* hier als „differentia specifica" (Fraas 1998: 429) innerhalb einer Begriffshierarchie fungiert, kommen doch alle genannten Kolben auf die eine oder andere Weise bei Destillationen zum Einsatz.

---

16 So wird das schon zuvor bei Brunschwig (1500: 42) dargestellte Gefäß für eine geschlossene Doppelkolben-Konstruktion (Kap. 4.3) später explizit als *Urinal* bezeichnet. Entscheidend für dessen Eignung ist offenbar die Tatsache, dass das Gefäß „oben und unden gar nohe glich wyt ist" (Brunschwig 1500: 53). Della Porta (1611: 13) beschreibt dagegen die in einer Ofenkonstruktion verwendeten Gefäße als „irdine oder gläserne Kolben/ die sich an der Form einem Urinal oder Harnglaß vergleichen."

17 Bei Libavius (1603: 265) auch als Diminutivum „Scheidtkölblin".

18 „*Matracien* mit dem Helm zum *sublimi*ren" (Blankaart 1694: 31). Das zugehörige Gefäß in der Illustration (Blankaart 1694: 29) zeichnet sich dabei vor allem durch einen auffällig langen Hals aus und steht damit ganz im Gegensatz zu der von Brunschwig bevorzugten Urinalform.

Neben *Kolben* finden sich in den untersuchten Traktaten noch zahlreiche weitere Termini für einfache Gefäßtypen, die je nach Autor und Kontext in zueinander unterschiedlichen und oft widersprüchlichen Beziehungen der Synonymie, Hyperonymie, Hyponymie und Kohyponymie stehen. Zu nennen sind hier etwa die Begriffe *Blase*[19], *Gefäß*[20], *Geschirr*[21], *Vas*[22], *Flasche*[23], *Ampulle*[24], und nicht zuletzt auch das *Glas*, das in vielen Quellen bereits nicht mehr nur für das Material, sondern auch für das Gefäß selbst stehen kann.[25] Als besondere Gefäßformen herauszustellen sind ferner die *Phiolen*[26], für die ein im Vergleich zu den Kolben besonders langer und schmaler Hals sowie ein ausgeprägt kugeliger Bauch[27] charakteristisch war. Nach Libavius (1603: 132) dienen Phiolen in Verbindung mit einem Helm (*Alembik*, s. Kap. 4.2.1) vor allem zur Herstellung der Quintessenz, sie können aber auch „an statt des oui philosophorum“ (*philosophisches Ei*, s. Kap. 4.3) verwendet werden.

19 Als Synonym zu Kolben z.B. bei Della Porta (1611: 17): „Die Blaß oder Kolb“, als Hyponym mit dem Material Kupfer als *differentia specifica* bei Blankaart (1694: 18): „Sind solche aus Kupffer gemacht werden sie *vesica* oder Blase benahmet“.

20 „Das Destilliergefäß oder Kolb.“ (Della Porta 1611: 22), „Gefässe oder *Vasa*“ (Blankaart 1694: 14), „Vom Gefäß und einsetzen“ (Libavius 1603: 264).

21 „Der Kolb oder Destilliergeschirr.“ (Della Porta 1611: 23), „steinern oder gläsern Geschirr also *formir*et“ (Hollandus 1669: 14), „Ein Geschirr in welches das Oel eintröpffelt“ (Lancillotti: 1681: 23), zum doppelten „Geschirr“ im Lapis-Rezept von Trismosin (1604: 262) s.a. Kap. 5.3.2 in diesem Beitrag.

22 „Gefässe oder *Vasa*“ (Blankaart 1694: 14), „distillatio in duplo vase“ (Brunschwig 1500: 40).

23 „Etzliche werden Flaschen oder Töpffe genannt [...] Flaschen sind der *Pelican*, die *Phiolen*, *recipienten* und das *philosophi*sche Ey etc.“ (Blankaart 1694: 18). Im anschließenden Unterpunkt werden „Kolben oder *cucurbata*“, hier zusammenfassend für Retorten und „Scheide und *destillir* Gläser etc.“, erläutert, was die Frage aufwirft, ob diese in Blankaarts Terminologie ebenfalls als Flaschen gelten oder nicht. Im Gegensatz zu den Flaschen sind Töpfe bei Blankaart „mehrentheils aus Erde“; der Begriff *Flasche* wird hier also offenbar auch am Material festgemacht.

24 „Ihre Vorlag ist gemeiniglich ein Kolben/ Retort/ oder grosse *ampulla*/ nach dem man Sachen vor sich hat.“ (Libavius 1603: 132).

25 „gleser genant cucurbit“ (Brunschwig 1500: 42), „Kolben oder glaß genant cucurbit“ (Brunschwig 1512: 82), „so nehmet die *materia* und thut sie in ein solches Glaß“ (Hollandus 1669: 14), „Von distillier Gläsern“ (Libavius 1603: 5, Marginalie).

26 In den untersuchten Texten meist *Viol, Violen*, vgl. engl. *vial* (Abraham 1998: 143), bei Zedler (1732, Bd. 32: 1095) auch „Fiole“ und „*Phiola*“.

27 „Solches sein Gläser unden wie ein Kugel/ ubersich mit einem langen Halß/ werden Violen genenennet.“ (Libavius 1603: 6), „fürsetzer gleser genant violen mit langen helsen und eng munt löchern zu entpfohen das wasser schnabel oder röre des alembick“ (Brunschwig 1500: 43).

Schließlich sind noch die *Rezipienten* als besonders variabler Gefäßtypus zu nennen. Diese tauchen in den untersuchten Texten unter anderem auch als „*Receptaculum* oder Vorsetzlin“ (Porta 1611: 22), als *Vorsetzgläser* (Brunschwig 1512: 100, „Receptaclen/ in tütscher zungen für setz gleser“) oder als *Vorlagen* auf (vgl. Libavius 1603: 8, 131–132, Lancillotti 1681: 22–23)[28] und bezeichnen jene Gefäße, in denen das Destillat schlussendlich aufgefangen wird. Form und Größe dieser Auffanggefäße können sehr unterschiedlich ausfallen,[29] die Anforderungen hingen vom konkreten Destillationsvorgang und insbesondere von der Menge des Endprodukts ab: Die bei Libavius (1603: 8) abgebildeten und als „ein groß Vorlage“ bezeichneten Gefäße sollen „zum wenigsten 20. oder 25. Kandel Wasser“[30] halten, während bei Porta (1611: 18–19) auffällig kleine, phiolenartige Gefäße zum Einsatz kommen, die nicht einmal auf den Boden gestellt werden können, sondern schwebend auf die Schnäbel des Destillationsapparat aufgesteckt und “allenthalben wol verstopfft“ werden. Auch bei Brunschwig (1500: 43) werden Phiolen als „fürsetzer gleser“ vorgestellt, bei dem in Libavius (1603: 21) dargestellten Destillationsapparat wird diese Anordnung jedoch umgedreht: Hier wird das Destillat

28 Zur Begriffsgeschichte s.a. den Eintrag „Recipient“ in Barke (1991: 322): „Das lat. ‚receptaculum‘ läßt sich schon im 15. Jahrhundert nachweisen. Aus dem ‚vorlegen des Glases‘ bildete sich die Zusammensetzung ‚Furlegglas‘, aus der über ‚Furlag‘ die Bezeichnung ‚Vorlage‘ wurde.“

29 Vgl. etwa Della Porta (1611: 18–19, 25, 28, 35) oder die abgebildeten „*Recipient*en oder Vorlagen“ in Lancillotti (1681: 22–23). Der in Lancillotti (1681: 26) dargestellte Rezipient weist sogar einen Henkel auf. Auch 150 Jahre später werden als Vorlagen noch zahlreiche unterschiedliche Gefäße verwendet: „Die Vorlagen können von verschiedener Form sein, am gewöhnlichsten nimmt man dazu Kolben.“ (Berzelius 1831: 1051).

30 Die genannte Einheit *Kandel* ist offenbar eine Variante von *Kanne*, nach Zedler (1732, Bd. 15: 93) „ein im Teutschland gebräuchliches kleines Maß, die flüssigen Materien, Weine, Biere u.d.g. andern damit zu messen.“ Das heutige Äquivalent lässt sich angesichts der Variabilität der historischen Volumen- und Gewichtseinheiten nicht sicher bestimmen: Zedler (1732, Bd. 15: 93) gibt allein vier unterschiedliche regionale Umrechnungen in *Eimer*, *Ohme* und *Quart* an, um schließlich festzustellen: „Ob man nun zwar nach dieser *Methode* weiß, der wie vieleste Theil eines Eimers oder Ohme eine Kanne sey; so hat man davon dennoch keine *determin*irte Erkenntniß, wo ferne nicht entweder die wahre Größe einer kannen , durch etwas anderes, ausfündig gemachet werde.“ An dieser Stelle sei angemerkt, dass Messgefäße oder „*Mensurgläser*“ (Berzelius 1831: 944) in den hier gesichteten frühneuzeitlichen Werken noch überhaupt keine Rolle spielten. Die Dosierung von Substanzen erfolgte zumeist – sofern sie überhaupt genau festgelegt wurde – nach dem Gewicht und nicht nach Volumen. Die „20. oder 25. Kandel“ fassenden Rezipienten dürften jedenfalls eine beachtliche Füllmenge aufgewiesen haben, weshalb Libavius sogar einen Ratschlag gibt, wo diese Glasgefäße zu finden sind: „solche gar grosse Gläser werden in Hessen gemacht/ und offt im distillirn gebraucht.“ (Libavius 1603: 8).

(Branntwein) in einer „Violn“ erhitzt, in einem aufgesetzten Helm kondensiert und in einem ebenfalls schwebend angebrachten „vorgesetzten Kolben“ aufgefangen. Nicht nur einfache kolben- und phiolenartige Gefäße konnten als Rezipienten dienen: So führt Brunschwig (1512: 51, 100) noch eine weitere spezialisierte Form der „Receptackel“ auf, die oben spitz abgeschlossen ist und das Destillat über eine schräg angebrachte Röhre aufnimmt; nach Libavius (1603: 132) konnten sogar Retorten (Kap. 4.2.2) als Vorlagen dienen. Entscheidend für die Bezeichnung ist also offenbar die Tatsache, dass ein Gefäß in der konkreten Anwendung als *Rezipient* zum Einsatz kommt.

4.2 Destillations- und Sublimationsgefäße

4.2.1 Destillierhelme

Für die Durchführung einer Destillation nach heutigem Verständnis wird neben der ausreichenden Hitzezufuhr vor allem eine Vorrichtung benötigt, in der das verdampfte Destillat kondensieren und anschließend in den *Rezipienten* abtropfen kann. Sofern hierfür keine in einem Stück geblasene Retorte (Kap. 4.2.2) verwendet wurde, bestand diese Vorrichtung meist aus einem Kolben oder vergleichbaren Gefäß, auf das ein als *Alembik* bezeichneter Destillierhelm aufgesetzt wurde (vgl. Müller-Grzenda 1996: 66). Wie auch bei *Alchemie* oder *Alkohol* verweist auch dieser Terminus direkt auf die arabische Tradition und geht hier wiederum auf gr. *ambix* ‚Gefäß‘ (vgl. Abraham 1998: 5) in Kombination mit der arabischen Vorsilbe zurück.[31] In den deutschsprachigen Texten tritt der Begriff oft latinisiert als *alembicum* oder *alembicus*[32] auf, bisweilen aber auch ohne lateinische Flexionsendung[33] und eingedeutscht oft mit <ck> in der Schreibung. Häufig wird als deutschsprachiges Äquivalent auch *Helm* oder *Hut*[34] verwendet, dazu

31 Nach Kurzmann (2016: 315) liegt dem Wort gr. βικος zugrunde, „ein vermutlich aus dem asiatischen Bereich kommendes Lehnwort im Griechischen mit der allgemeinen Bedeutung ‚Gefäß‘.“

32 „glessin helm mit langen rören genant alembick oder alembicum“ (Brunschwig 1500: 43), „und putrificiert wie ich gesprochen hab in eynem circulatorium/ oder blinden helm/ genant wurt von den latinischen Alembicus cecus des figur hernach stot.“ (Brunschwig 1500: 61).

33 „Unnd dann den Alembic dar uff gesetzt“ (Brunschwig 1500: 55), „Ein Helm oder *Alembic*, wird auch *Gale* oder *Capitellum* genennet“ (Lancillotti 1681: 14).

34 „Rosen hut oder helm“ (Brunschwig 1500: 57), „Helm, Blasen-Huth“ (Zedler 1732, Bd. 1: 602), „Ein Helm, wie man ihn auff den Kolben setzet“ (Lancillotti 1681: 14), „Die drey Kolben mit iren

passend finden sich auch als lateinische Äquivalente *Galea* ‚(Leder-)Helm', aber auch ‚Hirnschale'[35], *Pileus* ‚Kappe' (vgl. Zedler 1732, Bd. 1: 602) und *Capitellum* ‚Kopf' (vgl. Zedler 1732, Bd. 1: 602, Lancillotti 1681: 14). Der aufsteigende Dampf kondensierte im Inneren des Helms und floss anschließend über einen Schnabel in den *Rezipienten* ab. Die Gestaltung der Alembik konnte nach verschiedenen Gesichtspunkten variieren, so zeigt Brunschwig (1512: 102) zum einen den „Alembic mitt eim faltz inwendig", zum anderen auf derselben Seite eine Variante ohne die als „faltz" bezeichnete Sammelrinne – hier kondensierte das Destillat direkt im Schnabel.[36]

Als Alternative zum Alembik wird bei Brunschwig auch der *Rosenhut* vorgestellt. Der Name dieses Destillierhelms geht zurück auf dessen Verwendung bei der Herstellung von Rosenwasser, einem einfachen Destillat aus Wasser und Rosenblüten, das bereits im ausgehenden Mittelalter als Heilmittel geschätzt wurde und zum Vorbild zahlreicher weiterer Planzenwässer gereichte (vgl. Salzer 2010: 52). Nach Brunschwig (1500: 42)[37] ist der Rosenhut aus Ton gefertigt[38] und im Inneren mit einer Glasur aus Kupfer, Blei oder Zinn versehen. Der jeweils dargestellte Helm weist ebenfalls eine mit dem Schnabel verbundene Ablaufrinne auf, ist im Vergleich zum Alembik aber kegelförmig[39], deutlich breiter und höher und wird

Helmen und Vorsetzlin" (Della Porta 1611: 18) „Diß nennet man ein Helm/ unnd derselben müssen auch viel im vorraht sein" (Libavius 1603).

35 Vgl. Blankaart (1694: 18): „Womit die Kolben zugedeckt werden/ ist der Helm oder *Alembic*; dieser ist aufgethürmet gleich der Hirnschale eines Menschen".

36 „helm genant alembic on ein faltz/ der die spiritus frey durch den schnabel uß zu gon so man wein oder aqua vite brennen will auff das die flengma als dt nit wol mit den spiritus uß gond. Der figur also ist". (Brunschwig 1512: 102). In Brunschwig (1500) taucht dieser Helm samt Illustration noch nicht auf.

37 Hier zunächst noch ohne Benennung, erst einige Seiten später folgt die gleiche Abbildung mit der Bezeichnung als „Rosen hut oder helm" (Brunschwig 1500: 57). Auch in Brunschwig (1512: 104) wird der „gemeine helm/ genant Rosenhût" vorgestellt, hier auch mit der Darstellung eines „gemeinen" Ofens mit aufgesetzter Rosenhutdestille auf der gleichen Seite.

38 Nach Brunschwig (1512: 104) konnte dieser Helm aber auch aus Blei, Zinn oder Kupfer bestehen.

39 „Die Gründe für die charakteristische hohe Form eines Rosenhutes liegen in zwei entscheidenden Vorteilen: Sie bewirkt zum einen infolge der größeren Oberfläche eine relativ gute Kühlwirkung durch die umgebende Luft und zum anderen lässt sie die kondensierten Flüssigkeitströpfchen an der steilen Wand abfließen und so in die Rinne gelangen. Bei einer weniger steilen Wand bestünde die Gefahr, dass die Tröpfchen hängen blieben und schließlich in das Destilliergefäß zurückfielen." (Salzer 2010: 37). Aufgrund der Kegel- oder Glockenform wurden Rosenhüte

nicht auf einen Kolben, sondern auf eine tiefe Pfanne oder *patina* (vgl. Salzer 2010: 37) aufgesetzt, in welche die mit Wasser eingeweichten Pflanzenbestandteile gegeben wurden. Diese Vorrichtung konnte auch auf dem heimischen Herd erhitzt werden, was die Rosenhutdestillation zu einem alltagstauglichen Verfahren machte, die sich zudem auch für größere Mengen an Destilliergut eignete. (vgl. Salzer 2010: 41). Die Destillation mit Kolben und Alembik benötigte dagegen spezielle Öfen und Halterungen, erzielte jedoch auch reinere und hochwertigere Endprodukte; wohl aus diesem Grund kommen in den hier behandelten Primärtexten, abgesehen von Brunschwig (1500, 1512) sowie dem Titelblatt bei Puff (1501), keine Darstellungen von Rosenhut-Destillationen vor.

Das Prinzip des Alembik wurde in verschiedener Weise erweitert, insbesondere hinsichtlich der Kühlfunktion des Destillierapparats. Der „Helmcharakter" konnte dabei mitunter in den Hintergrund treten: Auf dem Titelblatt von Brunschwig (1512) wird etwa eine gespiegelte Destillationsvorrichtung mit Beschriftungen der Bestandteile dargestellt, bei der das dargestellte „alembicum" aus segmentierten Röhren besteht, die mehrfach durch ein mehr als mannshohes „rore vol kalt wasser" geführt werden, bevor diese schließlich weit oberhalb der beiden „cucurbita" im jeweiligen „Receptaculum" münden. Mit einem typischen Alembik verbindet diese Röhren nur das Funktionsprinzip; zudem ist in dieser Darstellung nicht ersichtlich, an welcher Stelle der Kolben aufhört und der Alembik beginnt – möglicherweise handelt es sich hier bereits um eine aus einem Stück geblasene Kombination aus Kolben und Alembik, ähnlich wie bei einer Retorte (Kap. 4.2.2). Brunschwig scheint den Begriff „alembicum" hier also am Funktionsprinzip und weniger an einer konkreten, helmartigen Form festzumachen.[40] Eine weitere Variante des Alembik war der Mohrenkopf oder „*Caput Mauri*"[41], bei dem der Destillierhelm von einer schalenförmigen Krempe umgeben war, in die zur Küh-

---

auch als *Campanas rostratas* ‚geschnäbelte Glocken' bezeichnet, die Destillation mit dem Rosenhut entsprechend als „destillatio per campanam" (Salzer 2010: 39).

40 Abseits der auf dem Titelblatt dargestellten Vorrichtung verwenden die weiteren Destillationen in Brunschwig (1500, 1512) eindeutig helmförmige Apparate. Ähnliche Vorrichtungen finden sich auch bei Blankaart (1694: 42), hier werden die durch Kühlfässer geleiteten Rohre jedoch als „Schlange", „Schlangen-Röhre" und als „wie ein Römisch S gekrümte Röhre" (Blankaart 1694: 44) bezeichnet.

41 Als Synonym zu *Alembicus* bei Zedler (1732, Bd. 1: 602), hier jedoch ohne Hinweis, dass es sich um eine Sonderform des Alembik handelt. Anzumerken ist, dass hier möglicherweise auch eine konzeptionelle Verwechslungsgefahr mit weiteren alchemistischen Termini wie *Caput Corvi* ‚Rabenkopf' und *Caput Mortuum* ‚Totenkopf' bestand. Hierbei handelte es sich um Zwischen- und Abfallprodukte bei der Herstellung des Steins der Weisen (Vgl. Barke 1991: 200–201).

lung Wasser eingegossen werden konnte (vgl. Berzelius 1831: 834) – seinen Namen erhielt dieser Helm vermutlich nicht nur aufgrund seiner Färbung, sondern auch aufgrund des „turbanartigen Aussehens des Oberteils“ (Deutsches Apotheken-Museum 2020). In den hier untersuchten Traktaten findet sich nur bei Blankaart (1694: 29) eine vergleichbare Vorrichtung, jedoch ohne die Bezeichnung als Mohrenkopf. Die hier mit dem Index Q bezeichnete aufgesetzte Kühlvorrichtung wird stattdessen als „Kühlfaß“ (Blankaart 1694: 32) bezeichnet. Konzeptionell von dem mit einem Schnabel versehenen eigentlichen Destillierhelm (*alembicus rostratus*, vgl. Zedler 1732, Bd. 1: 602) abzugrenzen ist der geschlossene oder *blinde* Helm (*alembicus cecus*, vgl. Zedler 1732, Bd. 1: 602, Brunschwig 1512: 75, bei Brunschwig 1512: 60, 100 aber auch als *alembicum cecum*), ohne Schnabel und Ablaufrinne – dieser fungierte lediglich als Deckel bei geschlossenen „Destillations“-Vorrichtungen im erweiterten Sinne (s. Kap. 4.3). Abgesehen von den gelegentlich anzutreffenden Sonder- und Mischformen sowie Erweiterungen des „Prinzips“ des Alembik wie bei Brunschwig (1502) zeigte sich in der konkreten Destillationspraxis aber offenbar keine allzu ausgeprägte Variation hinsichtlich der Form von Destillierhelmen: Wie Salzer (2010: 32) feststellt, sorgten die gedruckten Destillierbücher mit ihren Abbildungen, zusammen mit den „persönlichen Kontakten ‚eingeweihter‘ Alchemisten“ für eine erstaunliche überregionale Uniformität und Stabilität der Objekte – ein Umstand, der heute übrigens die Datierung und räumliche Zuordnung von Fundstücken aus Destillationanlagen erschwert. Hinsichtlich der Terminologie ist allerdings bemerkenswert, dass offenbar bei vielen Autoren nicht immer klar war, ob sich der Begriff *Alembik* auf die gesamte Vorrichtung inklusive Kolben (vgl. Salzer 2010: 42) oder lediglich auf den Helm bezog – zumal laut Berzelius (1831: 726) bei diesem „nun ganz verlassene[n] Destillationsapparat“ Kolben und Helm „öfters aus einem Stück geblasen sind“. Ähnliche Ambivalenzen werden auch bei den folgenden Gefäßtypen immer wieder auftreten.

4.2.2 Retorten

Auch die *Retorte* kann nämlich als eine Verschmelzung von Kolben und Alembik verstanden werden (vgl. Feuerstein-Herz 2014: 296). Zedler (1732, Bd. 31: 438) beschreibt dieses an einem Stück hergestellte Destillationsinstrument als „irdenes oder gläsernes chymisches Instrument oder Gefäß, rund, und hat einen ziemlich dicken Bauch, auch etwas gebogenen Hals“. Die Bezeichnung *Retorte* (von mlat. *retorquere* ‚abwenden, zurückdrehen‘) geht auf jenen gebogenen Hals zurück, in dem das Destillat kondensiert und abfließt. Als weitere, ebenfalls an die charakteristische Halsform angelehnte Bezeichnung nennt Zedler auch *Storchschnabel*, wobei diese hier zusätzlich explizit auf Steven Blankaart zurückgeführt wird. In Blankaart (1694) taucht diese Bezeichnung tatsächlich nicht auf,[42] der Vergleich der Halsform mit dem Schnabel eines Storchs findet sich aber bereits bei Brunschwig (1500: 42): „krumme gleser fornan wie ein storck schnabel gnant retort“. Bei Porta (1611: 48) ist stattdessen von einem „Storckenhalß“ die Rede, wobei die postulierte Ähnlichkeit von Tier und Gefäß durch eine Gegenüberstellung in der Illustration verdeutlicht wird.[43]

Weitere Darstellungen von Retorten finden sich bei Libavius (1603)[44] und Lancillotti (1681: 14–15), wobei bei zweiterem bereits einige Varianten vorgestellt werden: Neben der „gemeine[n] oder krum-hälsige[n] Retort“ wird hier eine nicht eigens benannte „längliche/ den *spiritum Vitrioli* dadurch zu *distilli*ren“ sowie „Ein ander Art *Bocia* genannt“ vorgestellt – letztere mit einem zunächst aufragenden und dann nach unten abgebogenen Hals. Schließlich wird auch eine „Retorte mit einer Röhre“ vorgestellt – gemeint ist hier ein weiteres Rohr an der Oberseite, das offenbar zum bequemeren Befüllen des Gefäßes diente. In fortgeschritteneren alchemistischen Texten wie Trismosin (1604) wird der Terminus offenbar als bekannt vorausgesetzt und bedarf keiner weiteren Erklärung oder Abbildung.[45]

Eine stark abweichende Gefäßform findet sich bei Blankaart (1694: 19): Neben einer weiteren Retorte mit zusätzlichem Einlaufrohr[46] wird hier eine Vorrich-

---

42 Blankaart (1694: 18) stellt die Retorte als eine Form des Kolbens vor: „Der Kolben oder *cucurbata* ist mit einem krummen Halse und heißt *retorta*, oder gleichlang in die Höhe/ wie die Scheide und *destillir* Gleser etc.“

43 “Und dieweil sie die Hälß gehörter massen krümmen/ heissen sie bey den *destillatoribus Retortae* [...]“ (Della Porta 1611: 48).

44 Libavius (1603: 6): „Die Krummen Gläser oder Instrument werden *Retorten* genannt/ können von Glase/ auch von gutem Thon gemacht werden und gebrant“. Die beiden dargestellten Gefäße weisen die charakteristische Retortenform mit einem nach unten gebogenen Hals auf und unterscheiden sich lediglich in der Größe. In einer späteren, nicht illustrierten Übersicht („Von den Instrumenten und Gläsern“, Libavius 1603: 130–133) wird die Form der Retorte nicht näher beschrieben, dafür werden ihre Anwendungszwecke näher erläutert. Neben der Destillation von „denen Dingen, welche nicht hoch steigen können/ und ein schwehre essentz haben“, können nach Libavius (1603: 132) Retorten auch zum „circuliren/ digeriren etc“ (Kap. 4.3) und sogar als „Vorlag“ für eine andere Retorte verwendet werden, zudem können zwei Retorten zu einem *„Bocia contra Bocia“* genannten Zirkulationsgefäß (Kap. 4.3) kombiniert werden – eine Abbildung in Brunschwig (1512: 203) zeigt offenbar jene Vorrichtung, jedoch ohne Benennung.

45 Trismosin (1604: 107): „machs wider lebendig durch den Retorten“, man beachte hier auch das abweichende maskuline Genus.

46 „Die Dülle wodurch man etwas hinein schüttet.“ (Blankaart 1694: 22).

tung[47] mit einer *„retorte* mit zweyen Röhren“ (Blankaart 1694: 21) gezeigt; diese weist aber keine gebogenen, sondern gerade Hälse auf, die an entgegengesetzten Seiten der Glasblase ansetzen. Beim dargestellten Destillationsvorgang wird der aufsteigende Dampf durch einen angesetzten Blasebalg in das gegenüberliegende Rohr geblasen, wo dieser offenbar erst im Hals des angesetzten *„Recipienten“* (Blankaart 1694: 22) kondensiert – der wiederum einen leicht gekrümmten Hals wie eine Retorte aufweist. Auch hier scheint der Terminus nicht mehr an einer konkreten Form, sondern an einer generellen Funktionsweise festgemacht zu werden, die in diesem Fall zudem beträchtliche Erweiterungen und Abwandlungen erfährt.

Die Tatsache, dass die Funktionsweise der Retorte weitgehend mit der einer Alembik (beziehungsweise der Kombination aus Kolben und Alembik) übereinstimmt, birgt zusätzliches Potential für terminologische Ambivalenzen. Bereits hinter dem o.g. Hinweis auf die aus einem Stück hergestellten Kombinationen aus Kolben und Helm bei Berzelius (1831: 726) könnten sich womöglich Retorten oder zumindest retortenartige Objekte verbergen. Beachtenswert ist diesbezüglich auch der folgende Eintrag zur *Retorte* in Bodenstein (1575: 25): *„Retortum*, ein glaß mit einem krummen halß/ hat kein *alembicum“*. Diese Definition *ex negativo* legt die Vermutung nahe, dass die Destillationsvorrichtung aus Kolben und Alembik oft genug anstelle einer echten, also in einem Stück gefertigten Retorte zum Einsatz kam, um systematisch mit jener verwechselt zu werden – eine Entwicklung, der dieser Lexikoneintrag offenbar entgegenwirken soll.[48]

4.2.3 Sublimationsgefäße

Ein mit der Destillation verwandter Vorgang ist die Sublimation, insoweit auch hier Stoffe im Gefäß durch Verdampfung getrennt werden. Anschließend schlagen sich die Produkte (*Sublimate*) jedoch als Feststoffe in unterschiedlichen Höhenlagen nieder, wozu die verwendeten Gefäße blasenförmige Ausstülpungen aufwei-

---

47 Benannt als *„Instrument* oder Werckzeug, die *Spiritus* und *Flores* von Bley zu machen“ (Blankaart 1694: 21).

48 Der Eintrag sticht damit aus dem Werk in doppelter Hinsicht heraus: Zum einen enthält das *Onomasticum* bis auf *„flaccum vitreum*, Kolben“ (Bodenstein 1575: 12) keine weiteren Einträge zu Gefäßen, zum anderen handelt es sich hierbei auch nicht um einen explizit paracelsischen Terminus. Bodenstein nutzt hier also den Rahmen des Paracelsus-Lexikons für eine – aus seiner Sicht offenbar notwendige – terminologische Klarstellung.

sen (vgl. Berzelius 1831: 726). Als variable Form eines solcher Sublimationsgefäßes diente der *Aludel* (von arab. *Al Utal*, vgl. Abraham 1998: 6–7, Darmstädter 1978: 185). Hierbei wurde auf einen Destillierkolben ein Turm aus mehreren kugeligen, bodenlosen Gefäßen aufgesteckt, der an der Spitze meist mit einer Alembik oder aber einem Blindhelm abgeschlossen wurde. In einer Übersicht bei Blankaart (1694: 29) werden neben zahlreichen weiteren Destilliervorrichtungen auch *Aludellen* dargestellt. In der Abbildung entspricht die mit den Lettern T, V und X bezeichnete Vorrichtung der typischen Aludelform, allerdings taucht der Begriff nur in der Kapitelüberschrift („*Aludellen* zum sublimieren", Blankaart 1694: 28) und nicht in der nachfolgenden Bildlegende auf. Dort werden die mit U (entspricht V in der Illustration) gekennzeichneten charakteristischen Steckgefäße als „Drey *sublimir* Gefäß" (Blankaart 1694: 31) aufgeführt, X bezeichnet einen „gläsern Helm" und T einen mit einem Türchen versehenen „Topf". Auch hier zeigt sich also wieder eine Ambivalenz hinsichtlich der Frage, ob mit dem Terminus *Aludel* nur die Aufsätze oder die ganze Vorrichtung gemeint ist: Da nur ein *Aludel*-Turm in der Abbildung gezeigt wird, in der Kapitelüberschrift jedoch die Pluralform steht, scheint der Begriff bei Blankaart auf den ersten Blick mit den einzelnen „*sublimir* Gefäß[en]" identisch zu sein, später ist jedoch auch von einem „*Aludel* mit unterschiedlichen durchlöcherten *sublimir*-Töpffen" (Blankaart 1694: 319) die Rede. Zedler (1732, Bd. 1: 795) scheint unter dem Begriff wiederum nur die einzelnen Steckgefäße zu verstehen.[49] Überhaupt findet sich der Terminus Aludel in den untersuchten Texten nur selten: So stellt Libavius (1603: 133) etwa fest: „Etliche [Helme] sind gedoppelt als wenn 2. oder mehr Helm ubereinander gesetzt werden" – und meint damit sehr wahrscheinlich einen Aludel, ohne den Begriff zu verwenden. Wie schon bei Kolben, Alembik und Retorte finden sich zudem bereits

49 „*Aludel, Alutel*, ist ein *Sublimir* Gefäß, von Thon oder Glaß gemacht, oben und unten offen, dergestalt, daß ihrer etliche können in einander gemacht, und ein alembicus caecus aufgesetzet werden" (Zedler 1732, Bd. 1: 795). Auffällig ist hier übrigens auch, dass die Nennung des grammatischen Geschlechts meist vermieden wird – ein Phänomen, dass sich fast ein Jahrhundert später auch bei Berzelius (1832: 726) wiederholt: „Aludel – wurde eine Art kleiner, runder Gefäße genannt, die an beiden Enden offen und etwas ausgezogen, aber an der einen Öffnung weiter waren, so dass sie in einander gesteckt werden konnten". Dies lässt den Verdacht zu, dass der Aludel – die explizit maskuline Form konnte in den untersuchten Quellen nur bei Blankaart (1694: 319) gefunden werden – zur Vermeidung der unsicheren Genuszuweisung bevorzugt im Plural beschrieben wurde, was wiederum einer Bedeutungsverschiebung von der ganzen Vorrichtung hin zu den einzelnen Sublimiertöpfen Vorschub geleistet haben konnte.

Abbildungen von weitgehend funktionsgleichen Sublimationsgefäßen, die aus einem Stück gefertigt wurden (vgl. Trismosin 1604: 107; Libavius 1597: 5).

4.3 Geschlossene Systeme und Zirkulationsgefäße

Nach Müller-Grzenda (1996: 64–67) lassen sich die historischen Destillationsverfahren in offene und geschlossene Systeme einteilen. Während erstere die Destillation im heutigen Sinne sowie Filtrationsverfahren (*destillatio ad filtrum*) umfassten, wiesen die geschlossenen Systeme keine Abflussmöglichkeiten für das Kondensat und keine separaten Rezeptakel auf: Stattdessen legte man das Destillationsgut direkt in die Flüssigkeit und „laugte es in Abhängigkeit von seiner Beschaffenheit, der Verfahrensdauer und der Temparatur aus." (Müller-Grzenda 1996: 64). Die entsprechenden Verfahren wurden als Mazeration, Digestion oder Zirkulation bezeichnet und waren im Vergleich zu den Destillationen in offenen Systemen immer Langzeitverfahren.[50]

Besonders die Zirkulation ist hier herauszustellen, da dieser Vorgang gerade in der alchemistischen Theorie bedeutsam war: Ähnlich wie bei einer echten Destillation wurde die Flüssigkeit mit dem Destillationsgut bis zum Verdampfen erhitzt und kondensierte anschließend an unterschiedlichen Orten innerhalb des geschlossenen Systems, floss dann aber wiederholt in das Ausgangsgefäß zurück, auf „daß der Leib selbst durch eine solche Circkel-Bewegung geläutert und gereiniget zu seiner Vollkommenheit gelangen möge." (Zedler 1732, Bd. 6: 71). Zwar erscheint „aus heutiger Sicht der Rückfluss des Destillates in den Rückstand als Verfehlung des angestrebten chemischen Prozesses" (Feuerstein-Herz 2014: 296), nach der alchemistischen Theorie musste der Vorgang jedoch als idealer Weg zur fortlaufenden Veredelung der Stoffe erscheinen – passend zum Sinnbild des *Ouroborus*, der Schlange, die ihren eigenen Schwanz frisst (vgl. Abraham 1998: 207).[51]

---

50 Zur Dauer eines typischen Digestionsvorgangs vgl. Blankaart (1694: 16–17): „Das *Menstrum* oder der aufflöse und Scheide-Safft/ ist die jenige Feuchtigkeit vermittelst welcher ein *Corpus* aufgeschlossen wird; und hat den Nahmen daher weil dasjenige/ was dadurch ausgeschlossen werden soll/ gemeiniglich einem *chimischen* Monden lang oder 40 Tage in *digestion* stehen muss."

51 Auch Kurzmann (2016: 314–315) verweist auf den philosphisch-mystischen Charakter der Zirkulation, stellt jedoch auch klar, dass dieser Vorgang durchaus nicht unbegrenzt weiter laufen konnte und sollte, da nämlich „durch die undichten Stellen in den Apparaturen stets etwas Dampf entweichen konnte. Dadurch verringerte sich das Flüssigkeitsvolumen ständig, bis zum

Für die Zirkulation und andere geschlossene Verfahren standen daher eine Vielzahl von Gefäßen und Gefäßkombinationen zur Auswahl. Die einfachste und vermutlich auch gebräuchlichste Form eines geschlossenen Systems konnte durch Aufsetzen und Anlutieren[52] eines *Blindhelms* ohne Schnabel (*alembicus cecus*) auf einen Kolben oder ein vergleichbares Gefäß[53] hergestellt werden. Wie schon bei Alembik und Aludel ist auch beim Begriff *alembicus cecus* teilweise unklar, ob dieser nur für den Helm oder für die ganze Vorrichtung steht.[54] Anstelle eines eigenen Helms konnte zum Verschließen der Vorrichtung auch ein anderer Kolben oder ein vergleichbares Gefäß verwendet werden.[55]

Schluss nur noch das caput mortuum, der Destillationsrückstand – in der Sprache der heutigen Chemiker – im Kolben übrig blieb. Dieser Rückstand wurde mit dem Stein der Weisen in Verbindung gebracht und daraufhin untersucht." (Kurzmann 2016: 315).

52 „Um die nicht selten aus Glas oder Keramik bestehenden Destillationsgeräte vor etwaigen, durch die direkte Einwirkung des Feuers entstehenden Schäden zu schützen, wurden diese häufig *verlutiert*, mit *lutum*, einer nach verschiedenen Rezepturen, jedoch hauptsächlich aus Lehm, Leim und Faser hergestellten Dichtungsmasse, versehen. Das *lutum* konnte aber auch als Klebesubstanz fungieren, welche dazu diente, die Verbindungsstellen zwischen Destillationsgefäß und Destillierhelm abzudichten." (Selzer 2010: 37, s.a. Berzelius 1831: 834–835, Kurzmann 2016: 313).

53 Vgl. Libavus (1603: 132): „Helm gehören auff distillir und sublimir Kolben / der hat man zweyerley Form am gebreuchlichsten: Die erste mit einem Schnabel/ die ander blindt/ doch daß bißweilen oben der Knopff abgeschlagen ein loch gebe."

54 Vgl. Brunschwig (1512: 100): „Darnach gebürt dir zu haben Gleßer in vorgemelter maß des muntloch weite / ist / gar nahe unden und oben gleich weit, darein zusetzen Alembecum cetum[sic!] / In tütscher zungen ein blinder Helm von wegen das er kein ußgang hat", dagegen Brunschwig (1512: 60): „Etliche andere machent ein ander circulatorium von Cucurbit / genant alembicum cecum / ein blinder Helm on ein Schnabel / also das man zwen cucurbit uff einander stürtzt."

55 Vgl. Libavius (1603: 5): Diß nennet man zween Kolben/ uff einander gestürtzt/ und hart verbunden/ uffs aller fleissigste mit Rindernern Blasen", Libavius (1603: 133): „bißweilen applicirt man an stadt deß *Alembici* eine *ampullam*, Kolben oder große Vorlag", Zedler (1732, Bd. 6: 71): „zwey Kolben, die sich genau in einander schlüssen", Brunschwig (1500: 42): „Darnach mustu haben ettlich gleser als dz man zwei uff eynander stürtzten mag". Für diesen Einsatz scheint Brunschwig Urinale zu bevorzugen, da sich diese aufgrund der weiten Öffnung leichter miteinander verbinden lassen (vgl. Brunschwig 1500: 53). Auffällig ist, dass für diese geschlossene Doppelkolben-Vorrichtung oft kein eigener Terminus eingeführt wird. Sie sollte jedenfalls nicht verwechselt werden mit der „distillatio in duplo vase" (Brunschwig 1500: 40). Diese bezeichnet die Vermittlung der Hitze durch ein Wasserbad oder *Balneum Mariae* (Kap. 4.4), es handelt sich also um ein Gefäß im Gefäß.

In alchemistischen Zusammenhängen wird eine auf diese Weise *hermetisch verschlossene*[56] Vorrichtung oft auch als philosophisches Ei (*Ovum philosophicum*, vgl. Zedler 1732, Bd. 6: 71) bezeichnet und nimmt eine zentrale Rolle bei der Herstellung des Steins der Weisen ein – die Ausgangsstoffe Schwefel und Quecksilber wurden im Gefäß eingeschlossen, anschließend wurde das Ei in einem mehrstufigen Prozess im Feuer „ausgebrütet". Eine Beschreibung des Eis liefert das unverschüsselte Lapis-Rezept bei Libavius: Demnach soll das verwendete Glasgefäß „unden einen runden kuglichten boden / unnd einen zimlich langen weiten Hals / auch fast in der mitten dessen/ einen Gürtel oder Absatz haben/ daß man dergleichen Glaß drüber stürtzen/ und die Fugen mit Fließ verlutieren kann" (Libavius 1603: 266). Das im Folgenden auch als „doppelt Glaß" bezeichnete Gefäß wird in eine Büchse aus Eichenholz gegeben, die mit heißer Asche gefüllt wird. Die „Schale" des Eis ist bei Libavius allerdings nicht das Glas: „Die höltzerne Büchß ist die eussere schale: das Glaß/ die innere Haut/ das weiß ist Mercurius: der Dottor/ die darinn begrieffen Mas und foemina; Sol & Luna: [...]" (Libavius 1603: 264).[57]

Neben der Kombination aus Kolben und Blindhelm sowie dem Doppelkolben finden sich noch zahlreiche komplexere Vorrichtungen zur Zirkulation, die teilweise auch aus mehreren verbundenen, meist gläsernen Gefäßen bestanden. Zedler (1732, Bd. 6: 71) nennt hier etwa den *Pelican*[58] und die über zwei verschränkte Röhren verbundenen *Zwillinge*[59]. Feuerstein-Herz (2014: 296) beschreibt

56 Der Begriff bezieht sich zweifellos auf *Hermes Trismegistos*, den legendären Ahnherren der aus demselben Grund oft auch als *hermetische Kunst* bezeichneten Alchemie (vgl. Feuerstein-Herz 2014: 296; Simon 1980: 29).

57 Nach Feuerstein-Herz (2014: 290) hatte auch der zur Lapis-Herstellung verwendete „Fixierofen" oft eine eiförmige Gestalt. Der bei Libavius (1603: 264) geschilderte Aufbau scheint zudem nur eine von vielen Zubereitungsmöglichkeiten für das philosophische Ei zu sein: „Das Glaß mag sonst auch eine Viol seyn/ mit einer andern Viol bedeckt. Etliche nehmen scheidtkölblin/ andere machens anders. [...] Ettliche wöllen von keinem auff unnd zuthun wissen: sondern schließen die gantzen Quantitet in ein rundt Violglaß/ und drehen seinen Halß zu auff hermetisch / oder schweissen ihn am Feuwer zu/ wie ein jeder das zuverrichten weiß/ das hat seinen Verstandt und Zeit." (Libavius 1603: 265). Zudem war in der zeitgenössischen Theorie offenbar auch umstritten, ob das Gefäß tatsächlich luftdicht verschlossen werden sollte, oder ob man den Inhalt nicht „bißweilen respiriren lassen" sollte, damit er nicht „ersticke".

58 Bei Brunschwig (1500: 42) neben einer Retorte abgebildet. Brunschwig (1500: 54) erwähnt den „Pellican" abermals, diesmal mit dem Zusatz, dass dieser Gefäßtyp von „den gelerten" so genannt wird. Blankaart (1694: 18) erwähnt den *Pelican* nur einmal als Beispiel für eine „Flasche", (s.o), liefert jedoch keine genauere Beschreibung oder Abbildung.

59 „Zwillinge, welche zwey Kolben mit ihren Helmen sind, derer Schnautze in den Kolben gehet" (Zedler 1732, Bd. 6: 71).

den Pelikan als eine Abwandlung der Retorte(!), bei der lediglich das Destillat über die beiden Hälse in den Gefäßbauch zurückfließt. Die Benennung des Gefäßes geht zurück auf das christliche Sinnbild des Pelikans, der seine Brust aufreißt, um mit seinem Blut seine Jungen zu füttern (vgl. Gerhardt 1979). Porta (1611: 45) bildet auch hierzu wieder das Gefäß neben dem namensgebenden Tier ab, die dargestellte Figur hat aber keine Ähnlichkeit mit dem Vogel, den wir heute als Pelikan kennen: Mit einem eher kurzen, krummen Schnabel pickt es sich in der Darstellung eine blutende Wunde in die Brust, der gebogene Hals soll dabei offenbar mit den Zirkulationsrohren des Gefäßes korrespondieren. Nach Kurzmann (2016: 315) werden noch weitere Zirkulationsgefäße mit Vogelnamen belegt; neben dem Pelikan nennt er den *aquila* (Adler) und *vultur* (Geier). Diese ähneln den *Zwillingen*, für die Porta (1611: 46) eine parallele Darstellung anführt, die ein Zwillingspaar mit verschränkten Armen neben den gleichsam ineinander verschränkten Zirkulationsgefäßen zeigt. Weitere Abbildungen dieser Vorrichtung – allerdings ohne die Bezeichnung als Zwillinge – finden sich bei Brunschwig (1500: 54 sowie 1512: 59, 101).[60]

Brunschwig stellt in seinen beiden Destillierbüchern noch zahlreiche weitere Formen von *Circulatorien* dar, darunter ein in der Mitte tailliertes Glasgefäß mit einem kurzen, vertikal angebrachten Einlassrohr in der unteren Gefäßhälfte,[61] eine ebenfalls taillierte Form mit dem Einlaufrohr an der Oberseite, die als „pellican an die arm" (Brunschwig 1512: 59) beschrieben wird, sowie ein zylindrisches Glasgefäß zum „digerieren und circulieren genant circulatorium" (Brunschwig 1512: 101), das eine trichterförmige Einstülpung an der Oberseite aufweist. Diese diente offenbar als Kondensationsoberfläche, von deren Spitze das Destillat dramatisch zurück in das Gefäß fließen konnte – ein besonderer Reiz der spezialisierten *Circulatorien* aus Glas gegenüber der hierfür "nicht so bequem[en]" (Zedler 1732, Bd. 6, 71) Doppelkolben-Konstruktion oder dem *Alembicus cecus* lag nämlich

60 Brunschwig (1512: 59) weist allerdings eine subtile Differenz zwischen Beschreibung und Abbildung auf: Der Beschreibung nach sind die beiden Gefäße jeweils aus einem „cucurbit" und einem „helm mit einer langen rören/ oder schnabel" zusammengesetzt, wonach die ganze Konstruktion aus mindestens vier Teilen bestehen würde; in der Abbildung ist jedoch keine „Naht" zwischen Kolben und Helm zu sehen, was den Eindruck erweckt, dass es sich um eine Vorrichtung aus zwei jeweils aus einem Stück gefertigten Gefäßen handelt.

61 „glesser unden und oben wyt und in der mittin eng genannt circulatorium" (Brunschwig 1500: 43) Die „röre" in der Abbildung des *Circulatoriums* wird in der Beschreibung nur ex negativo erwähnt, weil das daneben dargestellte „alembicus cecus" keine solche aufweist.

wohl nicht zuletzt darin, dass der für die Zirkulation charakteristische Rückfluss des Kondensats gut sichtbar stattfand.

4.4 Weitere Gefäßtypen

Neben den zahlreichen Kolben und kolbenähnlichen Objekten, den Destillations- und Sublimationsgefäßen und den geschlossenen Zirkulationsgefäßen gibt es noch viele weitere Gefäßtypen, die in der Alchemie und der Destillationskunst zum Einsatz kommen konnten.

An erster Stelle ist hier das heiße Wasserbad oder *Balneum Mariae*[62] zu nennen, nach dem ja auch eine Destillationsart benannt wurde. Die Form der verwendeten Gefäße variierte, auch hier war für die Benennung offenbar das Funktionsprinzip vorrangig. Nach Brunschwig (1500: 55) wird etwa für das „distillieren in balneum marie /oder in duplo vase" ein „kessel oder küpfern cappeln mit einer küpfferin rören"[63] benötigt, bei Brunschwig (1512: 105) wird dagegen eine andere, deutlich komplexere Vorrichtung als „ein ofen / den man nent balneum marie" vorgestellt, und Porta (1611: 16) bezeichnet die Destillation im Wasserbad nur als *„Destillatio per Balneum"*, für die ein „küpfferner lärer *concha* oder Kessel" benötigt werde.[64]

Umgekehrt konnte das Wasser auch zur Kühlung verwendet werden, insbesondere zur Verbesserung der Kondensationsleistung bei der Destillation. Die hierfür verwendeten *Kühlfässer* sind bei Blankaart (1694: 23, 25, 42) tatsächlich bereifte Holzfässer. Wie schon in Kap. 4.2.1 erwähnt, wird in Blankaart (1694: 32) aber auch der Kühlaufsatz einer *Mohrenkopf*-artigen Alembik als „Kühlfaß" bezeichnet. Neben diesem Begriff wird bei Blankaart (1694: 43) „Ein *destillir* oder Kühlfass voll Wasser mit eisern Reiffen" auch als *„refrigatorium"* bezeichnet. Die

62 Die Benennung geht zurück auf *Maria die Jüdin*, eine weitere legendäre Alchemistin der Antike (vgl. Feuerstein-Herz 2014: 290, Simon 1980: 30, Kurzmann 2016: 313–314). Das heute in der Gastronomie zum Warmhalten von Speisen verwendete *Bain-Marie* ist eine direkte Weiterentwicklung des *balneum mariae*.

63 Gemeint sind vermutlich jene Gefäße, die zuvor bei Brunschwig (1500: 42) gezeigt wurden. Die Illustration in Brunschwig (1500: 55) zeigt dagegen die mit einem „blyen ringk" beschwerte Vorrichtung, die den Kolben im Wasserbad festhalten soll.

64 Die abgerundete Form des dargestellten Kessels (Della Porta 1611: 17) weicht von der in Brunschwig (1500: 41) ab, gut erkennbar ist jedoch, dass auch hier der Kolben durch ein mit Blei beschwertes Geschirr unter Wasser gehalten wird.

beiden Termini Kühlfass und *refrigatorium* tauchen auch bei Lancillotti (1681: 15–16) als Synonyme auf.

Des Weiteren können insbesondere in metallurgischen Prozessen verschiedene Schmelztiegel sowie *Kapellen* zum Einsatz kommen, deren Form und Benennung in einigen Traktaten trotz der Schwerpunktsetzung auf Destillationsvorgänge behandelt werden. So werden in einer Übersicht bei Blankaart (1694: 33) etwa ein „Frantzöscher" und ein „Teutscher Schmeltz-Tiegel" (Blankaart 1694: 32) einander gegenübergestellt – ersterer weist hier einen runden, zweiterer einen dreieckigen Halsrand auf. Als *Kapellen* wurden „Pfannen oder schüsselähnliche Gefäße [...] aus Holz- oder Knochenasche" (Barke 1991: 274) bezeichnet, deren poröses Material bestimmte Schmelzprodukte wie z.B. Bleiglätte absorbieren und so das flüssige Metall reinigen konnte.[65] In den hier behandelten Traktaten spielen diese Objekte nur eine untergeordnete Rolle, in der metallurgischen Alchemie waren sie aber sicherlich ebenso bedeutsam wie die Destillationsgefäße.

Einen blinden Fleck in den hier behandelten Traktaten stellen schließlich Aufbewahrungsgefäße dar. Dieser Umstand darf Anlass zur Verwunderung geben, da die Alchemie ja durchaus auch mit Säuren sowie entzündlichen, giftigen oder zumindest flüchtigen Ausgangsstoffen arbeitete. Hier zeigt sich die ausgeprägte Prozessbezogenheit der Texte: Entscheidend ist die Herstellung neuer Substanzen, das Wissen um ihre bestmögliche Lagerung wird dagegen entweder als bekannt vorausgesetzt oder als nachrangig erachtet. Erst in Berzelius (1831: 857–858) finden sich detaillierte Anmerkungen zu diesem Thema – bemerkenswerterweise im Eintrag zur *Flasche*.[66]

4.5 Gefäßteile

Wie sich in den vorangehenden Textbeispielen bereits zeigte, ist auch die Bezeichnung für die relevanten Gefäßteile uneinheitlich und von zahlreichen Syno-

65 Auch: Kapelle oder *Capella*, vgl. Zedler (1732, Bd. 6: 326), „*Capelle, Capella*. Sand-Capelle, *catinus arenarius*. Ein Chymisch Instrument, dessen die *Chymici* und andere zur Reinigung und Probierung derer Metallen gebrauchen". Berzelius (1831: 825) nennt dagegen *Sandcapelle* als alternativen Begriff für das heiße Sandbad, oder genauer: die Vorrichtung zum Erhitzen desselben (Berzelius 1831: 1017). Wie zuvor schon erwähnt, werden in Brunschwig (1500: 41) auch einfache Kessel aus Kupfer als „Cappeln" bezeichnet.

66 „*Flaschen* – werden in der Chemie zur Aufbewahrung von Flüssigkeiten gebraucht" Berzelius (1831: 857).

nymen durchsetzt, die meist auf unterschiedliche Benennungsmetaphern mit Bezug auf den menschlichen oder tierischen Körper zurückgehen (vgl. Roelcke 2005: 68). So wird das Ablaufrohr der Retorten und Destillierhelme meist als Schnabel (vgl. Brunschwig 1512: 51, 75; Porta 1611: 13, 46; Libavius 1603: 132) oder „wasser schnabel" (Brunschwig 1500: 43) bezeichnet, ebenso aber auch als Röhre (vgl. Brunschwig 1500: 43; Blankaart 1694: 21) oder Hals (vgl. Blankaart 1694: 18) und bei Blankaart (1694: 22) sogar als „Schnautze" – Bezeichnungen, die teilweise auch die Hälse von Kolben und Phiolen sowie separate Einlaufrohre (bei Blankaart 1681: 22 auch als „Dülle") meinen konnten. Bei Brunschwig (1500: 42) werden die Zirkulationsrohre eines Pelikans auch als „Arme" bezeichnet. Der „Bauch" (Blankaart 1694: 18) eines Gefäßes konnte auch als „Boden" (Libavius 1603: 264) oder als „Undertheil" (Porta (1611: 21) bezeichnet werden, Griffe verschiedener Art als „hant haben" (Brunschwig 1512: 101), Erweiterungen des Gefäßhalses zur besseren Befestigung von Helmen und Aufsätzen als „Gürtel oder Absatz" (Libavius 1603: 264). Erst in späterer Zeit finden sich Ansätze einer Systematisierung und verstärkten Differenzierung der metaphorisch geprägten Terminologie: Berzelius (1831: 1050) bezeichnet etwa zusätzliche Einlaufrohre als *Tubulatur* und den als Kondensationsoberfläche relevanten Halsansatz der Retorte als *Gewölbe* (vgl. Berzelius 1831: 1005).

4.6 Zwischenbefund

Es sollte anhand der vorangehenden Beispiele deutlich geworden sein, dass die in Bezug auf die Gefäße verwendete Terminologie ausgesprochen variabel, vage und von zahlreichen Synonymen und Ambivalenzen geprägt war – das moderne Ideal einer „Eindeutigkeit und Eineindeutigkeit" von Fachwörtern (Roelcke 2005: 63) lag denkbar fern.

Die Gründe für die auffällige terminologische Varianz – mitsamt dem damit einhergehenden Risiko von Unsicherheiten und Fehlgriffen in der Praxis! – sind auf unterschiedlichen Ebenen angesiedelt. Noch vor sprachlichen Störfaktoren ist hier die Variabilität der Prozesse und der verwendeten Objekte selbst zu nennen. Die Gefäße konnten in verschiedenen Größen und Formen auftreten, die sich bisweilen weit von der mit dem Begriff verbundenen prototypischen Gestalt entfernten, zudem konnten einzelne Bestandteile und Konstruktionen in verschiedenen Anwendungen auch ausgetauscht werden, etwa wenn anstelle eines Blindhelms ein weiterer Destillationskolben zur Herstellung eines geschlossenen Zirkulationsgefäßes zum Einsatz kam oder wenn anstelle eines Harnkolbens eine Phiole oder ein ganz anderes Gefäß als Rezipient verwendet wird. Überhaupt sind viele Termini offenbar eher auf den jeweiligen Verwendungsweck als auf eine bestimmte Gestalt des Objekts gerichtet: Es gibt zwar einige typische Formen für Rezipienten, entscheidend für die Bezeichnung ist aber, dass das Gefäß in der konkreten Konstruktion zum Auffangen des Destillats verwendet wird.[67]

Die variablen Einsatzzwecke der Gefäße und die damit zusammenhängenden Benennungsmotive machen die Aufstellung einer Begriffshierarchie aus klar abgrenzbaren Hyperonymen und Hyponymen nahezu unmöglich. Zudem tauchten zu vielen mehrteiligen Gefäßkonstruktionen bald auch aus einem Stück gefertigte Versionen auf, was Unsicherheiten hinsichtlich der Teil-Ganzes-Beziehungen beförderte. Und schließlich konnten auch die bei der Herstellung der Gefäße verwendeten Materialien in unterschiedlicher Weise Einfluss auf die Benennung haben. Sind *Cucurbiten* also besondere Formen von Kolben oder handelte es sich um Synonyme? Steht der Begriff *Alembik* für den Helm, das ganze Gefäß oder nur für ein abstraktes Wirkprinzip – und was ist im Gegensatz dazu dann eine *Retorte*? Waren *Blasen* tatsächlich immer aus Kupfer (vgl. Blankaart 1694: 18) und *Gläser* immer aus Glas gefertigt? Derartige Fragen werden bisweilen nicht einmal innerhalb desselben Werks konsistent beantwortet.

Die auffällige Häufung synonymer Begriffe lässt sich mit der langen und wechselhaften Geschichte der alchemistischen Tradition erklären, in deren Verlauf sich eine Vielzahl griechischer, lateinischer, arabischer und volkssprachlicher Lehnworte ansammelte. Die hohe Breitenwirkung der Destillation beförderte diese Tendenz: Angehörige aller Stände und verschiedener Berufszweige partizipierten an ihr und entwickelten dabei abweichende Terminologien. Wenn in einer bestimmten Region oder Stadt, in Brennereien, alchemistischen Laboren und Apotheken[68] eine Vielzahl unterschiedlicher Termini für dasselbe Objekt gebraucht werden, ist es im Sinne eines „Lehrbuchs“ durchaus sinnvoll, diese aufzugreifen und miteinander in Beziehung zu setzen. Die heute naheliegende Herangehensweise wäre nun freilich, Synonymie und Polysemie zu Beginn des Texts weitgehend aufzulösen und im Folgenden eine möglichst eindeutige und systematische Terminologie zu verwenden. Dies geschieht in den frühneuzeitlichen Texten jedoch nicht, stattdessen werden auch für zuvor mehrfach schon

---

67 „Diese mangelnde Sensibilität, was präzise Begriffsunterscheidungen betrifft, sowie das fehlende Bestreben, eine Destillationsapparatur in allen Details zu beschreiben, kann aber auch Ausdruck dafür sein, dass die Autoren ihren Lesern bewusst Raum für individuelles Arbeiten ließen, da sich der gewünschte Effekt eines Destillationsvorgangs meist unter Zuhilfenahme verschiedener Methoden und Geräte erreichen ließ“ (Salzer 2010: 42).

68 Und nicht zuletzt wohl auch bei den Glasbläsern und anderen Produzenten von Destillationsgefäßen!

vorgestellte Begriffe immer wieder neue Synonyme angegeben – oft mit der charakteristischen *oder*-Formel, die selbst wiederum Anlass für Missverständnisse birgt, da sie auch zur Unterscheidung von Realien verwendet werden kann.[69]

Dieses bewusste Anhäufen, Wiederholen und Durchtauschen von Synonymen war ein durchgängiges Phänomen der volksprachliche Fachprosa, das nicht zuletzt auch der Monotonievermeidung durch *variatio* (vgl. Habermann 2001: 229–230) diente. Somit konnte die Verwendung eines „Grundstock[s] an (partiellen) Synonymen" anstelle „streng isomorpher Prinzipien zwischen Signifikant und Signifikat" (Ulbrich 2009/2010: 30) gleich in dreifacher Weise als Qualitätsmerkmal dienen: Zunächst natürlich für den Autor selbst, der sein Fach- und Sprachwissen und seine rhetorische Kompetenz demonstrieren konnte, zum anderen für die lange Tradition der Disziplin, und nicht zuletzt konnte die *variatio* auch – sofern man sich für die Verwendung der Volkssprache stark machen wollte – deren „hohen lexikalischen Rang" (Klein 2011a: 490) durch Herausstellung der zahlreichen treffenden Ausdrücke (*verba propria*, vgl. Habermann 2001: 239–242) demonstrieren. Zu den zahlreichen Synonymen gesellen sich schließlich allgemeine sprachliche Varianzen in Ausdruck, Schreibung und Flexion, die ebenfalls Missverständnisse befördern konnten. Missverständnisse konnten aber gerade in der Alchemie fatale Folgen haben – schließlich hantierte man hier oft auch mit gefährlichen Stoffen.[70]

---

69 Wenn bei Brunschwig (1500: 43) von einem „glessin helm mit langen rören genant alembick oder alembicum" die Rede ist, ist klar ersichtlich, dass *alembick* und *alembicum* synonyme Begriffe darstellen. Das ist dagegen bei Brunschwig (1500: 61, „und putrificiert wie ich gesprochtn hab in eynem circulatorium/ oder blinden helm/ genant wurt von den latinischen Alembicus cecus des figur hernach stot.") nicht der Fall: Hier sind mit „circulatorium" und dem „blinden helm" tatsächlich zwei verschiedene Objekte gemeint. Dies kann jedoch nur im Zusammengang mit der beigefügten Abbildung so verstanden werden – und selbst dann kann diese Passage leicht fehlinterpretiert werden.

70 Vgl. Beuther & Burggrav (1631: 12): „Den andern Krug muß das groß Theil im Fewer liegen/ und das kleiniste oben/ so spür ich ich gleichwohl/ dz mir der Krug mit B. *signirt*, was besser thut/ auch also groß Gefahr deß Giffts mich nit zu bewahren habe /" Diese Darstellung einer Destillation von Arsen(!) gewinnt an zusätzlicher Brisanz vor dem Hintergrund, dass sich Beuther & Burggrav (1631) direkt an August von Sachsen richtet, der mutmaßlich auch selbst alchemistisch tätig war: Es versteht sich von selbst, dass es einem Hofalchemisten nicht eben zum Vorteil gereichte, wenn sich der adelige Gönner bei seinen angeleiteten Privatexperimenten selbst vergiftete oder gar in die Luft sprengte.

5 Abbildungen von Gefäßen

5.1 Einzelbilder

Die Reproduktion von Abbildungen durch Holzschnitte geht dem Buchdruck mit beweglichen Lettern voraus, Zusammenstellungen von abgebildeten Destilliergefäßen finden sich dementsprechend bereits in Manuskripten des Spätmittelalters (vgl. Meller et al. 2016: 28–29) und sind natürlich auch in den Traktaten der Frühneuzeit reichhaltig vertreten. Oftmals wiederholen sich diese Abbildungen innerhalb eines Werks oder werden sogar in späteren Traktaten wiederverwendet – so finden sich die meisten Abbildungen aus Brunschwig (1500) auch in Brunschwig (1512).

Die Darstellungen der Gefäße können dabei auch mehr oder weniger stark in den Textfluss integriert und mit einer klaren Deixis direkt angesprochen werden. Oft ist dann die Beschreibung im Fließtext ohne die Abbildung nicht klar zu verstehen oder wird sogar vollständig durch den Hinweis auf die Abbildung ersetzt, vgl. etwa bei Hollandus (1669: 14) „steinern oder gläsern Geschirr also *formiret*" sowie die im Titel dieser Arbeit aufgegriffene Formulierung „so nehmet die *materia* und thut sie in ein solches Glaß". Im weiteren Verlauf von Hollandus (1669) treten immer wieder Gefäßdarstellungen nach diesem Muster auf, meist handelt es sich dabei um dasselbe kolbenartige Gefäß, das bisweilen auch auf die Seite gekippt dargestellt wird (vgl. Hollandus 1669: 36, 53). Auch bei Trismosin (1604: 107–108) wird die einzige Gefäßdarstellung abseits des abschließenden Lapis-Traktats (Kap. 5.32) nach diesem Muster in den Text integriert:

> So nimb nun disen Mercurium/ und thue den in diß Gefeß [Abbildung, der Form nach vermutlich ein Sublimationsgefäß] welches starck und vest seyn soll/ und soll eines an dz ander geknüpfft/ und uberal umb und umb mit starckem Meisterleimb wol verlutiert werden./ die Gefeß sollen also geformiert seyn.[71]

71 Bemerkenswert erscheint hier, dass in der Beschreibung dieses namenlos bleibenden Gefäßes von mehreren verbundenen Objekten die Rede ist. Es könnte sich hier also tatsächlich um eine schematische Darstellung eines Aludel handeln, wobei die Nahtstellen zwischen den Teilgefäßen nicht sichtbar sind. Denkbar wäre hier aber auch, dass der nach dem Seitenwechsel eigentümlich in der Luft hängende Nachsatz „die Gefeß sollen also geformiert seyn" auf eine weitere, im Druck fehlende Illustration verweist. Abseits der hier untersuchten deutschsprachigen Texte findet sich dieses Muster auch in lateinischen Texten, etwa in Libavius' *Alchimia* (Libavius 1597: 5). Hier wird der Verweis auf das abgebildete Gefäß zusätzlich durch einen Doppelpunkt kenntlich gemacht:

Bei Beuther & Burggrav (1631: 45) ersetzt die Abbildung auch die Bezeichnung der Gefäße selbst: „[...]/so brauch ich Krüge der gestalt/ einen auff diese Arth [Gefäß A] oder auff diese Arth [Gefäß B] wie sie E. Churf. Gn. sollen sehen/ [...]", was offenbar einen Versuch darstellt, die Beschreibung für den kurfürstlichen Gönner auch ohne aufwändige Illustrationen einigermaßen anschaulich zu gestalten. In der Folge werden die beiden Gefäße – allem Anschein nach ein unspezifischer Kolben und eine Retorte – über die aufgedruckten Indizes A und B referenziert.[72]

5.2 Übersichten und Apparate

Abgesehen von diesem Beispiel werden Buchstaben-Indizes vor allem zur Zuordnung und Benennung von Elementen in umfangreicheren Illustrationen verwendet. Das können zum einen Abbildungen komplexer Destillationsapparate und Öfen wie bei Porta (1611), und zum anderen Übersichten von Instrumenten wie bei Lancillotti (1681: 14–27, s.a. Feuerstein-Herz 2014: 290–292) sein. In den Abbildungen bei Blankaart (1694: 18–42) verbindet sich beides: Die aufwändig gestochenen Tafeln enthalten meist mehrere *Figura* zu größeren Vorrichtungen, deren einzelne Bestandteile durch Indizes markiert und in der Legende benannt und beschrieben werden. Bei Porta (1611) besteht die Beschreibung und Darstellung der verschiedenen Destillationsöfen aus drei Komponenten: Der beschreibende Prosatext, die Abbildung sowie die dazugehörige Legende. Auffällig ist hier, dass in Abbildung und Legende immer wieder zentrale Bestandteile fehlen, die nur im Text erwähnt werden. So fehlen bei Porta (1611: 9–10) sowohl der erwähnte „Helm" als auch das „*Receptaculum* oder Vorsetzlin" – das Hauptaugenmerk liegt hier auf dem Aufbau des Ofens, dessen Inneres zusätzlich durch eine transparente Darstellung offengelegt wird. Auch in den Illustrationen weiterer Traktate finden sich solche Versuche, das Innere von Gefäßen, Öfen und anderen Objek-

„*Pro Sublimatorio etiam es vastriuentre cum foramine in summo, cuius forma talis:* [Abbildung]". Wie bei Hollandus (1669) handelt es sich übrigens auch hier um die einzige derartige Gefäßdarstellung im Text, zudem handelt es sich ebenfalls um ein Sublimationsgefäß.

72 Bei dem „mit *B.* signirt[en]" Gefäß ist der Buchstabe übrigens auf die Seite gekippt, was im Zusammenhang mit dem annähernd quadratischen Profil der Abbildung die Vermutung zulässt, dass diese nur versehentlich im Druck um 90 Grad gedreht wurde.

ten darzustellen, etwa durch gestrichelte Linien bei Blankaart (1694: 23, 25, 33, 42)[73] oder durch transparente Darstellung der Gefäße bei Brunschwig (1512: 105).[74]

5.3 Gefäße in alchemistischen Allegorien

5.3.1 Tiere und andere Sinnbilder

Wie die Stoffe haben auch die Instrumente und Gefäße in der Alchemie neben ihrer praktischen Funktion eine ausgeprägte Symbolkraft und entsprachen „punktuell der Struktur des alchemistischen Werks, der menschlichen Natur und des Makrokosmos“ (Battistini 2005: 346). Das schlägt sich in den alchemistischen Traktaten auch in Abbildungen nieder. Als Beispiel sei hier zunächst „Das xix. Capitel. Von mancherley Form und Gattungen der Gefäß und Kolben.“ in Porta (1611: 42–49) genannt, in dem verschiedene Gefäßformen ihren namensgebenden Tieren gegenübergestellt werden. Die parallelen Darstellungen zum Pelikan, den Zwillingen und zum „Storchenhals“ der Retorte wurden in dieser Arbeit bereits erwähnt, darüber hinaus werden in diesem Kapitel auch ein Strauß[75], eine Schildkröte[76], ein Bär[77], ein „*Serpentinus* oder Schlangenhalß“[78] und die „Siebenköpffige

73 In den meisten Figuren werden hierfür die inwendigen Elemente durch gestrichelte Linien dargestellt, in Blankaart (1694: 42) wird aber umgekehrt auch das umgebende „Kühlfass“ halbtransparent gemacht, um die darin befestigten Destillationsrohre detailliert abzubilden.

74 Angesichts der aufwendigen, mehrteiligen Form der angebrachten Hähne und der Tatsache, dass die Vorrichtung direkt auf einen Ofen gesetzt wird, erscheint es recht unwahrscheinlich, dass es sich bei dem in Brunschwig (1512: 105) dargestellten Objekt um eine Konstruktion aus Glas handelte. Der transparenten Darstellung zum Trotz bleibt die Funktionsweise dieses „balneum marie“ jedoch zunächst undurchsichtig: Offenbar fehlt in der Abbildung der eigentliche Destillationskolben, der innerhalb des transparent dargestellten Wasserbehälters unter den Destillationshelm gesetzt wird.

75 Della Porta (1611: 43), daneben ein phiolenartiges Gefäß mit einem besonders langen Hals: „Und von wegen solches langen halses werden diese kolben mit irem besondern Namen Kranch oder Strausen Hälse genannt.“

76 Della Porta (1611: 44), daneben eine Art liegender, seitlich abgeflachter Kolben, der seiner Form wegen auch als „Laute“ (i.S.v. Musikinstrument) bezeichnet wird.

77 Della Porta (1611: 45), daneben ein mit einem Destillierhelm versehenes Gefäß mit breitem, kurzen Hals, das „von den *destillatoribus* ein vrsale oder Urinal genennet wird“ (1611: 44–45), eine weitere Verwendung *und* alternative Benennung des Harnglases in der Destillationskunst. Die Verbindung zum Tier ergibt hier sich dadurch, dass auch ein Bär keinen erkennbaren Hals aufweise.

Hydra hercuale“[79] mit den jeweils zugehörigen Gefäßen aufgeführt, bevor das Kapitel schließlich mit schlichten Kolben oder „*cucurbitas*“ endet (Porta 1611: 47). Dabei deutet sich an, dass die namensgebenden Tiere hier nicht einfach nur der prägnanten Form wegen mit den Gefäßen assoziiert werden: So sei nach Porta (1611: 44) die „Schildkrötte“ ein erdnahes Tier, weshalb sich das dazugehörige Gefäß besonders für „*simplicia* oder Gewechs mit einer erdmässigen Natur und dicker Substantz“ eignen soll. Hier zeigen sich also auch Spuren eines magisch-sympathetischen Denkens.[80] Die abgebildeten Tiere sowie die Zwillinge konnten zudem auch als Sinnbilder in allegorischen Umschreibungen dienen – so konnte etwa der durch die Verwendung in der christlichen Ikonographie ohnehin schon mystisch aufgeladene Pelikan für ein Zirkulationsgefäß stehen, in der höheren Transmutationsalchemie aber auch für Stoffe wie das *rote Elixier* oder die Phase der *Multiplikation* bei der Lapis-Herstellung (vgl. Abraham 1998: xvii, 143).

5.3.2 Das Große Werk

Die Verwendung einer kaum verständlichen allegorischen Sprache aus wechselhaften Sinnbildern ist typisch für die Transmutationsalchemie, die viele zeitgenössische und auch heutige Stimmen wohl als die „wahre“ Alchemie bezeichnen würden. Insbesondere das *Große Werk*, die Herstellung des Steins der Weisen, wurde auf vielfältige Weise verschlüsselt, denn: „Nur im engsten Kreis der Eingeweihten darf das Geheimnis weitergegeben werden, nur in Allegorien, in vieldeutigen, irreführenden Ausdrücken darf von den Stoffen und Operationen gesprochen werden.“ (Simon 1980: 33). In den meisten Lapis-Traktaten tummeln sich daher Drachen, Vögel, Wölfe, Löwen und andere Tiere und Fabelwesen, die als Allegorien für verschiedene Substanzen, Objekte, Prozesse und Phasen bei der

78 Della Porta (1611: 47), hier ausnahmsweise ohne Abbildung des dazugehörigen Tiers – die Korrespondenz mit der abgebildeten gewundenen Röhre, die zwischen einem Kolben und einem Alembik angebracht werden, ist allerdings auch so einleuchtend.

79 Della Porta (1611: 47–48), daneben eine Destillationsvorrichtung mit mehreren, nach Art eines Aludel auf einem Kolben aufgetürmten Alembiken, an denen jeweils ein eigener Rezipient befestigt ist. Im Gegensatz zur dargestellten Hydra weist das Gefäß allerdings nur fünf „Köpfe“ auf.

80 Vgl. Laube (2014a: 80) zur Form des philosophischen Eis: „Die Adepten gingen offensichtlich davon aus, dass sich die Wahrscheinlichkeit gebärender Prozesse erhöhe, sobald die Form der Gefäße an die Gestalt eines Eis oder Uterus angelehnt waren. In der Gefäßform steckt demnach ein starkes Element sympathetischer Magie.“

Verrichtung des *Großen Werks* dienten. In gewisser Hinsicht kann die Sprache solcher Lapis-Rezepte als „Arkansprache" (Pörksen 1986: 17), stilistisch aber auch als übersteigerte Form des *Genus Grande* betrachtet werden: „Vorrangiges Ziel ist nicht mehr die Transparenz des Textes im Hinblick auf eine Vereinfachung von Rezeptionsbedingungen, sondern dessen kunstvolle Verschlüsselung, so daß der Text aufgrund des höheren Schwierigkeitsgrades zugleich als höherwertig empfunden wird." (Habermann 2001: 232). In den dazugehörigen Abbildungen nimmt das verwendete Gefäß – das *Ei des Philosophen* – eine zentrale Position ein: „Der ruhende Pol in der Bildsprache der Alchemie ist nicht so sehr das fixierende Prinzip innerhalb der Stoffumwandlung, sondern das Gefäß", das als „Rahmen im Rahmen" und „virtuelle Schaubühne" (Laube 2014a: 80) fungierte und auch dann als Glasgefäß dargestellt wurde, wenn es in Wirklichkeit aus einem blickdichten Material bestand.

Ein typisches Beispiel für solch ein allegorisch verschlüsseltes Lapis-Rezept findet sich bei Trismosin (1604: 254–272), in dem die charakteristischen zwölf Phasen des *Großen Werks* jeweils zusammen mit einer passenden Abbildung dargestellt werden.[81] In allen zwölf Bildern steht ein stilisiertes transparentes[82] Gefäß im Mittelpunkt der Darstellung. Zu Beginn stehen König und Königin – aller Wahrscheinlichkeit nach als Sinnbilder für die *Prinzipien* Schwefel und Quecksilber – noch bekleidet neben dem Gefäß (vgl. Trismosin 1604: 254), in der zweiten Phase (vgl. Trismosin 1604: 256) bereits entkleidet im Glas: Die eheliche Vereinigung der beiden kündigt sich an und wird in der dritten Phase auch sichtbar vollzogen (vgl. Trismosin 1604: 258). In diesen ersten drei Phasen ist das dargestellte Gefäß noch offen, aus der Gefäßöffnung sprießen dabei Blumen, die vermutlich für aufsteigende Dämpfe stehen oder einfach nur den Austausch mit der Außenluft verdeutlichen sollen. In der vierten Phase (vgl. Trismosin 1604: 260) setzt sich der Geschlechtsakt in der Dunkelheit fort – offenbar eine Folge der entstehenden Dämpfe. In dieser und den nachfolgenden sechs Phasen (vgl. Trismosin 1604: 262–268) bleibt das Gefäß geschlossen, wobei es in der Abbildung nicht mit einem Pfropfen, Helm oder Deckel versehen wird, sondern wie aus einem Stück gefertigt

---

81 Zu weiteren Beispielen von Illustrierten Lapis-Allegorien s.a. Meller et al. (2016: 84–87).

82 Die vorangehende Schilderung „Dise ding hab ich alle gesehen/ und so ichs nit gesehen und griffen hette/ hett ichs nit gewußt zu schreiben noch zumalen / sogar eigentlich." (Trismosin 1604: 252) legt nahe, dass es sich hier tatsächlich um ein Glasgefäß handelte – einige der allegorischen Bilder ließen sich demnach als phantasievolle Beschreibungen von tatsächlich im Glas beobachteten Vorgängen interpretieren, etwa von Schmelzungen, Farbveränderungen oder aufsteigenden Dämpfen.

erscheint. Erst in den letzten beiden Phasen (vgl. Trismosin 1604: 270–272) wird das Gefäß wieder geöffnet, und wieder steigen Pflanzen aus der Öffnung auf. Um was für ein Gefäß es sich genau handelt, lässt sich aus der Beschreibung kaum herauslesen. Es wird allerdings in der Phase des „Rabenhaupts“ (Trismosin 1604: 262) erwähnt, dass der aufsteigende Dampf oder Rauch „in dem anderen Geschirr hinab steigen auff den Boden des Geschirrs/ und wirt daraus machen Würmer.“ Hierin offenbart sich eine Information, die aus der stilisierten Darstellung nicht hervorgeht: Offenbar ist das geschlossene Gefäß tatsächlich eine Kombination aus zwei Gefäßen – vermutlich eine ähnliche Konstruktion, wie sie auch bei Libavius (1603: 264–266) beschrieben wird.

5.3.3 Gefäße in alchemistischen Symbolen?

Abschließend sei hier kurz die Repräsentation von Gefäßen und anderen Objekten durch alchemistische Symbole angesprochen – ein Phänomen, das nicht mit dem zuvor erläuterten allegorischen Symbolismus in Bild und Schrift verwechselt werden sollte (vgl. Gaede 2017: 15). Hier handelt es sich vielmehr um teils abstrakte und teils ikonische Schriftzeichen, die auch anstelle von ausgeschriebenen Wörtern im Text auftauchen konnten, wodurch sie als „willkommene Abkürzung“ (Laube 2014b: 235) sowie in einem begrenzten Umfang auch der Geheimhaltung dienen konnten. Auch für einige Gefäße existierten solche Symbole. So beinhalten die Bildtafeln in Lancillotti (1681) neben der Übersicht von Gefäßen und Instrumenten auch eine im jeweiligen Rahmen der Abbildung untergebrachte Auflistung alchemistischer Symbole, die in der Legende ebenfalls erklärt werden. Darunter befinden sich auch zwei Symbole für die Retorte. Beide sind ähnlich geformt und bilden das Gefäß mit der charakteristischen Halsform stilisiert ab, wobei dieser bei einem der beiden Zeichen zu einem gebogenen Strich vereinfacht wurde, wodurch es an eine seitwärts gedrehte Ziffer Neun erinnert (vgl. Lancillotti 1681: 26). Daneben werden auch Ligaturen der Buchstabenabkürzungen MB für *Balneum Mariae* sowie VB für *„Balneum vaporosum* oder dampffend Bad“ (Lancillotti 1681: 28) gezeigt. Auch in Sekundärquellen lassen sich diese und noch weitere Symbole und Buchstabenabkürzungen für Gefäße finden, etwa in Partington (1961: 769)[83] oder Cordier (1928: 8–27).[84] In den hier untersuchten Pri-

83 Auch die Übersicht in Partington (1961: 769) enthält die in Lancillotti (1681: 26) aufgeführten Symbole für *Balneum Mariae* und *Balneum vaporosum* sowie die verschlankte und die voll ausge-

märtexten finden sich jedoch keine Abkürzung von Gefäßen durch alchemistische Symbole im Fließtext, obgleich bei Trismosin (1604: 227–244), Blankaart (1694: 108), Beuther & Burggrav (1631: 14–16) und Libavius (1603: 245) Symbole für die Planetenmetalle und andere Stoffe auftauchen. Selbst Lancillotti (1681: 26) zeigt die beiden Zeichen für die Retorte nur in der Abbildung, verwendet sie jedoch im Folgenden nicht selbst im Text. Wahrscheinlich ist aber, dass die auffällig direkt in den Textfluss integrierten Abbildungen von meist kolbenähnlichen Gefäßen in Hollandus (1669) auf handgezeichnete Abbildungen im zugrundeliegenden Manuskript zurückgehen. Diese waren womöglich weniger detailliert und von ähnlicher Größe wie die im Text zahlreich vertretenen alchemistischen Symbole – und wurden somit selbst eher als Symbolzeichen, denn als Abbildungen wahrgenommen.

6 Fazit

Die Terminologie für die in der Alchemie und der Destillationskunst der frühen Neuzeit verwendeten Gefäße war ausgesprochen uneinheitlich und von zahlreichen Synonymen und Teilsynonymen geprägt, die Missverständnisse und Unsicherheiten beförderten. Zudem waren die für den jeweiligen Destillationsvorgang verwendeten Objekte oft austauschbar. Angesichts dieser Unsicherheitsmomente kommen den Abbildungen von Gefäßen und komplexen Destillationsvorrichtungen in den hier untersuchten Werken größte Bedeutung zu: Im Zweifel war es die Illustration, die trotz der „definitorische[n] Vagheit“ eine gewisse „kontextuell[e] Exaktheit“ (Roelcke 2005: 62) gewährleisten und möglicherweise fatale Fehlgriffe in der Praxis verhindern konnte. Das gilt auch für die fortgeschritteneren alchemistischen Texte: Zwar konnte die Bekanntheit der wichtigsten Termini und Standardverfahren der Destillation bei den eingeweihten Adepten offenbar vorausgesetzt werden, trotzdem finden sich auch hier immer wieder schematische

formte Darstellung der Retorte – letztere hier aber in Seitenlage und etwas eigentümlicher Gestalt. Daneben werden auch Symbole für Rezipienten (ähnelt dem verschlankten Retortensymbol), Cucurbiten (ein stilisierter Kolben) und den Alembik (hier der Helm inklusive Kolben) aufgeführt.

84 Neben den bereits erwähnten Zeichen führt Cordier (1928: 15) noch weitere „Nachahmende Symbole“ für „Sublimatorium“, „Figiergefäß“ und „Glaskölbchen“ an sowie als weitere „Buchstabensymbole“ die Abkürzung *CC* für „Cucurbita, Glaskolben. [Hervorhebung im Original]“ und T für *Tiegel* (Cordier 1928: 18).

Abbildungen und ausführliche Beschreibungen zu den verwendeten Objekten und Materialien – offenbar deshalb, weil eine exakte Terminologie fehlte oder für zu unsicher befunden wurde. Dem entgegen stehen Lapis-Rezepte wie etwa in Trismosin (1604): Zur Verrätselung des geheimen Inhalts wurden Metaphern und phantasievolle Allegorien in Bild und Schrift gebraucht, anhand derer sich Form und Material des *philosophischen Eis* nicht sicher bestimmen lässt. Gleichwohl offenbart sich aber auch hier ein gewisses Bedürfnis nach Anschaulichkeit, die hier allerdings nicht auf das Gefäß als konkretes wissenschaftliches Objekt, sondern auf die darin stattfindenden metaphysischen Vorgänge ausgerichtet ist.

Literaturverzeichnis

Abraham, Lyndy (1998): *A dictionary of Alchemical Imagery.* Cambridge: University Press.

Adelung, Johann Chr. (1793–1801): *Grammatisch-kritisches Wörterbuch der Hochdeutschen Mundart mit beständiger Vergleichung der übrigen Mundarten, besonders aber der oberdeutschen.* 2., verm. u. verb. Ausgabe. Leipzig. http://www.woerterbuchnetz.de/Adelung (15. September 2023).

Alberto, Roger (2012): *‚Wie men ein Kupffer Ertz auff Kupfferstein probirn soll‘ – Die Chemische Probierkunst und ihre Sprache.* Alpnach.

Barke, Jörg (1991): *Die Sprache der Chymie. Am Beispiel von vier Drucken aus der Zeit zwischen 1574 – 1761* (Reihe Germanistische Linguistik 111). Tübingen: Niemeyer.

Bartkowski, Ariane (2018): *Fürstliche Laborpartner in der alchemistischen Praxis. Das Netzwerk des Kurfürstenpaares August (1526–1586) und Anna (1532–1585) von Sachsen* (Blogeintrag). https://saxorum.hypotheses.org/50 (15. September 2023).

Bartkowski, Ariane (2012): Artikel „David Beuther“. In: *Sächsische Biografie.* Hrsg. vom Institut für Sächsische Geschichte und Volkskunde. https://saebi.isgv.de/biografie/530 (27. September 2023).

Battistini, Matilde (2005): *Astrologie, Magie und Alchemie.* Berlin: Parthas.

Beuther, David & Johann E. Burggrav (1631): *Vollkommener Bericht, Von der hochberümbten Kunst der Alchymj und seinen in solcher erlangten, und erkundigten Secreten, und Kunststücklein.* Frankfurt a. M.: Fitzer. http://digital.slub-dresden.de/id276228030 (15. September 2023).

Berzelius, Jöns J. (1831): *Lehrbuch der Chemie. Chemische Operationen und Geräthschaften - nebst Erklärung chemischer Kunstwörter, in alphabetischer Ordnung.* Bd. 4/2. Dresden: Arnold. https://www.e-rara.ch/zut/doi/10.3931/e-rara-59176 (15. September 2023).

Blankaart, Steven (1694): *Theatrum Chimicum Oder Eröffneter Schau-Platz und Thür zu den Heimligkeiten In der Scheide-Kunst.* Leipzig: Gleditsch. http://diglib.hab.de/drucke/xb-4679-2s/start.htm (15. September 2023, die angegebenen Seitenzahlen folgen der Nummerierung des Portals).

Bodenstein, Adam von (1575): *Onomasticum Theophrasti Paracelsi eigne auszlegung etlicher seiner wörter und preparierungen.* Basel: Perna. https://www.e-rara.ch/bau_1/doi/10.3931/e-rara-8796 (15. September 2023).

Brunschwig, Hieronymus (1512): *Liber de arte distillandi de Compositis* (= Großes Destillierbuch). Straßburg: Grüninger. https://daten.digitale-sammlungen.de/bsb00005369/images/ (15. September 2023, die angegebenen Seitenzahlen folgen der Nummerierung des Portals.)

Brunschwig, Hieronymus (1500): *Liber de arte distillandi. de Simplicibus. Das buch der rechten kunst zü distilieren die einzigen ding* (= Kleines Destillierbuch). Straßburg: Grüninger. http://daten.digitale-sammlungen.de/0003/bsb00031146/images/ (15. September 2023, die angegebenen Seitenzahlen folgen der Nummerierung des Portals.)

Cordier, Victor (1928): *Die chemische Zeichensprache einst und jetzt.* Graz: Leykam.

Darmstädter, Ernst (1978): *Die Alchemie des Geber.* Nachdr. d. Ausg. Berlin 1922. Wiesbaden: Sändig.

Deutsches Apotheken-Museum im Heidelberger Schloss (2020): *Destilliergerät "Mohrenkopf".* https://bawue.museum-digital.de/index.php?t=objekt&oges=1800 (15. September 2023).

DNB-Datensatz *Johann Ernst Burggrav*: https://d-nb.info/gnd/10427848X (15. September 2023).

Feuerstein-Herz, Petra (2014): Im alchemischen Laboratorium. In: Petra Feuerstein-Herz & Stefan Laube (Hrsg.), *Goldenes Wissen. Die Alchemie – Substanzen, Synthesen, Symbolik.* Wolfenbüttel: Harrassowitz, 277–332.

Fraas, Claudia (1998): Lexikalisch-semantische Eigenschaften von Fachsprachen. In: Lothar Hoffmann et al. (Hrsg.), *Fachsprachen. Ein internationales Handbuch zur Fachsprachenforschung und Terminologiewissenschaft*. Berlin, New York: De Gruyter, 428–437.

Gaede, Jonathan (2017): *Zur Verwendung astrologischer und alchemistischer Symbole in frühneuhochdeutschen Fachtexten* (Würzburger elektronische sprachwissenschaftliche Arbeiten 19). Würzburg: Würzburg University Press. http://nbn-resolving.org/urn:nbn:de:bvb:20-opus-153198 (15. September 2023).

Gerhardt, Christoph (1979): *Die Metamorphosen des Pelikans. Exempel und Auslegung in mittelalterlicher Literatur. Mit Beispielen aus der bildenden Kunst und einem Bildanhang* (Trierer Studien zur Literatur 1). Frankfurt, Bern: Peter Lang.

Habermann, Mechthild (2001): *Deutsche Fachtexte der frühen Neuzeit. Naturkundlich-medizinische Wissensvermittlung im Spannungsfeld von Latein und Volkssprache.* Berlin, New York: De Gruyter.

Helmstädter, Axel, Jutta Hermann & Evemarie Wolf (2011): *Leitfaden der Pharmaziegeschichte.* 2., überarb. Aufl. Eschborn: Govi.

Hollandus, Johann I. (1669): *Tractatus de Lapide Philosophico Oder vom Stein der Weisen*. Frankfurt a.M.: Götze.http://digital.slub-dresden.de/id278463932 (15. September 2023).

Jung, Rudolf (1895): Artikel „Uffenbach, Peter“. In: *Neue Deutsche Biographie* 39, 134 (Online-Version). https://www.deutsche-biographie.de/pnd117267066.html (15. September 2023).

Keil, Gundolf (2003): Artikel „Puff, Michael“. In: *Neue Deutsche Biographie* 21 (6) (Online-Version). https://www.deutsche-biographie.de/sfz103783.html (15. September 2023).

Keil, Gundolf (1998): Artikel „Porta, Giambattista della“. In: Claus Priesner & Karin Figala (Hrsg.), *Alchemie: Lexikon einer hermetischen Wissenschaft*. München: Beck, 286–287.

Klein, Wolf P. (2011a): Die Deutsche Sprache der Gelehrsamkeit in der frühen Neuzeit. Von der lingua barbarica zur HaubtSprache. In: Herbert Jaumann (Hrsg.), *Diskurse der Gelehrtenkultur in der frühen Neuzeit. Ein Handbuch*. Berlin, New York: De Gruyter, 465–516.

Klein, Wolf P. (2011b): Deutsch statt Latein! Zur Entwicklung der Wissenschaftssprachen in der frühen Neuzeit. In: Wieland Eins (Hrsg.), *Wissen schaffen – Wissen kommunizieren. Wissenschaftssprachen in Geschichte und Gegenwart*. Wiesbaden: Harrassowitz, 35–48.

Klein, Wolf P. et al. (2008, fortlaufend): Projekt Fachtexte-Datenbank. *Deutsche Fach- und Wissenschaftssprachen bis 1700.* http://kallimachos.de/fachtexte (15. September 2023).

Kopp, Hermann (1886a): *Die Alchemie in älterer und neuerer Zeit. Ein Beitrag zur Kulturgeschichte. Erster Theil: Die Alchemie bis zum letzten Viertel des 18. Jahrhunderts.* Heidelberg, Carl Winter's Universitätsbuchhandlung. https://www.e-rara.ch/zut/doi/10.3931/e-rara-33822 (26. September 2023).

Kopp, Hermann (1886b): *Die Alchemie in älterer und neuerer Zeit. Ein Beitrag zur Kulturgeschichte. Zweiter Theil: Die Alchemie vom letzten Viertel des 18. Jahrhunderts an.* Heidelberg, Carl Winter's Universitätsbuchhandlung. https://www.e-rara.ch/zut/doi/10.3931/e-rara-34456 (26. September 2023).

Kühlmann, Wilhelm (2017): *Materia medica* als Problem. Sprachdiskussion und Lexikographie im Paracelsimus. In: Jörg Riecke (Hrsg.), *Sprachgeschichte und Medizingeschichte. Texte – Termini – Interpretationen* (Lingua Historica Germanica 16). Berlin, Boston: De Gruyter, 155–182.

Kurzmann, Peter (2016): Über *balnea marie*, sowie Adler, Geier, *anabiq* und andere *gschickte gleser*. In: Harald Meller, Alfred Reichenberger & Christian-Heinrich Wunderlich (Hrsg.), *Alchemie und Wissenschaft des 16. Jahrhunderts. Fallstudien aus Wittenberg und vergleichbare Befunde. Internationale Tagung vom 3. bis 4. Juli 2025 in Halle (Saale).* Halle (Saale): Landesamt für Denkmalpflege und Archäologie Sachsen-Anhalt, Landesmuseum für Vorgeschichte, 313–321.

Lancillotti, Carlo (1681) *Der brennende Salamander, oder Zerlegung, der zu der Chimie gehörigen Materien.* Lübeck & Frankfurt am Main: Haaß. https://digital.slub-dresden.de/werkansicht/dlf/2374/1 (26. September 2023).

Laube, Stefan (2014a): Bilder aus der Phiole. Anmerkungen zur Bildsprache der Alchemie. In: Petra Feuerstein-Herz & Stefan Laube (Hrsg.), *Goldenes Wissen. Die Alchemie – Substanzen, Synthesen, Symbolik*. Wolfenbüttel: Harassowitz, 73–86.

Laube, Stefan (2014b): Die Alchemie – Kontexte und Phänomene. In: Petra Feuerstein-Herz & Stefan Laube (Hrsg.), *Goldenes Wissen. Die Alchemie – Substanzen, Synthesen, Symbolik*. Wolfenbüttel: Harassowitz, 176–236.

Laube, Stefan (2012*): Steven Blankaart: Theatrum Chimicum. Einführung* (= Theatrum-Literatur der Frühen Neuzeit: Repertorium). Wolfenbüttel, Herzog August Bibliothek http://diglib.hab.de/edoc/ed000142/start.htm (26. September 2023).

Libavius, Andreas (1603): *Alchymistische Practic*. Frankfurt a. M.: Saur, Kopffen. http://digital.slub-dresden.de/id278814670 (15. September 2023).

Libavius, Andreas (1597): *Alchemia*. Frankfurt a. M.: Saur, Kopffen. http://dx.doi.org/10.3931/e-rara-4600 (15. September 2023).

Meller, Harald et al. (2016): *Alchemie: die Suche nach dem Weltgeheimnis* (Begleithefte zu Sonderausstellungen im Landesmuseum für Vorgeschichte Halle, Sonderausstellung vom 25.11.2016 bis 5.6.2017). Halle (Saale): Landesamt für Denkmalpflege und Archäologie Sachsen-Anhalt.

Moran, Bruce T. (2005): *Distilling Knowledge. Alchemy, chemistry, and the scientific revolution*. Cambridge (Mass.), London: Harvard University Press.

Müller-Grzenda, Astrid (1996*): Pflanzenwässer und gebrannter Wein als Arzneimittel zu Beginn der Neuzeit: Herstellungsverfahren, Hersteller und Handel, Beschaffenheit und Bedeutung für die Materia medica.* Braunschweig: Dt. Apotheker.

Müller-Jahnke, Wolf-Dieter (2013): Artikel „Libavius, Andreas“. In: *Deutscher Humanismus 1480 – 1520: Verfasserlexikon (Bd. 2, L – Z)*. Berlin, Boston: De Gruyter, 116–128.

Müller-Jahnke, Wolf-Dieter (1998): Artikel „Libavius, Andreas“. In: Claus Priesner & Karin Figala (Hrsg.), *Alchemie: Lexikon einer hermetischen Wissenschaft*. München: Beck, 221–223.

Partington, James R. (1961): *A history of chemistry, Bd 2: 1500 – 1700*. London: Macmillan.

Paulus, Julian (1998): Artikel „Isaac und Johann Isaac Hollandus“. In: Claus Priesner & Karin Figala (Hrsg.), *Alchemie: Lexikon einer hermetischen Wissenschaft*. München: Beck, 181.

Pörksen, Uwe (1986): *Deutsche Naturwissenschaftssprachen. Historische und kritische Studien.* Tübingen: Narr.

Porta, Giambattista della (1611): *Ars Destillatoria, Das ist, Die Edele vnd in aller Welt geliebte Kunst zu destilliern.* Frankfurt a.M.: Humm. https://daten.digitale-sammlugen.de/0002/bsb00027962/images/ (15. September 2023).

Priesner, Claus (2011): *Geschichte der Alchemie*. München: Beck.

Puff, Michael (1501): *Von den ausgebrannten Wassern*. Ulm: Hochspringen. http://resource.nlm.nih.gov/2285019R (15. September 2020).

Roelcke, Thorsten (2005): *Fachsprachen*. 2., durchges. Aufl. Berlin: Schmidt.

Salzer, Ronald (2010): Ein brennendes Thema: Der Destillierhelmfund in der ehemaligen Badestube von Zwettl-Niederösterreich und die Rolle der Destillation im Mittelalter und in der Frühen Neuzeit. In: Gerhard Jaritz (Hrsg.), *Medium Aevum Quotidianum* 61. Krems: TU Wien, 27–55. https://memo.imareal.sbg.ac.at/?edmc=2626 (15. September 2020).

Schmid, Hans U. (2015): *Historische deutsche Fachsprachen: von den Anfängen bis zum Beginn der Neuzeit; eine Einführung.* Berlin: Schmidt.

Simon, Günther (1980): *Kleine Geschichte der Chemie*. Köln: Deubner.
Telle, Joachim (2008): Artikel "Bodenstein, Adam von". In: *Deutscher Humanismus 1480 – 1520: Verfasserlexikon (Bd. 1, A – K)*. Berlin, Boston: De Gruyter, 307–312.
Trismosin, Salomon (1604): *Aurei Velleris Oder Der Guldin Schatz: und Kunstkammer tractatus*. Bd. 5. Basel: Treüw. http://digital.slub-dresden.de/id278133053 (15. September 2020).
Ulbrich, Daniel (2009/2010): Wissenschaftssprache zwischen Latein und Logik. Eine methodologische Einleitung. In: *Jahrbuch für Europäische Wissenschaftskultur* 5, 9–75.
Will, Heike (2009): *Vergleich der Indikationen des ‚Kleinen Destillierbuches' des Chirurgen Hieronymus Brunschwig (Straßburg 1500) mit den nach derzeitigem wissenschaftlichem Erkenntnisstand belegten Indikationen*. Würzburg: Würzburg University Press.
Zedler, Johann H. (1732–1754): *Grosses vollständiges Universal-Lexicon der Wissenschafften und Künste*. Halle, Leipzig: Zedler. https://www.zedler-lexikon.de/ (15. September 2020).

Matthias Schulz

Objekte und das Schreiben über Objekte

Bauprojekte des 15. und 16. Jahrhunderts und ihre Versprachlichung

1 Vorbemerkung

Der Gegenstandsbereich, um den – und vor allem: um die mit ihm in Verbindung stehenden sprachlichen Praktiken – es in diesem Text gehen soll, wurde im Laufe der Geschichte hinsichtlich seiner ‚Wissenschaftlichkeit' unterschiedlich eingeordnet.[1] Das Bauwesen wurde in der Spätantike nicht nur als eine elaborierte handwerkliche Praktik angesehen; Architektur und Architekturtheorie rückten vielmehr auch in den „Rang einer hohen Kunst".[2] In Vitruvs *Zehn Büchern über Architektur* wurden sie als herausragendes Wissensgebiet[3] beschrieben. Zwar wurde Vitruv (insbesondere in der Frühen Neuzeit) dies- und jenseits der Alpen rezipiert;[4] im mittelalterlichen Deutungssystem wurde die Architektur allerdings (etwa bei Scottus Eriugena und Hugo von St. Victor) nicht zu den sieben freien Künsten, sondern zu den *artes mechanicae*, den Eigenkünsten (vgl. Schmid 2015: 84; Eis 1950: 269), gezählt. Forschungsgeschichtlich bemerkenswert sind Diskussionen über „Geniekult frühere[r] Generationen" (Hörsch 2021: 8) und die jüngeren „entmythologisierenden Untersuchung[en] der Sozialgeschichte des Architektenbe-

1 Für intensive Diskussionen danke ich Stefan Bürger, Larissa Then und dem gesamten Netzwerk Nordalpine Baukultur. Für umsichtige und engagierte Hilfe bei der Recherche und Formatierung danke ich Theresa Eckhardt.

2 ARCHITEKTURTHEORIE: Der neue Pauly, http://dx.doi.org/10.1163/1574-9347_dnp_e132830 (1. Mai 2021).

3 Im alten Pauly ist – als zeitgenössische Wertung und im Wortgebrauch des späten 19. Jahrhunderts – sogar zu lesen, bei Vitruv sei Architektur „als eine Wissenschaft" dargestellt (Paulys Realenzyklopädie, I, Sp. 543).

4 Man vergleiche zu Vitruv Kruft (2013: Kapitel 1) – den ersten deutschsprachigen Druck (mit Kommentierungen) gab der Humanist Walther Hermann Ryff 1548 heraus: Vitruvius Teutsch: Nemlichen des aller namhafftigisten vn[d] hocherfarnesten / Römischen Architecti / vnd Kunstreichen Werck oder Bawmeisters / Marci Vitruuij Pollionis / Zehen Bücher von der Architectur vnd künstlichem Bawen [...] Erstmals verteutscht / vnd in Truck verordnet Durch D. Gualtheru[m] H.Riuium Medi.&Math. [...] Nürnberg [...] M. D. XLVIII (VD16 V 1765); Digitalisat: https://digi.ub.uni-heidelberg.de/diglit/vitruvius1548; man vergleiche auch Gnehm (2004: 175–180).

https://doi.org/10.1515/9783111437392-003

rufs“ (Hörsch 2021: 7). Heute stellen Architekturtheoretiker, Bauforscher und Architekten natürlich die besondere Wissenschaftlichkeit ihrer Disziplinen heraus;[5] eine solche Verortung zeigen unter anderem Architektur-Studiengänge, die an Fachhochschulen und auch an Universitäten verankert sind.

Die hier nur sehr grob skizzierten Verortungen verweisen schon an der Oberfläche auf unterschiedliche Konzepte von Wissenschaft und Wissenschaftlichkeit; auf unterschiedliche kulturelle Deutungen, aber gleichermaßen auch auf damit in Interdependenz stehende wortsemantische Wandelprozesse, die im Gebrauch von Lexemen wie *scientia*, *ars* oder auch *Wissenschaft* und *Kunst* erkennbar werden.[6] Solche Aspekte sind sicherlich hinsichtlich der Zugehörigkeit des hier thematisierten Bereichs zu den historischen ‚Gelehrten- und Wissenschaftssprachen‘ zu bedenken, wenn in diesem Text in Hinblick auf sprachliche Praktiken im Bereich des historischen Bauwesens auf die im Call zur diesem Sammelband zugrundeliegenden Tagung gestellten konkreten Fragen Bezug genommen werden soll:

- Wie werden Objekte benannt und wie verändern sich die Bezeichnungen im Laufe der Zeit?
- Wie wird über solche Objekte geschrieben?
- Welche neuen Textsorten entstehen durch den textuellen Bezug auf solche Objekte?

Ich gliedere meine Überlegungen dazu im Folgenden in drei Teile: Den Ausgangspunkt bilden ein Textbeispiel, einige Befunde und eine daraus ableitbare Anforderung, bevor ein kurzer fachgeschichtlicher Seitenblick auf die ältere Forschungsrichtung der *Wörter und Sachen* (und auf aktuelle Weiterführungen) gerichtet wird. Abschließend sollen (aus meiner Sicht) relevante Forschungsfragen zu historischen Fachsprachen des Bauwesens sowie zu Bauprojekten des 15. und 16. Jahrhunderts und ihrer Versprachlichung anhand von derzeit (in Würzburg) bearbeiteten Projekten und ihren Erkenntnisinteressen skizziert werden.

---

5 Man vergleiche zur historischen Perspektive Morsbach (2009: 12, mit weiterer Literatur); Franck (2009).

6 Man vergleiche WISSENSCHAFT: [1]DWB. XIV, II, Sp.781–798 (1937/1960), insbesondere C 1, Sp. 788–791; KUNST: [1]DWB. V, Sp. 2666–2684 (1873), insbesondere II, 2, Sp. 2668–2674; Cancik-Kirschbaum, Eva, Quack, Joachim and R.NE.; Ü:D.PR., WISSENSCHAFT: Der Neue Pauly, http://dx.doi.org/10.1163/1574-9347_dnp_e12211460 (10. März 2021); ARCHITEKTUR: Der Neue Pauly, http://dx.doi.org/10.1163/1574-9347_dnp_e132650 (10. März 2021).

2 Ein Textbeispiel, drei Befunde und eine Anforderung

Matthes Roriczer, seit 1477 als „Tumbmaister zu Regennspurg" (Büchlein der Fialen Gerechtigkeit: [2v]) der in einem Dienstverhältnis zum Domkapitel stehende (vgl. Bürger 2020: 230) leitende Werkmeister der Domhütte, kam aus einer Werkmeisterfamilie, die vorwiegend am Regensburger Dom gearbeitet hatte, die aber auch Aufträge für die Planung, die Ausführung und für gutachterliche Tätigkeiten an anderen Standorten erhalten hatte (vgl. Morsbach 2005: 35–36). Roriczer selbst war bereits in Nürnberg, Esslingen, Eger, Eichstätt und München tätig gewesen, bevor er 1476 Regensburger Bürger wurde und dort 1477 seinem Vater als leitender Werkmeister, als *Dommeister,*[7] folgte.[8] Er betrieb in Regensburg zudem eine Offizin. Der Gesamtkatalog der Wiegendrucke listet unter dem normalisierten Druckernamen *Matthäus Roritzer* sieben Drucke für die Zeit zwischen 1486 und 1490 auf. Neben volkssprachigen Einblattdrucken im Kontext des Anschlusses der Stadt an das Herzogtum Bayern unter Albrecht IV. und einem lateinischen Ablassbrief handelt es sich dabei um zwei (bzw. drei) etwas umfangreichere volkssprachige Quartdrucke mit (gegenwartssprachlich gesprochen:) Architektur-Texten: 1486 erschien eine Abhandlung zur „gerechtikait" (ISTC ir00318530 [9], GW M38863[10]), also zur Beschaffenheit und zur Konstruktion (vgl. FWB. s. v. GERECHTIGKEIT, 12) von (heute als *gotisch* bezeichneten) Architekturelementen. Der von der Forschungsliteratur verwendete Titel für diesen Text, „Büchlein von der Fialen Gerechtigkeit", geht auf die im Kolophon des Druckes genannte Aussage „Also hat ain ent dz puechle[n] d[er] fiale[n] gerechtikait" (Büchlein der Fialen Gerechtigkeit, [12v]) zurück.

Ein oder zwei Jahre später („about 1487/88": ISTC ir00318540[11]; GW M 0248330[12]) folgte die Publikation der „Geometria deutsch". Dieses Werk wurde nicht nur in Roriczers Regensburger Offizin gedruckt; es ist zusätzlich später, nach Roriczers

7 Zur Verwendung des Lexems *Dommeister* als gegenwartssprachlicher Terminus vergleiche man Morsbach (2005: 35–36).

8 Zur Person Roriczers und seiner Familie vergleiche man Morsbach (2005: 35–36); Coenen (1990: 33–37).

9 https://data.cerl.org/istc/ir00318530?style=expanded (1. Mai 2021).

10 https://www.gesamtkatalogderwiegendrucke.de/docs/M38863.htm (1. Mai 2021).

11 https://data.cerl.org/istc/ir00318540 (1. Mai 2021).

12 https://www.gesamtkatalogderwiegendrucke.de/docs/M0248330.htm (1. Mai 2021).

Tod, auch in Nürnberg erschienen (Peter Wagner, „about 1497“: ISTC ig00146000[13]; GW M02483[14]).

Das „Büchlein der Fialen Gerechtigkeit“, auf das nun der Blick für das Textbeispiel etwas genauer gerichtet werden soll, enthält nach dem Wappen des und der Widmung an den Eichstätter Bischof einen Anleitungstext zur Konstruktion von Fialen (Würzburger Exemplar 3r–10r, Münchener Exemplar 5r–12r: „WJlt dv ain grundt reyssen czw ainer vialen: nach stainmeczischer art: vvsz der rechten geometrey: So heb an […]“). Es folgt ein weiterer anleitender Text zur Konstruktion von Wimpergen (Würzburger Exemplar 11r–12r, Münchener Exemplar 3r–4v: „WJltu die maspreter vnd die plumen auf die wimpe[r]g[en] mach[en[so merck […]“). Schon in der älteren Literatur wurde für eine abgrenzende Differenzierung beider Textabschnitte plädiert: Mit der Ausführung zur Konstruktion der Wimperge liege „ein ganz abgesondertes, für sich bestehendes Werkchen“ vor, „welches höchst wahrscheinlich blos durch das Versehen eines Buchbinders in den [Druck an dieser Stelle, M. S.] hineingerathen“ (Reichensperger 1845: 5) sei. U. Coenen hält diesen Text für „ergänzende Blätter“, die „jünger als das Fialenbuch“ (Coenen 1990: 37) seien, inhaltlich aber darauf Bezug nähmen (vgl. Coenen 1990: 37).

Roriczers Schriften können der neueren kunsthistorischen Forschung zufolge als „Schulbuch [gewertet werden], aus dem Lehrling und Geselle lernen und das sie benutzen sollten“ (Morsbach 2009: 20). Auch handschriftliche Kommentare in Druckexemplaren der Schriften Roriczers wurden als Zeichen für eine mögliche Verwendung als „Lehrbuch“ (Schmitt 2004: 171) interpretiert. Daraus wurde zudem gefolgert, dass als Adressaten auch fachlich ungebildete und nicht dem Fach zuzuordnende Personen, etwa Bauherren, in Frage kämen (vgl. Schmitt 2004: 171): Die Traktate seien nämlich auf „die Verbesserung der Ausbildung der Steinmetzen und die Vertiefung der fachlichen Kenntnisse auch der Bauherren“ ausgerichtet. Das wäre sehr bemerkenswert, denn es hieße, dass die Texte auch „dem interessierten Laien erstmals Fachwissen [auf deutsch, M. S.] zugänglich“ (Morsbach 2005: 35–36) machten.

Neben den Texten Roriczers gibt es noch einige weitere Anleitungstexte, die am Beginn des volkssprachigen architekturtheoretischen Schrifttums stehen und „praktische […] Anleitungen“ (Mitsching 2019: 9) für die Konstruktion baulicher Objekte wie etwa Fialen oder Kielbögen enthalten. In der Literatur hat sich für drei (bzw. vier) Drucke und drei handschriftlich überlieferte Texte aus der Zeit vom

13 https://data.cerl.org/istc/ig00146000 (1. Mai 2021).

14 https://www.gesamtkatalogderwiegendrucke.de/docs/M02483.htm (1. Mai 2021).

Ende des 15. bis zum Beginn des 16. Jahrhunderts die Bezeichnung *Werkmeisterbücher* durchgesetzt.[15]

In sprachwissenschaftlicher Hinsicht handelt es sich bei diesen Schriften insgesamt um Texte, die fachbezogenes Wissen versprachlichen. Sie lassen sich damit dem Bereich frühneuzeitlicher Fachsprachen zuordnen, in denen – in der Formulierung Th. Roelckes – eine „Zunahme an theoretischer wie empirischer Fundierung im handwerklichen und technischen Bereich" (Roelcke 2020: 234) erkennbar ist. Betrachtet man sie in lexikologischer Perspektive, dann fallen sogleich Lexeme mit fachlichem Bezug auf: Auf einer herausgegriffenen Seite von Roriczers „Büchlein der Fialen Gerechtigkeit" (fol. 4v) sind das etwa – neben einer Konstruktionsskizze – Lexeme wie *fial[en]*, *wimperg* und *plum*. Sie zeigen mehrere bekannte Muster fachsprachlicher Terminologisierung. Es handelt sich dabei um

- ein exogenes, in flexivischer Hinsicht teilintegriertes romanisches Lehnwort,
- ein indigenes Kompositum mit einem Abstraktum als Grundwort, das zum Zeitpunkt des Drucks womöglich bereits undurchsichtig geworden war[16], sowie um
- ein indigenes, zum Zeitpunkt des Druckes usuelles Grundwort in metaphorischer Verwendung.

Die genannten Lexeme *Fiale, Wimperg* und *Blume* sind auch heute noch als architektonisch-kunsthistorische Fachwörter usuell (etwa Gympel 2013: 112–113).

Neben Bezeichnungen für Objekte wie etwa architektonische Einheiten und Bauteile können in Roriczers Text weitere Lexeme fachlicher Verwendung erhoben werden, etwa solche für beteiligte Akteure wie das bereits genannte Substantiv *Tumbmaister*. Der historische Text verweist damit auf mit Objekten in Verbindung stehende (nämlich diese vorbereitende, begleitende und reflektierende) Kommunikationsprozesse, auf beteiligte Akteure und natürlich auf sprachliche Terminologisierungsprozesse.[17]

Lexeme, die auf Objekte, auf Akteure, handwerkliche Prozesse und ihre Ausführung referieren, darunter auch solche, die lange nicht so offensichtlich und vertraut wie die genannten Beispiele sind, kommen nicht nur in Werkmeisterbüchern vor. Sie sind auch in anderen Texten der Baukultur mit Bezug zu baulichen Tätigkeiten und Verfahren überliefert, etwa in Bauhüttenordnungen, Rechnungs-

15 Man vergleiche zur Edition Coenen (1990).

16 Man vergleiche W. Pfeifer, Etymologisches Wörterbuch s. v. WIMPERG: „ahd. *wintberga* ‚vor Wind schützende Vorrichtung am Dach'": https://www.dwds.de/wb/Wimperg (1. Mai 2021).

17 Zu Terminologisierungsprozessen für den Bereich des Bauwesens in architekturtheoretischem Schrifttum, bis zur Mitte des 18. Jahrhunderts insbesondere in fachlexikographischer Überlieferung vergleiche man Kusová (2020: 5–26).

büchern, Verträgen zwischen Bauherren und Werkmeistern, Bestallungen und sogar auf Rissen und zeitgenössischen Konstruktionszeichnungen. Auf solche Quellen wird in der Literatur zu historischen Fachsprachen des Bauwesens seit langem[18] verwiesen, sie sind allerdings in vielen Fällen dem Inhalt und der Überlieferung nach sprachwissenschaftlich noch völlig unerschlossen. „Viele solcher Quellen", so formuliert es Hans Ulrich Schmid, „schlummern noch in Archiven und sind noch nicht einmal ediert, geschweige denn sach- und wortgeschichtlich ausgewertet" (Schmid 2015: 87). Auch jüngste Studien zum Bereich werten eher architekturtheoretisches Schrifttum späterer Jahrhunderte als solche Texte aus.[19] Die Perspektivenweitung von Texten der *Baukunst* hin zu allen Texten aus dem Bereich der *Baukultur* als der Summe von sozialen Praktiken und Vorgängen, die mit dem Bauen in Verbindung stehen, steht für die sprachgeschichtliche Analyse zum großen Teil noch aus.

Jenseits einer philologischen Erschließung hat in den letzten Jahren allerdings in der wissenschaftlichen Beschäftigung mit Bau- und Architekturgeschichte im Rahmen der Kunstgeschichte und der Bauforschung eine intensive Hinwendung zu den historischen materiell schriftlichen Quellen zur spätgotischen Architektur begonnen. Neben spätmittelalterlichen und frühneuzeitlichen architektonischen Skizzen und Zeichnungen wurden dabei auch verstärkt Texte in den Blick genommen.[20] In architektur- und kunsthistorischer Hinsicht hat sich das als außerordentlich lohnend erwiesen. So konnte beispielsweise die Auswertung von Beständen an Bauzeichnungen und Texten aus Ulm, Freiburg, Straßburg, Görlitz oder Zwickau detaillierte neue Erkenntnisse über die Organisation und die Planungs- und Baugeschichte von Kirchenbauten ergeben und auch die personellen Vernetzungen zwischen bestimmten Bauhütten offenlegen.[21] Das DFG-Forschungsnetzwerk "Nordalpine Baukultur des Spätmittelalters"[22] nimmt derzeit

18 Man vgl. etwa Möhn (1998: 1024), der „Handlungsbücher, Vertragstexte sowie die Anfänge einer primär auf den handwerklichen Sachausschnitt gerichteten Literatur" nennt.

19 Man vergleiche etwa die aktuelle Studie von Kusová, die „relevante Strategien bewusster Terminologievermittlung in diversen architekturtheoretischen Fachbüchern des 16. bis 18. Jahrhunderts" erhebt und analysiert: Kusová (2020: 8).

20 Man vergleiche Bürger & Klein 2009: 7: „Dabei gibt es solche Quellen in viel größerem Umfang als bisher wahrgenommen wurde. Nur handelt es sich dabei nicht um heroisierende Texte über Persönlichkeiten à la Vasari, sondern um sperrige und schwer entzifferbare Dokumente; es geht um indirekte Nachrichten, um Rechnungen, Verträge, Zeichnungen und um die Bauten selbst".

21 Man vergleiche Böker (2011); Böker, Brehm, Hanschke & Sauvé (2013); Bürger & Klein (2009); Klein (2020).

22 https://baukultur-netzwerk.de (1. Mai 2021).

(unter anderem) solche Aspekte zum Ausgangspunkt seiner interdisziplinären Überlegungen.

Aus dem hier skizzierten Hintergrund ergeben sich aus meiner Sicht drei – je für sich genommen wenig überraschende – Befunde und eine daraus abzuleitende Anforderung für sprachwissenschaftliches und sprachhistorisches Arbeiten:

1) In Werkmeisterbüchern, aber auch in Verträgen, Protokollen, Bestallungen, Hüttenordnungen, Rechnungsbüchern und weiteren zeitgenössischen Texten des 15. und 16. Jahrhunderts, die mit dem Bauwesen und der Architektur in Verbindung stehen, werden mit Substantiven, Verben und Adjektiven fachlicher Prägung unter anderem Objekte bezeichnet, also architektonische Einheiten und Bauteile, Arbeitsmaterialien und Werkzeuge, aber auch handwerkliche Prozesse, Theorien und Methoden, ihre Ausführung und auch die beteiligten Akteure.
2) Lexeme, die sich speziell auf Objekte des Bauwesens beziehen, können sich entweder (zum Beispiel in Skizzen und Rissen) direkt auf Abbildungen von Objekten beziehen oder in einem Text auf solche verweisen. Es ist also – im Sinne des Themas des Sammelbandes – von direkten und indirekten *Wechselbeziehungen* zwischen den Objekten sowie den mit ihnen in Verbindung stehenden fachlichen Praktiken auf der einen Seite und mit den Versprachlichungen auf der anderen Seite (gerade auch in einer frühen Phase, zeitlich vor den architekturtheoretischen Schriften des späten 16. und 17. Jahrhunderts) auszugehen.
3) Unser Wissen ist für dieses Gebiet in dreierlei Hinsicht noch unzureichend: Es ist unzureichend hinsichtlich der historischen Objekte selbst, unzureichend hinsichtlich der frühneuzeitlichen Lexeme, ihrer Strukturen und ihrer Semantik und unzureichend hinsichtlich der jeweiligen Wechselbeziehungen. Das ist seit langem bekannt; Hans Ulrich Schmid hat diese Forschungslage für die sprachhistorische Seite pointiert zusammengefasst: „Wir wissen kaum etwas über die Sprache der Architekten und Handwerker, die die [...] gotischen Dome erbaut haben" (Schmid 2015: 84).

Die bereits vorliegenden Forschungsergebnisse sind nicht selten vor dem Hintergrund anderer Interessen erzielt worden, insbesondere im Rahmen kunst- und architekturhistorischer Forschungen. Handelt es sich um im engeren Sinne sprachhistorische Arbeiten, dann stehen sie ganz überwiegend im Kontext übergreifender lexikographischer Projekte, insbesondere des verdienstvollen

Frühneuhochdeutschen Wörterbuchs[23] oder übergreifend vorgehender Einzelstudien etwa zur Sprachstufenlexik (vgl. Tiefenbach 1983: 717–750), zur Wortbildungsmorphologie (vgl. Habermann 1994; Müller 1993b; Thomas 2002), zur Fachsprache der Geometrie (vgl. Müller 1993a: 261–276; Müller 1999: 2369–2377; Chlench 2014: 155–168) oder zur Frage historischer Textsorten (vgl. Sigl 2000). Solche Arbeiten beziehen sich in der Regel punktuell auf ausgewählte lexikalische Einheiten einzelner Texte. Es fehlen allerdings sowohl die sprachhistorisch-lexikologische Erschließung einer Vielzahl bislang unberücksichtigter Quellen wie Bauordnungen, Rechnungen oder Verträge als auch monographische Studien, die für das 15. und 16. Jh. quellenbezogen sprachliche Einheiten auf den Ebenen der Lexik, des (damit verbundenen) Metapherngebrauchs und der Argumentation in Bezug auf bauhandwerkliche Materialien, Verfahren, Arbeitsweisen und deren Bewertungen strukturiert erheben und (z. B. in diatopischer, diaphasischer oder diastratischer Hinsicht) auswerten. Es fehlt zudem ein aktuelles Hilfsmittel, in dem beleggestützt nicht nur wort-, sondern auch sachgeschichtlich spezifisch überprüft werden kann, was mit Lexemen wie *gesprenge* oder *laubposse*, aber auch mit Textformulierungen wie *wol feldirende Reihung*, *durchschlipfende abgehauene schenkel*, *landwergk*, *nael vnd rifen*, *fronbog* oder *violn* in historischen Texten des 15. und 16. Jahrhunderts genau gemeint und bezeichnet ist, was davon im Vergleich mit Wort- und Formulierungsalternativen frequent ist, welche lexikologischen Strukturen dabei (etwa hinsichtlich der Synonymie, der Antonymie oder der Hyperonymie) aufgedeckt werden können und welche regionalen Unterschiede erkennbar sind. Auch sehr gute historische Wörterbücher können bislang für diesen Bereich häufig nicht über allgemeinere Übersetzungsgleichungen hinauskommen, weil ihre Perspektive einzelwortbezogen und nur in zweiter Linie wortschatz- und diskursbezogen ist – und weil natürlich eine Vielzahl von Quellen (jenseits der edierten Werkmeisterbücher und Rechnungen weniger frühneuzeitlicher Bauprojekte) noch nicht zureichend erschlossen ist.

Monographien und solche Hilfsmittel fehlen nun aber nicht nur der Sprachgeschichtsforschung, sondern auch der Kunstgeschichte und der historischen Bauforschung. Nicht ohne Grund wird in einem aktuellen kunsthistorischen Werk schon im Titel metaphorisch von der „Fremdsprache Spätgotik" (Bürger 2017) gesprochen. Auch in der Kunstgeschichte und der historischen Bauforschung hat sich die Erkenntnis durchgesetzt, dass durch die genauere Erschließung der Verbindung zwischen der Erforschung historischer Objekte *und* der Erforschung der Zeugnisse ihrer Versprachlichungen relevante

23 Frühneuhochdeutsches Wörterbuch. Hrsg. von Ulrich Goebel, Anja Lobenstein-Reichmann & Oskar Reichmann. Bd. I–X. Berlin, New York: 1986–1988.

neue Erkenntnisse zu Bauprozessen, -abläufen und Werkkreisen gewonnen werden können. Für St. Bürger handelt es sich dabei – aus kunstgeschichtlicher Perspektive – um die Erhebung und Analyse von „vergleichbaren Strukturen von Sprache und Formensprache“ (Bürger 2017: 9).

Bezieht man solche Perspektiven mit ein, dann liegt hier ein doppeltes, sozusagen interdisziplinäres wissenschaftliches Desiderat vor. Die Erforschung historischer Wechselbeziehungen zwischen fachlichen Praktiken und Objekten und ihrer Versprachlichung ist daher auch eine interdisziplinäre Aufgabe; die Erforschung einer Ausdifferenzierung künstlerischer Verfahren und Ergebnisse und des Aufbaus fachsprachlicher Strukturen muss von mehreren Seiten aus erfolgen. Rein sprachinterne Paraphrasen führen dabei nicht weit genug. Für die sprachwissenschaftliche und speziell sprachhistorische Perspektive heißt das aber auch: Neben den Wörtern müssen die Objekte, neben den sprachlichen Strukturen die handwerklichen Praktiken in den Blick geraten.

3 Wörter und Sachen

Dass Objekte und ihre Versprachlichungen gemeinsam zu betrachten sind, weil sie stets in Wechselwirkungen stehen, ist natürlich überhaupt nicht neu, sondern vielmehr für die soziopragmatisch ausgerichtete Sprachgeschichtsforschung und die (historische) Lexikologie ganz selbstverständlich, und das war es auch schon lange vor den ‚cultural turns‘ und ‚material turns‘ der letzten dreißig Jahre. Hier sei insbesondere an den Beginn des 20. Jahrhunderts und das unter anderem vom Romanisten Hugo Schuchardt (1842–1927) beschriebene „Forschungsgebiet“ (Schuchardt 1912: 835) *Wörter und Sachen* erinnert – und natürlich auch an die gleichnamige Zeitschrift Rudolf Mehringers, die 1909 gegründet wurde.[24]

Wirkungen und (Nach-)Wirkungen hatte diese Richtung bekanntlich in der onomasiologisch orientierten Lexikographie (etwa bei Bildwörterbüchern) und vor allem in der Dialektologie (so zum Beispiel bei den Sprachatlanten, hier häufig unter dem Stichwort „Sachkultur“) gefunden. Sie ist aber auch beim Vorherrschen ganz anderer Ausprägungen des wissenschaftlichen Paradigmas nie völlig verschwunden (vgl. etwa Schmidt-Wiegand 1981; Schmidt-Wiegand 1999: 725–763): Bis heute gibt es Ansätze zu ihrer Ausweitung und Neukonzeption, die weit über

24 Wörter und Sachen: Zeitschrift für indogermanische Sprachwissenschaft, Volksforschung und Kulturgeschichte, 1 (1909)–18 (1937)); 1. N. F. (1938)–5 N. F. (1944). Heidelberg: Winter; zu Mehringer vergleiche man Pohl (1994: 140–141).

ethnologisch-ethnographische Interessen hinausreichen, etwa in der historischen Soziolinguistik mit der Untersuchung von Wechselbeziehungen zwischen Sprachwandel und Gesellschaftswandel. Solche Studien (vgl. etwa Stellino 2010; O'Sullivan 2013) berufen sich zurecht auf die programmatische Formulierung Klaus Mattheiers: „Historische Soziolinguistik sollte jedoch genau so bestimmt werden, als Wissenschaft von der Wechselbeziehung zwischen Sprachwandel und Gesellschaftswandel nicht nur in früheren Zeiten, sondern allgemein und auch in der Gegenwart" (Mattheier 1988: 1430). Auch für die Erforschung von Fachsprachen wurde die Relevanz dieses Ansatzes klar herausgestellt (vgl. Heller 1998). Sigurd Wichter hat ihn schließlich für Fragen der Experten- und Laienkommunikation weitergeführt (Wichter 1999: 487–500). Er geht dabei von Versprachlichungen und Sprachwissen als einem Teil des zu erfassenden menschlichen Wissens aus und erinnert ganz grundsätzlich daran, dass für die Sprachwissenschaft eine onomasiologische und eine semasiologische Vorgehensweise „natürliche Ergänzungen zueinander"[25] darstellen. Das Wechselverhältnis zwischen Sprache, dem Aufbau und der Organisation von Wissen und den gesellschaftlichen und fachbezogenen Handlungsfeldern spielt schließlich natürlich auch in der neueren diskursorientierten Linguistik eine prominente Rolle.[26]

Die textbezogene, soziopragmatisch ausgerichtete Erforschung sprachlicher Einheiten und kommunikativer Praktiken im Bereich des spätmittelalterlichen und frühneuzeitlichen Bauwesens im 15. und 16. Jahrhundert ist eine Aufgabe, deren Bearbeitung der Sprachgeschichtsforschung wie der historischen Bauforschung und Kunstgeschichte gleichermaßen nutzen kann: Sie verspricht, wenn sie beide Perspektiven einbezieht, eine Zunahme an Wissen bezüglich des Sprechens über Objekte und Praktiken, also über historische Sprache und ihre Verwendung im Bereich des Bauwesens. Zugleich verspricht sie eine vertiefte Einsicht zu Objekten und Praktiken selbst, also zu historischen Bedingungen des Planens, Erörterns und Errichtens von Bauwerken (= Baukultur). Es ist also zu erwarten, dass durch die Verschränkung der Perspektiven Objekte, Prozesse und ihre Versprachlichungen in den jeweiligen Wechselbeziehungen klarer konturiert und verstanden werden können.

Natürlich kann eine Bearbeitung in diesem Sinne nur interdisziplinär gelingen. Das setzt aber zunächst intensive Analysen in den einzelnen beteiligten Fächern

25 Wichter (1999: 499) – man vergleiche auch M. Casas Gomez, der Semasiologie und Onomasiologie als komplementäre Korrelate versteht: Casas Gomez (2011: 480).

26 Man vergleiche das Forschungsnetzwerk Sprache und Wissen (http://sprache-und-wissen.de) und die Reihe Handbücher Sprachwissen (HSW) mit Bänden wie Felder & Gardt (2015); Warnke (2018); Bär, Lobenstein-Reichmann & Riecke (2019).

voraus, bevor diese dann zusammengesehen und ausgewertet werden können. Für den sprachwissenschaftlichen Anteil umfassen die Arbeiten die Erhebung und Aufbereitung von relevanten Texten und die Analyse sprachlicher Strukturen und Prozessen auf den Ebenen der Lexik, der syntaktischen Strukturen und der in den Texten womöglich erkennbaren Diskurse. Sprachhistorisch bislang weitgehend unberücksichtigte Quellen wie Bauordnungen, Rechnungen oder Verträge müssen also erschlossen werden. Sie müssen hinsichtlich sprachlicher Einheiten auf den Ebenen der Lexik, des (damit verbundenen) Metapherngebrauchs und der Argumentation in Bezug auf bauhandwerkliche Materialien, Verfahren, Arbeitsweisen und deren Bewertungen analysiert und ausgewertet werden.

In Würzburg bearbeitet ein kleines Team in mehreren Projekten die einzelnen Aspekte dieses Themenbereichs. Die folgenden Ausführungen skizzieren die Aktivitäten in aller Kürze.

4 Aufgaben, Fragestellungen, laufende Arbeiten und Planungen (in Würzburg)

Sprachhistorische Befunde zu den historischen Fachsprachen des Bauwesens werden in einer Einzelstudie (Promotionsprojekt, Larissa Then) grundlegend textbezogen erhoben und ausgewertet. Dabei werden auch sprachhistorisch bislang unbeachtete Quellen berücksichtigt, unter anderem die Ulmer Rechnungsbücher, die Anne-Christine Brehm in ihrer Habilitationsschrift architekturhistorisch ausgewertet hat (vgl. Brehm 2020) und die derzeit in Kooperation überprüft und für die Publikation vorbereitet werden. Sprachhistorische und lexikologische Expertise fließt außerdem in die Arbeit des bereits erwähnten DFG-Netzwerks „Nordalpine Baukultur des Spätmittelalters“ ein. In interdisziplinärer Zusammenarbeit wird im Rahmen des Netzwerks derzeit ein Handbuch erarbeitet, in dem unter anderem methodische Fragen zum Aufbau einer sekundären Textverstehenskompetenz für historische Texte und zur Identifikation von Fachwörtern und Fachtextstrukturen in historischen Texten erörtert werden sollen. In universitären Seminaren werden dazu vorbereitend mit Studierenden operationalisierbare Praktiken der Identifikation, Klassifikation und Analyse historischer Fachwörter erprobt und evaluiert. Schließlich ist ein interdisziplinäres architekturhistorisch-lexikologisch-semantisches Informations-, Recherche- und Analysesystem zu Bauformen und Fachsprache(n) der

Werkmeister um 1500 mit dem Arbeitstitel "FormSprachWerk1500" in Vorbereitung.[27]

Alle genannten Aktivitäten befassen sich mit der Frage nach Versprachlichungen im Kontext bauspezifischer Objekte, Tätigkeiten und Akteure. Ihr übergreifendes Ziel ist es, Befunde für den sprachwissenschaftlichen Anteil zur Beantwortung der Frage nach Interdependenzen zwischen der Entwicklung bauhistorischer Techniken, Verfahren und Prozesse und dem Sprechen und Schreiben über solche Techniken, Verfahren, Prozesse zu liefern. Als sprachhistorische Fragen stehen dabei im Raum:

- In welchen volkssprachigen Textsorten und Einzeltexten werden baukünstlerische Techniken, Verfahren oder Prozesse um 1500 versprachlicht? Welche Themen der historischen Baukultur werden dabei versprachlicht, welche nicht?
- Inwieweit werden in den Texten einzelne Substantive, Verben oder Adjektive terminologienah oder terminologisch verwendet? Um welche Substantive, Verben oder Adjektive handelt es sich dabei?
- Inwieweit lassen sich im textuellen und diachronen Vergleich strukturelle Muster hinsichtlich des Ausbaus und der Ausdifferenzierung (fach-)sprachlicher Strukturen feststellen und kategorisieren?
- Inwieweit lassen sich diatopische Unterschiede hinsichtlich der verwendeten Lexik erkennen?
- Inwieweit lassen sich themen- und textsortenbezogen lexikalische Differenzierungen (z. B. in Bezug auf unterschiedliche historische Aushandlungsprozesse) feststellen?
- Inwieweit lassen sich akteursbezogen lexikalische Differenzierungen (z. B. zwischen Experten wie Werkmeistern und Laien wie Auftraggebern) feststellen? Sind Phänomene einer differenzierten historischen Experten-Laien-Kommunikation feststellbar – und in welchen Texttypen werden sie schriftlich fixiert?

Zur Gewinnung erster Befunde im Rahmen der universitären Lehre wurde ein Probetextkorpus mit etwa 37.500 Token aus über einhundert vorrangig handschriftlichen Texten zusammengestellt. Neben Werkmeisterbüchern umfasst es auch Bauhüttenordnungen, Verträge, Briefe, Bestallungen, Rechnungen und Texte auf zeitgenössischen Architekturskizzen. Studierende haben sich mit einzelnen Texten aus dieser Zusammenstellung beschäftigt. An einem Teilkorpus

27 Dieses Vorhaben wurde bereits als Forschungsantrag formuliert und wird derzeit für eine Neueinreichung überarbeitet.

(ca. 2.500 Token) wurden zudem separat erste lexikologisch-semantische Probeauswertungen durchgeführt.

Für textbezogene Analysen steht die Frage nach der Identifikation von potenziellen Lemmakandidaten an erster Stelle. Sie erfolgte in qualitativen Analysen, die arbeitspraktisch dem Aufbau von Lemmakandidatenlisten und in methodischer Hinsicht der Evaluation und Absicherung des Verfahrens dienten. Die Studierenden haben sehr großzügig potenzielle Kandidaten der Wortarten Substantiv, Verb und Adjektiv dann notiert, wenn sie in ihrer konkreten Textverwendung als Antwort auf eine der folgenden (einfachen) Fragen gelten können. Für substantivische Lexeme wurde gefragt:

- *Wird mit diesem Lexem im Text (vermutlich) eine architektonische Einheit, ein Bauteil bezeichnet?*
- *Wird mit diesem Lexem im Text (vermutlich) Arbeitsmaterial, ein Werkzeug bezeichnet?*
- *Wird mit diesem Lexem im Text (vermutlich) eine Theorie, eine Methode bezeichnet?*
- *Wird mit diesem Lexem im Text (vermutlich) ein Akteur bezeichnet?*
- *Wird mit diesem Lexem im Text (vermutlich) ein geometrisch-mathematisches Element bezeichnet?*

Für Verben wurde gefragt:

- *Wird mit diesem Lexem im Text (vermutlich) ein Ausführungsprozess bezeichnet?*

Für Adjektive wurde gefragt:

- *Wird mit diesem Lexem im Text (vermutlich) eine handwerkliche oder bautechnische Ausführung charakterisiert?*

Der klare Vorteil dieser Herangehensweise liegt darin, dass sie für Studierende nur eine begrenzte und rasch zu (re)aktivierende Kenntnis historischer Sprachstufen erfordert und zudem nicht von elaboriertem architekturhistorischen (also fachfremdem) Wissen abhängig ist. Sie ist zudem intersubjektiv operationalisierbar und ergibt in kurzer Zeit umfangreiche Listen mit Lemmakandidaten, die im Rahmen von Seminarsitzungen diskursiv mit bestehenden lexikographischen Hilfsmitteln überprüft und bereinigt werden können. Für den Bereich der Substantive ergeben sich beispielsweise schon nach kurzer Zeit abgesicherte flektierte Textwortformen (Token) für Objekte wie *abseitung, altar stogk, plume, dachung, feldung, fial, villet, fronbogn, fugc, gelchne, gerüst, gesimbß, gesprenge, geviercz, gywel, grunt, hochwerkh, holkellen, kapgesimbß, captel, kelen, kewlung, kern, knopflen, krackhstein, kreuzbogen, langwerk, laubpossen, lawber, leib, maswerck, mittlwerck, pfeiler, possament, rotund, schafft, schaidbogen, schenkel, schlos stain, schrägsims, schwibogen, syms, sollernn, stengel, stuel, thrauffsymeß, vihemaul, virung, werck, wider leger, wintperg.*

Unter Zuhilfenahme von Wörterbuchbefunden sowie der Auswertung von Textkontexten und Token-Frequenzen lässt sich eine solche Auflistung in eine Liste mit lemmatisierten Types überführen. Für die sich anschließende beleggestützte lexikologische Analyse zeigt sich (im Sinne des Konzepts der Wörter und Sachen) rasch die Notwendigkeit einer Einbeziehung der historischen Objekte selbst. In dieser Arbeitsphase muss dann beispielsweise (fachfremde, also interdisziplinär zu rezipierende) Literatur zu Objekten, aber auch zu historischen Skizzen und Rissen ausgewertet werden, die solche Bauteile womöglich abbilden, so etwa der auf einem auf fünf Pergamentblättern mit Tinte ausgeführte Riss des süddeutschen Baumeisters Matthäus Böblinger für das Ulmer Münster (vgl. Böker 2011: Kat. Nr. 10) sowie weitere Risse für das Straßburger Münster (vgl. Böker, Brehm, Hanschke & Sauvé 2013: Kat. Nr. 44).

Erste, in Seminaren von Studierenden gewonnene Befunde deuten darauf hin, dass durch die Verknüpfung sprachhistorischer und bauhistorischer Befunde ein Mehrwert entsteht, der auf die Qualität der sprachhistorischen Befunde zurückbezogen werden kann. Es können also übergreifende, an Wörtern und Objekten feststellbare Erkenntnisse gewonnen werden, die die lexikologisch-semantische Beschreibung des Schreibens über Objekte präzisieren. Sie erweitern dann genauso die Erkenntnisse zu Objekten selbst: Bauforschung kann sprachhistorisch-semantische Aussagen ermöglichen und sprachwissenschaftliche Analyse kann gleichzeitig eine Grundlage für das bauhistorische Verständnis von historischen Arbeitsprozessen und -verfahren bilden, wie abschließend an einem Beispiel skizziert werden soll.

Die Zusammenstellung von Lemmakandidaten für Akteursbezeichnungen, die auf die Frage *Wird mit diesem Lexem im Text (vermutlich) ein Akteur bezeichnet?* ausgewählt wurden, führt rasch zu umfangreicheren listenartigen Zusammenstellungen, die Lemmatisierungen wie die folgenden zulassen:

Ammanmeister, Baumeister, Bruder, Brudermeister, Diener, Dommeister, Geselle, Hüttenjunge, Junge, Knecht, Landeswerkmeister, Lehrknecht, Meister, Obermeister, Parlier, Pfleger, Schaffner, Steinmetz, Verweser, Werkmann, Werkmeister [...].

Die Berücksichtigung der jeweiligen Textkontexte zeigt musterhafte Strukturen, für das Lemma *Parlier* etwa:

- *meister Jocuff porlirer* (Myšička 2006: 138, 152, 173) oder
- *meister iocuff der steinmetz und baumeister der porlirer* (Myšička 2006: 139).

Solche Syntagmen lassen sich textbezogen quantifizieren und zu sprachlichen Mustern abstrahieren, etwa
- *Meister* + PERSONENNAME + *Parlier*
- *Meister* + PERSONENNAME + *Steinmetz* + *Baumeister* + *Parlier*

Weitere erhebbare Formulierungsmuster zeigen auch für weitere Lemmata abstrahierbare Mehrfachzuschreibungen, etwa
- *Meister* + *steinmetz*,
- *Meister* + PERSONENNAME + *steinmetz*,
- *Meister* + PERSONENNAME + *von* ORTSNAME,
- *der Parlier* + *von* ORTSNAME sowie Herausstellungen wie in
- PERSONENNAME + *der Parlier*.

Fragt man nach den Funktionen solcher Formulierungen in den konkreten Texten, dann lässt sich eine Betonung abgegrenzter Rechte und Zuständigkeiten und gegebenenfalls auch die Differenzierung unterschiedlicher Tätigkeitsbereiche wahrscheinlich machen: Die übergreifende lexikologisch-semantische Analyse in mehreren Texten deutet darauf hin, dass mit solchen Formulierungsmustern Präzisierungen der Position und Stellung einzelner Akteursgruppen bei frühneuzeitlichen Bauprojekten vorgenommen werden. Es kann also – alltagssprachlich formuliert – die Hypothese aufgestellt werden: *Parlier* ist den Texten nicht gleich *Parlier*. Und: Parlier war in der historischen Situation nicht gleich Parlier. Was hier so banal klingt, könnte allerdings gewaltige Auswirkungen auf die historische Bauforschung und ihre Befunde haben, insbesondere dann, wenn man einzelne Formulierungsmuster spezifisch räumlich und zeitlich verorten könnte. Es ist zu erwarten, dass die Erhebung und lexikologische Kategorisierung von Akteursbezeichnungen aus Texten nicht nur spezifisch lexikologische Befunde liefert, sondern auch einen wichtigen Beitrag zum Verständnis historischer Arbeitsabläufe, Professionalisierungen, Relevantsetzung von einzelnen Bauprojekten und letztlich möglicherweise sogar einen Beitrag zu den für die kunsthistorische Forschung hochrelevanten Unterschieden und Verbindungen einzelner Werkkreise und Bauhütten liefern kann.

Wechselbeziehungen zwischen Objekten und dem Schreiben über Objekte werden also deutlich. Ihre Aufdeckung erfordert eine intensive sprachhistorische Analyse. Hier ist Interdisziplinarität dringend geboten. Die Würzburger Erfahrungen mit Studierenden und die Netzwerk-Erfahrungen mit Kolleginnen und Kollegen architektur-, sozial- und kunsthistorischer Fächer deuten – bei allen Schwierigkeiten, die interdisziplinäres geisteswissenschaftlichen Arbeiten mit sich bringt – darauf hin, dass sich für alle Seiten überraschende und weiterführende

Ergebnisse erzielen lassen. Sinnvoll erscheint dabei ein Arbeiten in unterschiedlichen Phasen, die zwischen breiter, fachübergreifender Diskussion, enger, fachbezogener Analyse und erneut breitem, wechselseitigen Bericht über einzelfachbezogene Befunde wechseln. Bei einer solchen Vorgehensweise ist zu erwarten, dass weiterführende Ergebnisse sowohl für die sprachlich-kommunikative Dimension des Schreibens über Objekte, Praktiken und Verfahren als auch für das Verständnis der Objekte selbst möglich werden.

Literaturverzeichnis

Bär, Jochen A., Anja Lobenstein-Reichmann & Jörg Riecke (2019): *Handbuch Sprache in der Geschichte* (Handbücher Sprachwissen 8). Berlin, Boston: De Gruyter.

Böker, Hans J. (2011): *Architektur der Gotik. Ulm und Donauraum. Ein Bestandskatalog der mittelalterlichen Architekturzeichnungen aus Ulm, Schwaben und dem Donaugebiet*. Salzburg u. a.: Müry Salzmann.

Böker, Hans J. et al. (2013): *Architektur der Gotik. Rheinlande*. Salzburg u. a.: Müry Salzmann.

Brehm, Anne-Christine (2020): *Netzwerk Gotik: Das Ulmer Münster im Zentrum von Architektur- und Bautechniktransfer*. Stuttgart: Kohlhammer.

Brunner, Otto, Werner Conze & Reinhart Koselleck (Hrsg.) (1972–1997): *Geschichtliche Grundbegriffe: Historisches Lexikon zur politisch-sozialen Sprache in Deutschland*, I–VIII. Stuttgart: Klett-Cotta.

Des Dombaumeisters und Buchdruckers Matthäus Roritzer Büchlein von der Fialen Gerechtigkeit. Regensburg 1486, dem Urdruck nachgebildet. Regensburg: Habbel 1923.

Bürger, Stefan (2017): *Fremdsprache Spätgotik. Anleitungen zum Lesen von Architektur*. Kromsdorf, Weimar: VDG Weimar im Jonas Verlag für Kunst und Literatur GmbH.

Bürger, Stefan (2020): Glossar zu den Quellen des Steinmetzhandwerks. In: Stefan Bürger (Hrsg.), *Werkmeister im Konflikt. Quellen, Beiträge und ein Glossar zur Geschichte der sog. Bauhütten*. Stuttgart, Leipzig: Sächsische Akademie der Wissenschaften, 228–239.

Bürger, Stefan & Bruno Klein (Hrsg.) (2009): *Werkmeister der Spätgotik. Position und Rolle der Architekten im Bauwesen des 14. bis 16. Jahrhunderts*. Hrsg. in Zusammenarbeit mit Katja Schröck. Darmstadt: Wiss. Buchges.

Casas Gomez, Miguel (2011): Linguistische Dimensionen der Semasiologie und Onomasiologie. In: *Neuphilologische Mitteilungen* 112, 453–483.

Chlench, Kathrin (2014): Visiertraktate. Zwei Beispieltexte aus dem späten 14. und 15. Jahrhundert. In: Lenka Vaňková (Hrsg.), *Fachtexte des Spätmittelalters und der Frühen Neuzeit. Tradition und Perspektiven der Fachprosa- und Fachsprachenforschung*. Berlin, Boston: De Gruyter, 155–168.

Coenen, Ulrich (1990): *Die spätgotischen Werkmeisterbücher in Deutschland. Untersuchung und Edition der Lehrschriften für Entwurf und Ausführung von Sakralbauten*. 2., unveränd. Aufl. München: Scaneg.

Craemer-Ruegenberg, Ingrid & Albert Zimmermann (1993): *Scientia und ars im Hoch- und Spätmittelalter*. Berlin, Boston: De Gruyter.

Cubber, de Walter (2002): Onomasiologische Fallstudien. In: D. Alan Cruse et al. (Hrsg.), *Lexikologie. Ein internationales Handbuch zur Natur und Struktur von Wörtern und Wortschätzen* (Handbücher zur Sprach- und Kommunikationswissenschaft 21), 1. Halbband. Berlin, Boston: De Gruyter, 752–763.

Digitales Wörterbuch der deutschen Sprache: https://www.dwds.de (1. Mai 2021).

Deutsches Wörterbuch von Jacob Grimm und Wilhelm Grimm. Bd. I–XVI. Leipzig 1854–1960, Quellenverzeichnis 1971; Nachdruck München 1984 [= [1]DWB].

Eis, Gerhard (1950): Die sieben Eigenkünste und ihre altdeutschen Literaturdenkmäler. In: *Forschungen und Fortschritte* 21/22, 269–271.

Felder, Ekkehard & Andreas Gardt (2015): *Handbuch Sprache und Wissen*. Berlin, Boston: De Gruyter.

Franck, Georg (2009): Die Architektur: eine Wissenschaft? In: *Der Architekt* 1, 28–35. http://www.iemar.tuwien.ac.at/publications/Franck%202009c.pdf (1. Mai 2021).

Frühneuhochdeutsches Wörterbuch. Hrsg. von Ulrich Goebel, Anja Lobenstein-Reichmann und Oskar Reichmann. Bd. I–X. Berlin, New York. 1986–1988. [= FWB].

Gesamtkatalog der Wiegendrucke (GM): https://www.gesamtkatalogderwiegendrucke.de (1. Mai 2021).

Gnehm, Michael (2004): Druckgeschichte und Bibliographie: W. H. Ryffs „Vitruuius Teutsch“. In: *Scholion* 3, 175–180.

Gympel, Jan (2013): *Geschichte der Architektur*. Potsdam: Ullmann.

Habermann, Mechthild (1994): *Verbale Wortbildung um 1500. Eine historisch-synchrone Untersuchung anhand von Texten Albrecht Dürers, Heinrich Deichslers und Veit Dietrichs* (Wortbildung des Nürnberger Frühneuhochdeutsch 2). Berlin, Boston: De Gruyter.

Heller, Dorothee (1998): *Wörter und Sachen. Grundlagen einer Historiographie der Fachsprachenforschung*. Tübingen: Narr.

Hörsch, Markus (2021): Vorwort. In: *Meister Ludwig – Peter Parler – Anton Pilgram. Architekt und Bildhauer? Zu einem Grundproblem der Mediävistik. Drei Studien von Achim Hubel, Jens Rüffer und Gábor Endrődi, Kompass Ostmitteleuropa* (Kritische Beiträge zur Kulturgeschichte, hg. von Jiˇrí Fajt und Markus Hörsch 3). Ostfildern: Thorbeke, 7–12.

Incunabula Short Title Catalogue (ISTC): https://data.cerl.org/istc/_search?lang=de (1. Mai 2021).

Klein, Bruno (2020): Norm, Reform, Ethos: Der Annaberger Hüttenstreit als kulturhistorisches Phänomen. In: Stefan Bürger (Hrsg.), *Werkmeister im Konflikt*. Leipzig: S. Hirzel, 15–20.

Kruft, Hanno-Walter (2013): *Geschichte der Architekturtheorie. Von der Antike bis zur Gegenwart*. 6., ergänzte Auflage. München: Beck.

Kusová, Jana (2020): Bewusste Terminologievermittlung in deutschsprachigen architektonischen Fachbüchern des 16. bis 18. Jahrhunderts. Ein Beitrag zur historischen Fachlexikographie. In: *Studia Germanistica* 27, 5–26.

Mattheier, Klaus J. (1988): Das Verhältnis von sozialem und sprachlichem Wandel. In: Ulrich Ammon, Norbert Dittmar & Klaus J. Mattheier (Hrsg.), *Sociolinguistics – An International Handbook of the Science of Language and Society* (Handbücher zur Sprach- und Kommunikationswissenschaft 3.1/2). Berlin, Boston: De Gruyter, 1430–1452.

Mitsching, Uwe (2019): Schätze der Baukunde. Geschichte der Architekturbücher: Theoretische und praktische Bauanleitung, Bestandsaufnahme der gebauten Vergangenheit. In: *Unser Bayern* 68 (3/4), 9–13. https://www.bayerische-staatszeitung.de/staatszeitung/unser-bayern/detailansicht-unser-bayern/artikel/schaetze-der-baukunde.html#topPosition (1. Mai 2021).

Möhn, Dieter (1998): Die deutschen handwerklichen Fachsprachen und ihre Erforschung: eine Übersicht. In: Lothar Hoffmann, Hartwig Kalverkämper & Herbert E. Wiegand (Hrsg.), *Fachsprachen. Languages for Special Purposes. Ein internationales Handbuch zur Fachsprachenforschung und Terminologiewissenschaft* (Handbücher zur Sprach- und Kommunikationswissenschaft 14.1), Berlin, New York: De Gruyter, 1020–1039.

Morsbach, Peter (2005): „Roriczer“. In: *Neue Deutsche Biographie* 22, 35–36. https://www.deutsche-biographie.de/pnd121152936.html#ndbcontent (1. Mai 2021).

Morsbach, Peter (2009): *Die Erbauer des Doms. Die Geschichte der Regensburger Dommeisterfamilie Roriczer-Engel*. 1. Auflage. Regensburg: Schnell & Steiner.

Müller, Peter O. (1993a): *Allen künstbegirigen zu güt*. Zur Vermittlung geometrischen Wissens an Handwerker in der frühen Neuzeit. In: *Zeitschrift für germanistische Linguistik* 21, 261–276.

Müller, Peter O. (1993b): *Substantiv-Derivation in den Schriften Albrecht Dürers. Ein Beitrag zur Methodik historisch-synchroner Wortbildungsanalysen* (Wortbildung des Nürnberger Frühneuhochdeutsch 1). Berlin, Boston: De Gruyter.

Müller, Peter O. (1999): Die Fachsprache der Geometrie in der Frühen Neuzeit. In: Lothar Hoffmann, Hartwig Kalverkämper und Herbert E. Wiegand (Hrsg.), *Fachsprachen. Ein internationales Handbuch zur Fachsprachenforschung und Terminologiewissenschaft* (Handbücher zur Sprach- und Kommunikationswissenschaft 14.2). Berlin, Boston: De Gruyter, 2369–2377.

Myšička, Martin (2006): *Rejstřík stavby děkanského kostela Nenebevzetí Panny Marie v Mostě 1517–1519.* Usti nad Labem: Univerzita J. E. Purkyně.

O'Sullivan, Angelika (2013): *Waffenbezeichnungen in althochdeutschen Glossen. Sprach- und kulturhistorische Analysen und Wörterbuch.* Berlin: Akademie.

Paulys Realencyclopädie der classischen Altertumswissenschaft. Neue Ausgabe hrsg. von Georg Wissowa u. a., I–X und S I–XV, Stuttgart 1893–1980.

Der Neue Pauly. Enzyklopädie der Antike. In Verbindung mit Hubert Cancik und Helmuth Schneider herausgegeben von Manfred Landfester. Weimar: Metzler 1996–1998. Online-Version: https://referenceworks.brillonline.com/browse/der-neue-pauly (1. Mai 2021).

Pfeifer, Wolfgang et al. (193): *Etymologisches Wörterbuch des Deutschen*. Digitalisierte und von Wolfgang Pfeifer überarbeitete Version im Digitalen Wörterbuch der deutschen Sprache. https://www.dwds.de/d/wb-etymwb (1. Mai 2021).

Pohl, Heinz D. (1994): Meringer, Rudolf. In: *Neue Deutsche Biographie* 17, 140–141. https://www.deutsche-biographie.de/pnd119265729.html#ndbcontent (1. Mai 2021).

Reichensperger, August (1845): *Das Büchlein von der Fialen Gerechtigkeit*. Trier: Lintz.

Roelcke, Thorsten (2020): *Fachsprachen*. 4., neu bearb. und wesentl. erweit. Aufl. Berlin: Schmidt.

Schmid, Hans U. (2015): *Historische deutsche Fachsprachen. Von den Anfängen bis zum Beginn der Neuzeit. Eine Einführung.* Berlin: Schmidt.

Schmidt-Wiegand, Ruth (1981): *Wörter und Sachen im Lichte der Bezeichnungsforschung*. Berlin, Boston: De Gruyter.

Schmidt-Wiegand, Ruth (Hrsg.) (1999a): *„Wörter und Sachen" als methodisches Prinzip und Forschungsrichtung I* (GL 145–146). Hildesheim, Zürich, New York: Olms.

Schmidt-Wiegand, Ruth (Hrsg.) (1999b): *„Wörter und Sachen" als methodisches Prinzip und Forschungsrichtung II* (GL 147–148). Hildesheim, Zürich, New York: Olms.

Schmitt, Lothar (2004): Über die schwere Geburt des deutschen Architekturtraktats. Die Wiegendrucke Mathes Roriczers und Hanns Schmuttermayers. In: *Scholion* 3, 168–174.

Schuchardt, Hugo (1912): ‚Sachen und Wörter'. In: *Anthropos* 7, 827–839.

Sigl, Gerda-Maria (2000): *Buchdruck und Fachsprache bei der Entlehnung von Fremdwörtern. Exemplarisch aufgezeigt an Architectura civilis-Traktaten.* Frankfurt a.M. u. a.: Lang.

Stellino, Till (2010): *Kommunikations- und Sachwandel in der süditalienischen Weinproduktion. Eine Neukonzeption von ‚Wörter und Sachen'.* Berlin: Lang.

Thomas, Barbara (2002): *Adjektivderivation im Nürnberger Frühneuhochdeutsch um 1500. Eine historisch-synchrone Analyse anhand von Texten Albrecht Dürers, Veit Dietrichs und Heinrich Deichslers.* Berlin, Boston: De Gruyter.

Tiefenbach, Heinrich (1983): Bezeichnungen für Werkzeuge aus dem Bauhandwerk im Althochdeutschen. In: Herbert Jankuhn et al. (Hrsg.), *Das Handwerk in vor- und frühgeschichtlicher Zeit*. Band 2. Göttingen: Vandenhoeck & Ruprecht, 717–750.

Warnke, Ingo H. (Hrsg.) (2018): *Handbuch Diskurs* (Handbücher Sprachwissen 6). Berlin, Boston: De Gruyter.

Wichter, Sigurd (1999): Onomasiologische Verfahren in der Untersuchung von Experten- und Laiensprachen. In: Ruth Schmidt-Wiegand (Hrsg.), *„Wörter und Sachen" als methodisches Prinzip und Forschungsrichtung II* (GL 147–148). Hildesheim, Zürich, New York: Olms, 487–500.

Wörter und Sachen: Zeitschrift für indogermanische Sprachwissenschaft, Volksforschung und Kulturgeschichte, 1 (1909)–18 (1937); 1. N. F. (1938)–5 N. F. (1944). Heidelberg: Winter.

Sabine Schlegelmilch

Das irritierende Objekt

Girolamo Fabrizis *Hoplomochlion* und die Regeln der Objektkommunikation in frühneuzeitlichen Chirurgiebüchern

1 Einleitung

Unbekannte Objekte fordern stets besonders dazu heraus, sie reflexartig irgendwie mit der eigenen Lebenswirklichkeit in Verbindung setzen zu wollen, um einen ersten Zugang zu ihrem bloßen Vorhandensein zu finden. Ein bekanntes Phänomen im Umgang der Medizin mit historischen Objektabbildungen des eigenen Faches ist es, dass den gezeigten Gegenständen immer wieder Verwendungszwecke zugeschrieben werden, die sich aus einer gegenwartsbezogenen Interpretation des vermeintlich Bekannten herleiten, mit der historischen Behandlungsrealität jedoch kaum etwas gemein haben. So verstand der Verfasser einer Geschichte der Neurochirurgie eine gefensterte Zange, die der Chirurg Wilhelm Fabry (1560–1634) als Instrument zur leichten Führung einer Nadel durch die angehobene Nackenhaut abbildete,[1] als einen frühen Beleg einer mechanischen Wirbelrelokation (vgl. Ruisinger 2006). Ein dreifüßig auf den Kopf aufzusetzendes Instrument zur Anhebung eingedrückter Schädelfragmente, ein *Elevatorium*, wie es vom 16.–18. Jahrhundert in zahlreichen chirurgischen Werken zu finden ist (s. Abb. 3), wurde in einer neueren Geschichte der Orthopädie zu einem Perforativtrepan, mit dem runde Stücke aus dem Schädelknochen gesägt werden konnten – obwohl ein Sägeblatt in allen Abbildungen auch mit viel Fantasie nicht zu erkennen ist (vgl. Schlegelmilch 2019).

Vor diesem Hintergrund machen wechselnde Zuschreibungen ein und desselben Objekts naturgemäß stutzig. Auch dieser Beitrag basiert auf einer solchen Irritation. Der aktuelle deutschsprachige Wikipedia-Artikel zu Girolamo Fabrizi (1533–1619), einem italienischen Anatomen und Chirurgen, ist u.a. illustriert mit einer einzelnen Abbildung aus Fabrizis *Operationes chirurgicae* (s. Version 20. Juni 2020, 6:45). Zu sehen ist eine anthropomorphe Figur, die wie das hohle Exoskelett eines retro-futuristisch designten Raumanzuges anmutet (s. Abb. 1).

1 Mit der Nadel wurde ein sogenanntes *setaceum*, ein Haarseil, durch die angehobene Hautfalte gezogen, das im Folgenden in der Haut verblieb, bis es Eiter zog, was nach humoralpathologischem Verständnis einen Ausleitungsprozess des kranken Körpers darstellte. Die abgebildete Behandlung galt somit nicht der Wirbelsäule.

https://doi.org/10.1515/9783111437392-004

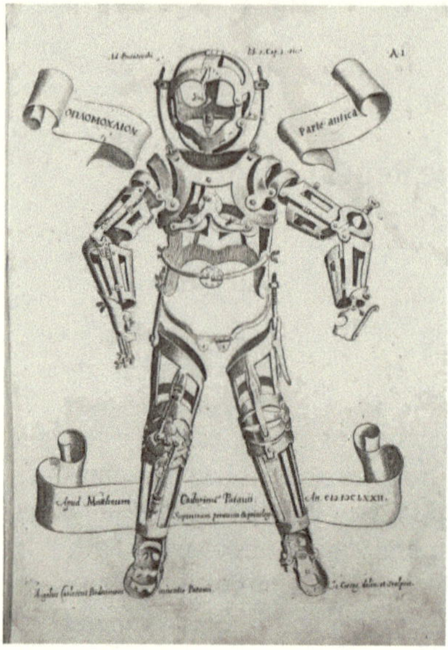

Abb. 1: Hoplomochlion, pars antica. Fabrizi, Girolamo (1685): Opera chirurgica, Tafel 1.

Die Bildunterschrift (ohne Beleg) lautet: „Eine Fabrizio zugeordnete Erfindung einer Gliederpuppe zur Demonstration der Knochenanordnung." Wie kann eine hohle Figur die Anordnung eines Skeletts zeigen? Hier handelt es sich offenbar erneut um eine moderne (nicht sehr überzeugende) Objektinterpretation.[2] Gewöhnlich klären sich solche kreativen Zuschreibungen sehr schnell, wenn man sich die Mühe macht, den zugehörigen Druck einzusehen (und den Text dort auch zu lesen). Ich möchte über einen kleinen Umweg zu Fabrizis *Operationes* gelangen, die als Quelle der Abbildung angegeben sind. Der abgebildeten Figur ist in der linken oberen Bildhälfte eine Banderole beigegeben, auf der in griechischen Großbuchstaben zu lesen ist: ΟΠΛΟΜΟΧΛΙΟΝ (HOPLOMOCHLION). Dieser Begriff taucht zu Beginn des 20. Jahrhunderts in einer Geschichte der Orthopädie wieder auf (vgl. Ewer 1905: 309). Hier spricht der Autor von Fabrizis Versuch, „den rachitischen Unterschenkel durch Schienen gerade zu richten". Einige Sätze später lesen wir: „Dann konstruierte er eine Art Ritterrüstung (Hoplomochlion), um alle Teile des Körpers gerade zu machen (ein wahres Folterwerkzeug)." Ewer, dem rachitisch deformierte

2 Der englischsprachige Wikipedia-Artikel (Hieronymus Fabricius, Version vom 22. August 2020, 23:09) beschriftet die Abbildung sinnvoller, aber auch vage: „The Oplomoclion [!], an orthopedic exoskeleton designed by Fabricius." In allen anderen Sprachversionen des Artikels fehlt eine erläuternde Bildunterschrift.

Knochen in der Alltagspraxis seiner Zeit noch häufig untergekommen sein dürften, sah im Hoplomochlion mit ärztlichem Blick also ein altertümliches Therapie-Instrument für die ihm täglich begegnende Mangelkrankheit – erneut ein Beispiel für eine zeitverhaftete Neuinterpretation, ungewöhnlich allerdings insofern, als diese aus einer Zeit stammt, als lateinische Texte gewöhnlich noch nicht gemeinhin als hinderliche Sprachbarriere empfunden wurden. Ein letzter Blick nun in Zedlers Universallexikon, die zuverlässigste Quelle auch für abgelegene medizinische Inhalte der Frühen Neuzeit, bevor wir bei Fabrizi selbst nachschlagen. Tatsächlich findet sich bei Zedler ein Lemma *Hoplomochlion* (vgl. Zedler 1735: 809). Der Eintrag ist seltsam karg: „Hoplomochlion heisset ein Chirurgisch Instrument, welches dem gantzen menschlichen Leibe zu adplicieren ist". Der zeitgenössische Verwendungszweck wird also auch hier nicht angegeben, und auffälligerweise fehlt auch der übliche Verweis auf den Quellentext. Dabei gibt die Abbildung selbst schon an, wo in Fabrizis Werk mehr zu dem abgebildeten Apparat zu finden sein sollte: über dem helmartigen Kopf steht „Ad Pentateuchi lib. 5 Cap. 3 etc.". Fabrizis *Pentateuchos cheirugicum*, erstmals 1592 verlegt, wurde nach dessen Tod ab 1619 als ein Teil seiner *Opera Chirurgica* wiederabgedruckt; den anderen Teil bildeten die bereits erwähnten *Operationes chirurgicae.* Diesem später in noch zahlreichen weiteren Auflagen erscheinenden zweiteiligen Werk wurden Abbildungen zahlreicher chirurgischer Instrumente beigegeben. Ihren Auftakt bilden zwei Tafeln: einmal die Vorderansicht („Pars antica"), einmal die Rückansicht („Pars postica") des Hoplomochlion (s. Abb. 1, 4). An der angegebenen Stelle im *Pentateuchos* nun steht über das Hoplomochlion – nichts. Der Verweis führt ins Leere, die Erläuterung fehlt.

Wie im Folgenden zu zeigen sein wird, widersprach dies – ein Objekt ohne Erklärung – den zeitgenössischen Konventionen chirurgischer Publikationen grundlegend und löste schon bei damaligen Lesern Irritationen aus. Im folgenden Beitrag werden in einem ersten Teil die Regeln der Objektkommunikation vorgestellt, wie sie aus frühneuzeitlichen Werken zur Chirurgie zu erschließen sind, bevor im zweiten Teil das Hoplomochlion selbst wieder in den Mittelpunkt rückt, das schließlich einen Arzt des 17. Jahrhunderts zu einer eigenen umfänglichen Objektinterpretation veranlassen sollte.

2 Objekte „kommunizieren“: Konventionen frühneuzeitlicher Chirurgiebücher

Durch den Buchdruck und die Etablierung des Faches Medizin an den seit dem 15. Jahrhundert zunehmend neu gegründeten Universitäten entstand schnell eine umfangreiche medizinische Fachliteratur, die im deutschen Sprachraum vor allem seit der ersten Hälfte des 16. Jahrhunderts rasch anwuchs.[3] Von Beginn an standen hier neben den lateinischen Werken der akademischen Medizin volkssprachliche Publikationen. Anders als beispielsweise in England wurden in der Vernakularsprache jedoch keine Kerninhalte der akademischen Medizin verhandelt (Physiologie, Pathologie, Pharmakologie). Abgesehen von Pestschriften, Kalenderdrucken, Bäderbeschreibungen und ähnlichen an den „gemeinen Mann“ adressierten Schriften, zu deren Abfassung Stadtärzte z.T. durch ihre Verträge verpflichtet waren, fanden sich unter den volkssprachlichen Publikationen auch Kräuterbücher, Rezeptsammlungen, Gesundheitsratgeber sowie Destillierbücher und alchemische Traktate, die labortechnische Praktiken kommunizierten, und dies unterschiedlich stark verknüpft mit spirituellen Weltentwürfen.[4]

2.1 Zur Stellung der Wundarznei im deutschsprachigen Raum

Eine eigene thematische Gruppe innerhalb der medizinischen Fachliteratur bilden die Publikationen zur Chirurgie bzw. Wundarznei.[5] Hier finden sich sowohl lateinische wie deutschsprachige Werke. Ihr Hintergrund soll kurz erläutert sein, da sich die Situation der Chirurgie im deutschen Sprachraum von der in anderen Ländern deutlich unterscheidet. Diese Feststellung bezieht sich v.a. auf die Stellung der

3 Einschlägige mittelalterliche Werke, in denen Instrumentenabbildungen zu finden sind, werden an dieser Stelle nicht besprochen, obwohl die frühneuzeitlichen Darstellungen Kontinuitäten aufweisen: vgl. Kümmel (1983: 24).

4 Zu dieser breiten Themenpalette s. exemplarisch die Einträge zum Schlagwort „Medizin“ in der Datenbank des Projekts Deutsche Fach- und Wissenschaftssprachen: http://kallimachos.de/fachtexte/index.php/Medizin.

5 Bereits während des 16. Jahrhunderts separierten sich die (städtischen) Barbiere immer mehr von den Badern und vertraten ein Eigenverständnis als ausschließlich therapierende Wundärzte, die alle Arten von Verletzungen, Wunden sowie Hautkrankheiten behandelten. Dem zeitgenössischen Sprachgebrauch entsprechend, der mit der Bezeichnung des Wundarztes als chirurgus die des akademischen Arztes als physicus kontrastiert (auch in deutschsprachigen Texten), werden in diesem Beitrag die Bezeichnungen Chirurgie und Wundarznei gleichwertig, d.h. nicht im Sinne einer bestimmten Zuordnung (akademisch/nicht-akademisch) verwendet.

Handwerkschirurgen, die in England mit der im Jahr 1540 gegründeten *Company of Barber-Surgeons* (später Royal College of Surgeons) und in Frankreich mit dem *Collegium chirurgicum* königlich protegierte Institutionen besaßen, die sie ihren akademischen Kollegen auf Augenhöhe begegnen ließen (vgl. Decamp 2016: 7–16; Kayling 2019: 68). Dies leistete in Frankreich neben lateinischen auch umfänglichen volkssprachlichen Publikationen Vorschub wie z.B. den Werken des noch heute in jeder Chirurgiegeschichte zitierten Ambroise Paré (1510–1590), der hier ausführlich die von ihm benutzten Instrumente besprach (vgl. Kayling 2019: 75–81; 91–106). Daneben besaß die südfranzösische Universität Montpellier einen internationalen Ruf, dem auch viele ausländische Studenten folgten. Denn dort wurde, wie an den (nord)italienischen Universitäten, sowohl Medizin im klinischen Unterricht wie auch praktische Chirurgie gelehrt, was bis ins 18. Jahrhundert ein Defizit an deutschen Universitäten darstellte. Verständlich ist so auch die Anziehungskraft der italienischen Universitäten, wo die Chirurgie schon früh als Lehrfach an den medizinischen Fakultäten etabliert war und die Erkenntnisse der zahlreich durchgeführten anatomischen Sektionen in die Praxis überführte: Operationen wurden demonstriert, Instrumente und Vorgehensweise erklärt. Auch hier begleiteten die Studenten ihre Professoren bei ihren Krankenbesuchen und lernten direkt an den PatientInnen, chirurgisch wie medikamentös zu behandeln (vgl. Schlegelmilch, U. 2020: 255–256). Es entstanden umfangreiche lateinische Werke wie z.B. die Girolamo Fabrizis (latinisiert: Hieronymus Fabricius ab Acquapendente). Zuletzt bleiben die Niederlande zu erwähnen, die ab dem 17. Jahrhundert mit ähnlicher Lehre nachzogen, deren stark organisierte Barbier- und Chirurgengilden aber bereits zuvor internationales Renommee besaßen (vgl. Schlegelmilch 2018: 230).

Im Gebiet des Alten Reiches existierten akademische Medizin und Wundarztzunft parallel und zugleich streng getrennt. Fakultät und Zunft, beides strukturell Gilden, also eidgebundene Vereinigungen mit eigener Gerichtsbarkeit (hier durch Statuten, dort durch Ordnungen festgelegt), regelten die Ausbildung in ihrer jeweiligen Profession dabei sehr ähnlich: Professor und Student entsprachen in ihrem Ausbildungsverhältnis Meister und Geselle, die Promotion als Zugangsvoraussetzung zur Betätigung an der Hochschule dem Meisterexamen in der Zunft (inklusive Prüfungsgebühr und auszurichtender Festivität). Erwartet wurde in beiden Bereichen eine die erlernten Kenntnisse vertiefende Reise (vgl. Schlegelmilch 2020a: 147–149). Die jungen Barbiergesellen sollten in anderen Städten in den dortigen Werkstätten Varianten oder Weiterentwicklungen ihrer Instrumente und Operationstechniken kennenlernen sowie Erfahrungen austauschen, wahlweise konnten sie sich als Feldschere verdingen. Medizinstudenten reisten, wie bereits erwähnt, nach Italien oder Südfrankreich, ab dem 17. Jahrhundert auch in die Niederlande. Man muss sich die hier beschriebene strikte Separation, d.h. die Eigenwelten akademischer Medizin und Handwerkschirurgie gegenwärtig machen, wenn man sich mit den im deutschen Sprachraum entstandenen Publikationen zur Chirurgie/Wundarznei beschäftigt. Eine chirurgische Thematik ist nicht automatisch mit konkretem Instrumentenwissen gleichzusetzen, und auch die Abfassungssprache liefert keinen eindeutigen Hinweis auf einen objektkundigen Inhalt der Werke. Ein Überblick kann an dieser Stelle nur in sehr groben Umrissen erfolgen.[6]

2.2 Die Autoren frühneuzeitlicher Chirurgiebücher

Lateinische Publikationen als Produkt der universitären Sphäre behandelten chirurgische Themen zunächst rein aus der Perspektive der inneren Medizin und Pharmakologie, also der Domäne, die die akademische Medizin im deutschsprachigen Raum für sich als Alleinstellungsmerkmal in Anspruch nahm. Hier ging es um die physiologischen Hintergründe der Genese von Leiden, die chirurgisch therapiert werden mussten, sowie medikamentöse (Begleit-)Therapien, jedoch nicht um die Durchführung von Operationen, auch wenn diesbezüglich oft auf die Werke der ausländischen (praktizierenden) Kollegen verwiesen wurde. Wer hier über Chirurgie schrieb oder disputierte, war kein Praktiker. Fand ausnahmsweise einmal eine Sektion im universitären Unterricht statt, führte ein Vertreter der Chirurgenzunft das Messer, während der gelehrte Mediziner über anatomische und chirurgische Inhalte dozierte. Diese Situation währte, wie bereits erwähnt, auf akademischer Seite bis weit ins 18. Jahrhundert, begleitet von lateinischen Publikationen der beschriebenen Art. Daneben standen die Veröffentlichungen der Praktiker, also handwerklich ausgebildeter und examinierter Meister, die zunächst in deutscher Sprache für ihre Berufskollegen publizierten, um die professionellen Wissensbestände ihres Handwerks zu vermitteln (vgl. Habermann 2001: 431).[7] Aber auch nicht alle diese Werke behandelten, wie man vielleicht erwarten könnte, Instrumente und

6 Das im Folgenden Beschriebene umfasst den Zeitraum von ca. 1500 (einschließlich Brunswigs Cirurgia von 1497) bis ca. 1720 (Heisters Chirurgie als Endpunkt einer Entwicklung, s.u.).

7 Hermann Gülfferich aus Frankfurt am Main verlegte 1552 in einer kleinen Serie zudem eine Kompilation aus den Schriften des Johannes Kellner von Kirchheim (alias Johannes Charetamus, Wundartzney zu allen gebrechen des gantzen Leibs, 1552) und des Meisters Johann von Paris (alias Johannes Beris, Ein new Wundartzney) sowie die zweite Auflage von Lorenz Burres von Neunkirchens Ein new Wundarzney-Büchlein. Dies ist hier insofern erwähnenswert, als Gülfferich als Blickfang auf die Titelblätter aller drei Drucke Abbildungen chirurgischer Instrumente setzte, die aus Gernsdorffs Feldbuch abgekupfert waren, aber in keinem konkreten Bezug zum Inhalt der Publikationen standen. Auf die Übersetzungen aus anderen Sprachen wird im Weiteren nur mit Blick auf die Konventionen der Instrumentenabbildungen eingegangen.

Operationstechniken, vielmehr nahm die Zubereitung von Medikamenten großen Raum ein.[8] Abbildungen von Objekten aus der Chirurgenwerkstatt finden sich im 16. Jahrhundert nicht nur bei den bekannten Autoren Hieronymus Brunschwig (1450–1512), Hans von Gernsdorff (1455–1522), Walter Ryff (1500–1548) und Felix Wirtz (1500–1596), sondern auch bei zwei weiteren, deren Werke bislang meist nur fachgeschichtlich behandelt wurden: Georg Bartisch (1535–1606) und Caspar Stromayr (?–1567).[9] Ihre umfänglichen Abhandlungen zu Stein- und Bruchschnitt liegen nicht im Druck, sondern als Handschriften vor,[10] stellen aber vollständig ausgearbeitete Bücher dar. Sie enthalten zahlreiche kolorierte Tuschezeichnungen, an denen das Aussehen und die Handhabung chirurgischer Objekte erläutert wird und die an die hochwertigen Zeichnungen bekannter „Meisterbücher" erinnern (vgl. Kinzelbach 2016). Hinzu kommt Bartischs *Augendienst*, eine umfängliche Abhandlung zur Augenheilkunde, deren Druck er schließlich selbst finanzierte (vgl. Toellner 2016: 153).

Im 17. Jahrhundert verwischt sich die klare Sprachentrennung. Zu den deutschsprachigen Publikationen gehörten nun verstärkt Übersetzungen aus dem Lateinischen, aber auch aus dem Französischen, Italienischen und Niederländischen und damit aus Ländern, in denen die Chirurgie gegenüber der Medizin, wie bereits besprochen, größere Akzeptanz als professionalisierte Disziplin genoss. Deutsche Barbiergesellen wanderten zunehmend nicht mehr nur innerhalb des eigenen Sprachraums, sondern wie die Medizinstudenten in eben diese Länder. Gleichzeitig schlug sich nun in den deutschen Städten die zunehmende Kontrollmacht akademischer Stadtärzte gegenüber städtischem Heilpersonal, sichtbar auch in der Etablierung der *Collegia Medica*, in den Anforderungen der Barbierexamen nieder.[11] Das *Examen chirurgicum* (1644), entgegen seinem Titel eine deutschsprachige Publikation des Augsburger Wundarztes Joseph Schmid, sollte in einer umfangreichen Frage- und-Antwort-Darstellung den Barbiergesellen eine Hilfe bei der Vorbereitung auf

8 Dies ist insofern nicht überraschend, da ein wesentlicher Teil des Barbierexamens bereits seit dem Mittelalter die mehrtägige Zubereitung des „Meisterstücks", also einer Salbe, eines Pflasters oder eines Trunks zur Wundbehandlung war (vgl. Schlegelmilch 2020a: 147–148).

9 Die Publikationen in Fachblättern der Augenheilkunde, Urologie und Zahnheilkunde beschränken sich meist auf biographische Darstellung und fachspezifische Kommentierung der Operationstechniken; eine Ausnahme bilden die medizinhistorischen Publikationen von Richard Toellner.

10 Beide Handschriften sind als Faksimileausgaben mit Transkription ediert: vgl. Stromayr (1559/1978) & (1559/1983); Bartisch (1575/2009).

11 Das 1646 publizierte Handbuch der Chirurgiae mit seiner „nützlichen Anatomischen Beschreibung" sollte nach Aussage seines Verfassers, des Frankfurter Wundarztes Petrus von Stylle, Gesellen bei der Vorbereitung auf das Barbierexamen helfen, bei dem zunehmend ein von der akademischen Medizin beeinflusstes anatomisches Wissen eine Rolle spielte.

solche Prüfungen sein (damit sie wüssten, „warinn nemblich ihr Ampt und Profession bestehe“: Schmid 1649: Vorrede [unpag.]). Der zweiten Auflage von 1649 gab der Verfasser 90 Abbildungen der Instrumente bei, die im Verlauf des (gedruckten) *Examen* zur Sprache kamen.[12]

Unter den lateinischen Publikationen des 17. Jahrhunderts wiederum finden sich die umfangreichen Werke von Wilhelm Fabry und Johannes Schultz(e), die von der älteren Medizingeschichtsschreibung gerne vereinnahmt wurden, um eine Professionalisierung der Chirurgie zu illustrieren, die sich unhinterfragt an der (akademischen) Abfassungssprache festmachte.[13] Fabry, latinisiert Guilelmus Fabricius Hildanus (1560–1634), war der erste, der die in der akademischen Medizin etablierte Gattung der *Observationes* (im Druck)[14] mit chirurgischen Inhalten füllte, diese Fallgeschichten gleichzeitig aber aus der Tradition der chirurgischen Publikationen heraus mit Abbildungen von Instrumenten und deren Beschreibung versah. Johannes Schultz(e), latinisiert Johannes Scultetus (1595–1645), trennte dann beides; er publizierte zwar in Fabrys Nachfolge einhundert *Observationes*, gestaltete aber den ihnen vorangestellten Teil seines *Armamentarium Chirurgicum* als eine mit zahlreichen Tafeln bebilderte Gesamtdarstellung des zu seiner Zeit gebräuchlichen und einem professionellen Wundarzt zur Kenntnis nötigen chirurgischen Instrumentariums.[15] Beide Autoren, und das ist wichtig, waren keine genuinen Akademiker, sondern Chirurgen, die sich zusätzlich zum Barbierexamen (und damit der Praxislizenz für eine Chirurgenwerkstatt) selbständig akademisch weitergebildet hatten und durch ihre Publikationen ihre akademische Diskursfähigkeit bewiesen. Sie taten dies außeruniversitär aus den Städten heraus, in denen sie

---

12 Beide auffindbaren Digitalisate wurden ohne die Tafeln mit den Abbildungen digitalisiert, es ist aber erkennbar, dass die Instrumentendarstellungen einen eigenen Anhang bildeten. Die Angabe zu den 90 Abbildungen entstammt dem Bibliothekskatalog der Herzog August Bibliothek in Wolfenbüttel, konnte bislang aber nicht vor Ort überprüft werden.

13 Dem Wundarzt Fabry wurde nach eigener Darstellung von einem befreundeten Theologen dazu geraten, seine auf Deutsch und für den eigenen Praxisgebrauch notierten Fallgeschichten in lateinischer Übersetzung zu publizieren (vgl. Schlegelmilch 2020a: 172, Anm. 109).

14 Fallgeschichten aufzuzeichnen war keine rein akademische Konvention, sie finden sich in allen volkssprachlichen Chirurgiebüchern als Erfahrungsbeleg in den Text eingestreut. Joseph Schmid plante bereits 1649 eine Ausgabe seiner Observationes Chirugicae (vgl. Schmid 1649: Vorrede [unpag.]) und hätte so mit einer Instrumentendarstellung einerseits und einer Fallgeschichtensammlung andererseits das Armanmentarium des Scultetus vorweggenommen. Weithin unbekannt sind auch die Observationes medico-chirurgicae des Johann Christian Wolf, der posthum die von seinem Vater Ido Wolf, dem Hofchirurgen in Zerbst, in Briefwechseln geschilderten Fälle zusammenstellte.

15 Zu Scultetus' Armamentarium als einem Zeugnis des chirurgischen Professionalisierungsprozesses im 17. Jahrhundert vgl. Schelhorn (2022).

als Stadtärzte angestellt worden waren und wo sie sowohl chirurgisch wie medizinisch (d.h. mit dem Anspruch einer theoriegeleiteten medikamentösen Behandlung) therapierten. Solche neben der Universität entstehende Doppelqualifikationen, für die u.a. auch die Chirurgenfamilien Geiger, Stromayr und Bartisch stehen, stellen ein noch zu wenig untersuchtes Phänomen des 17. Jahrhunderts dar (vgl. Schlegelmilch 2020a: 172). Es führte jedoch letztendlich zum (ständischen) Aufstieg der Chirurgen an die Universität, die sich im 18. Jahrhundert dem Druck der Forderung nicht mehr widersetzen konnte, beide Disziplinen, Chirurgie und Medizin, in ihrem Curriculum wieder zusammenzuführen.[16] Lorenz Heister (1683 –1758), studierter Arzt und gleichzeitig mit Erfahrung in der Militärchirurgie ausgestattet, ist ein Produkt dieses langwierigen Annäherungsprozesses. Seine 1719 auf Deutsch erschienene *Chirurgie* mit ihren auf 22 Kupfertafeln abgebildeten chirurgischen Objekten und Operationstechniken, die ihm den Titel des „Begründers der wissenschaftlichen Chirurgie in Deutschland" einbrachte (vgl. Tshisuaka 2005), dokumentiert den Endpunkt der geschilderten Entwicklung. Die Chirurgie hatte somit im 17. Jahrhundert, um akademische Anerkennung zu erlangen, im Gebiet des Alten Reiches einen Umweg über das Lateinische genommen, bevor Heister ihre Inhalte wieder ihrer Ursprungssprache zurückführte, die dann allmählich auch für andere medizinische Inhalte akzeptabel wurde.[17]

2.3 Die Adressaten frühneuzeitlicher Chirurgiebücher

Wesentlich bleibt festzuhalten: innerhalb der z.T. unübersichtlichen Menge an Publikationen des untersuchten Zeitraums, die sich in irgendeiner Weise der Wundarznei bzw. Chirurgie zuordnen lassen, bilden – unabhängig von der Abfassungssprache – nur diejenigen (wundärztliche) Objekte ab, die von Praktikern in diesem Bereich verfasst wurden, also Leuten, die mit diesen Gegenständen in ihrem Alltag selbst umgingen und diesen Gebrauch vermitteln wollten. Dies ist insofern ein wichtiger Punkt, als die Frage nach dem „Wert" auch kompilatorischer Werke sich relativiert (vgl. Habermann 2001: 429), wenn man sie unter der Perspektive einer Ausweitung des chirurgischen Unterrichts in das Medium des Drucks hinein

16 Zum Konzept der Universalis Medicina, das die Universität Tübingen 1709 anlässlich der Promotion zweier doppelt qualifizierter Arzt-Chirurgen propagierte, vgl. Ertl (2023).

17 Die Medizin musste damit auch die Tatsache anerkennen, dass sie sich von jeher von den anderen höheren Fakultäten der Theologen und Juristen dadurch grundlegend unterschieden hatte, dass sie in der Gesamtheit des etablierten nicht-akademischen Heilpersonals eine starke volkssprachliche Konkurrenz besaß, deren Kompetenzen sich auf Dauer nicht ausgrenzen ließen; zur Etablierung der Volkssprache in der universitären Medizin vgl. Habermann (2018: bes. 141–142).

betrachtet. Wie Mechthild Habermann in ihrer Studie zu Walter Ryffs Werken *Die kleyner Chirurgi* und *Die groß Chirurgei* exemplarisch herausgearbeitet hat, ist bei diesem Autor ganz deutlich der „Wunsch nach Umsetzung der Information in Handlungswissen" (Habermann 2001: 435) zu erkennen. Gelehrte Inhalte, z. B. aus dem Bereich der Anatomie, mussten sich in ihrer Rezeption diesem Praxisbezug unterordnen. Dass gerade in der *kleyn Chirurgi* ein „Lehrmeister den Lehrling förmlich an die Hand" nahm, schlug sich nach Habermann in Elementen nieder, die noch die traditionelle Situation mündlicher Wissensvermittlung erkennen lassen, wie z.B. pädagogischen Imperativen („hier soltu..."') oder einer sequentiellen Anweisung nacheinander zu erfolgender Behandlungsschritte (vgl. Habermann 2001: 442–447). Diese auffällige Sprechhaltung des belehrenden „Meisters" ist auch in anderen volkssprachlichen Chirurgiebüchern der Frühen Neuzeit, und hier gerade in denen des 16. Jahrhunderts, zu finden, als die Wundärzte parallel zu den akademischen Ärzten begannen, ihre Professionalität im Druck zu dokumentieren. Auch Felix Wirtz unterwies seinen Leser im „Meister-Ton":

> *Wann du nun siehest*, daß der schmertzen hinweg ist unnd das Glied wider zunimmet: *so magst du alsdann* andere Schweynsalben brauchen so von hitzigen Thieren Schmalz gemachet worden: *unnd damit fortfahren wie du* in den gemeinen Schweyungen *bist berichtet worden.*
>
> (Wirtz 1596: dvlii [!] Kurs. d. Verf.).

Unabdingbar für jeden Gesellen, der so „an die Hand" genommen wurde, war es, mit eben dieser auch sachkundig alle Instrumente führen zu lernen, die für die wundärztlichen Therapien nötig waren. Gerade weil die konkrete Unterweisung hierin aber zum Kern des Fachwissens gehörte, das nur innerhalb des Familien-/Zunftverbandes in mündlicher Anleitung weitergegeben wurde, weiß man darüber bislang recht wenig. Die Art und Weise, wie in den Chirurgiebüchern über Objekte kommuniziert wurde, scheint hier jedoch gewisse Rückschlüsse zuzulassen.

Zunächst ist festzustellen, dass es offensichtlich ein spezifisches, allein der mündlichen Vermittlung vorbehaltenes Grundwissen gab, das nicht im Druck weitergegeben wurde, auf das aber gegenüber einer selektiven Leserschaft rekurriert werden konnte. Dies zeigt sich bereits in der soeben zitierten Formulierung von Wirtz („fortfahren wie du [...] bist berichtet worden"), die er ähnlich auch im Bezug auf Instrumente wiederholte. So schrieb er zur Behandlung von Kopfwunden, der Behandler solle sich nicht irritieren lassen, wenn Knochensplitter sich noch nicht lösen ließen: „Sonst lasse dichs nicht irren, wann sie noch etwas anhangen und nicht gar ledig seind: sonder fahre fort mit deiner Kunst so gut dieselbige erlernet hast" (Wirtz 1596: clvi). Die erwähnte „Kunst" bestand in der Anwendung chirurgischen Instrumentariums: „Derowegen so du ein solches Bein oder Spreyssen hineynwerts hangend aus seinen zeichen gespüren thetest, so soltu es mit was Instrumenten du kanst [...] herauß nehmen.“ (Wirtz 1596: clvii). Besonders aufschlussreich bezüglich dieses nur zunftintern tradierten Wissens ist die bereits erwähnte Handschrift Caspar Stromayrs, betitelt als *Practica Copiosa von dem Rechten Grundt dess Bruch Schnidts mit sambt denn Figuren darneben etliche Imposturas vüler unerfarnen Schnidt und Wundartzt anzaigt mit Grossem Vleis beschriben.* Bereits dieser Titel signalisierte mit seinen lateinischen Einschüben und der Abgrenzung von unerfahrenen Behandlern den Anspruch einer in Erfahrung und Belesenheit fundierten Professionalität. Dies geschah aber nicht, wie man vermuten könnte, in Hinblick auf potentielle Leser aus den Reihen konkurrierenden Heilpersonals oder protegierender Obrigkeiten, denen man das eigene Können vor Augen führen wollte.[18] Ganz im Gegenteil widmete Stromayr sein reich illustriertes Manuskript seinem Berufskollegen Peter Haffner, seines Zeichens Wund-, Schnitt- und Augenarzt in Zürich, mit der strikten Auflage der Geheimhaltung:

> Will dich auch auff das aller höchst unnd freundtlichest ermanet unnd gebetten haben wie jch dir dann vertraw wellest soliches bÿ dir bleiben haimlich halten unnd gentzlich Niemandts laßen abschriben, Darmit es nit offenbar unnd etwan von ainem jn denn Truckh geben wurde, dann die Berlen nit fur die sauen zu werfen sein, desgleichen soltu dich zu mir auch versehen unnd gantz kain zweifel haben was du mir gibst unnd geben hast das soliches dieweil jch leb unnd es hab von mir nit sol auß komen noch von ÿemandts abgeschriben werden.
>
> (zitiert nach Stromayr 1559/1983:65, 2r)

Es existierten in den Wundarztwerkstätten also verschriftlichte Wissensbestände, die innerhalb der eigenen Profession nach persönlicher Absprache auch ausgetauscht wurden,[19] jedoch nicht im Druck an die Öffentlichkeit gelangen sollten. Auch Georg Bartisch thematisierte ähnliche Bedenken hinsichtlich einer gedruckten Veröffentlichung seines *Kunstbuches.*[20] Stromayrs Traktat als Kompendium

---

18 Dies war z.B. der Fall bei dem Wundarzt Tobias Geiger (vgl. Schlegelmilch 2020a), der seinem gesundheitspolitischen Traktat wie Stromayr einen auf einen bekannten Fachtext rekurrierenden Titel gab (bei Geiger: Medicus Politicus in Anlehnung an das gleichnamige Werk des Rodrigo de Castro; bei Stromayr: Practica copiosa in Anlehnung an Giovanni da Vigos Practica in arte chirurgica copiosa).

19 Unautorisiertes Abschreiben solchen „Geheimwissens“ wurde als schweres Vergehen angesehen: vgl. Kümmel (1983: 11).

20 „Und were niht böse auch billich, das solch gedruckt würde, und es alle Balbirer und Wund Ertzte hätte, und sölche Kunst wüsten, damit Landt und Leutte, desto besser vorsorget und

wundärztlichen Insiderwissens kann somit, obgleich seinerseits bewusst gestaltet, einen unmittelbareren Eindruck von der Vermittlung von Objektwissen gewähren als gedruckte Chirurgiebücher, da wir bei ihm die grundlegende Unterweisung des Lehrlings in die Anwendung der Instrumente finden, die die Drucke aussparen.

2.4 Die Regeln der „Objektlehre"

Der Leser der *Practica Copiosa* konnte gewissermaßen zusehen, wie der Meister nacheinander das komplette Instrumentarium auf einen Tisch legte, welches ein Wundarzt für diese spezielle Operation bereithalten sollte. Bei jedem Objekt wurde dem Belehrten durch standardisierte Hinweisformeln klargemacht, dass es zur nötigen Ausstattung gehörte: „Du Muest auch haben... Es ist auch von Nötten das du habest ... Du magst auch ob du wilt unnd ist nit böß haben" (Stromayr 1559/1983: 104–105, 59v–60r). Er bekam vermittelt, dass die geordnete Herrichtung eines vollständigen Bestecks vor der Operation Bedingung für deren erfolgreiche Durchführung war:

> Jst von Nötten, das du vor allen dingen wissest was du darzu haben muest, den zeug unnd die Instrumenta deines gevallens zue der Hannd Richtest auff das So du Jnn der arbaitt werest unnd du ettwaz bederffen wurdest das dir nichts mangle.
>
> (Stromayr 1559/1983: 100, 55r)

Als visualisierte Summe des Gelernten bekam er den voll belegten Tisch am Ende der Instrumenteninstruktion in einer eigenen Abbildung gezeigt (Stromayr 1559: 63r).[21] Der Belehrte konnte sich so abschließend erneut die zuvor einzelnen besprochenen Objekte ins Gedächtnis rufen (wie man es sich vielleicht auch bei der realen Abfrage durch einen Meister vorstellen darf). Die Darstellung eines Mannes mit erhobenem Zeigefinger hinter dem Tisch, der einer zweiten Person etwas eindring-

---

vorwaret würdenn, Aber, es ist nicht in meinem Vormögenn, das ichs drucken liesse, und ob ichs gleich vermöchte, das ich denn nicht vormag, so hette Ichs doch inn grossen bedenckenn [...]" (Bartisch 1575/2003: 65). Bartisch publizierte gleichwohl mit eigenem Geld seinen Augendienst, was mit seinem persönlichen Wunsch nach Anerkennung seitens der akademischen Medizin zusammenhängen dürfte, die ihm an der Universität Wien verwehrt worden war: vgl. Toellner (2016: 150).

21 Gleichzeitig steht der bei Stromayr abgebildete Instrumententisch in einer Bildtradition, die sich in den gedruckten Chirurgiebüchern schon bei Brunschwig (1497: XIX r) niederschlägt und bei Vesal als Sektionstisch wiederkehrt. Letzterer war der volkssprachlichen Leserschaft durch die deutsche Anatomia, die der Wundarzt Jacob Baumann als Vesal-Kompendium anfertigen ließ, ebenfalls bekannt („bildnis der Instrumenta so man zu der Anatomy braucht", Vesalius 1551: lxxv r).

lich zu erklären scheint, kennzeichnet die dargestellte Szene als eine der intensiven Instruktion. Diese war zuvor für die einzeln nacheinander erklärten Instrumente nach einem festgelegten Muster vonstattengegangen:

1) *Zeigen des Objekts (Abbildung) mit Angabe des Namens.* Die korrekte Bezeichnung eines Instruments oder anderer Hilfsmittel zu kennen war nicht nur Ausweis professionellen Wissens, sondern in der konkreten Situation der Operation von entscheidender Bedeutung. Es galt, (ohne Anästhesie) möglichst rasch zu operieren und dabei den Gehilfen präzise Anweisungen zu geben. Dies betonte auch Walter Ryff in seinem Büchlein zum Steinleiden:

> Vor und ee du solche sorgliche und geferliche Cur fürhanden nemest, soltu gantz ordentlich deine instrument wie oben anzeigt zu weg richten, auch solchen je bequemen *namen geben*, darmit du ein yedes von stund an so bald du es nennest, von deinem diener empfahen mögest, dann wo hierin geirret und dir eins für das ander gelanget würde, brecht dir solches gros verhindernus auch dem bresthafftigen oder patienten treflich nachteyl.
>
> (Ryff 1543: lvii v; Kurs. d. Verf.)

Die Bezeichnungen bestehen bei Stromayr entweder aus einem einzelnen Fachbegriff – „das nachfolgendt instrument, kornzengle genannt" (Stromayr 1559/1983: 102, 57r) oder einer allgemeineren Angabe mit präzisierender Beschreibung: „Erstlich muest du haben von silber, Eÿssen oder anderer metal gemacht zwaÿ Instrumentlen ainer strickh Nadlen gleich" (Stromayr 1559/1983: 102, 56v).

2) *Benennen des Herstellungsmaterials.* Wie im soeben zitierten Beispiel spielte das Material des vorgezeigten Objekts eine wichtige Rolle. Hatte ein Wundarzt seine Ausrüstung nicht bereits geerbt, musste er sie sich von einem Zeugmacher bzw. Zirkelschmied anfertigen lassen. Im Alltag schloss die kompetente Behandlung aber auch die sachgemäße Vorbereitung von Verbrauchsmaterial wie Verbänden, Nahtfäden oder anderen uns heute nicht mehr erhaltenen Utensilien ein. So widmete Stromayr ledernen Fingerschonern sowie einem beinernen oder hölzernen Rundholz zum Aufstecken derselben in feuchtem Zustand (damit sie nicht schrumpften) ebenso viel Aufmerksamkeit wie den teureren metallenen Instrumenten: „Du Must auch haben zwen liderin fingerling an ain yeden klainen finger ain" […] „Zue soelchen fingerling muestu haben ain Rundts gedrewts klötzlen von Bain oder holtz" (Stromayr 1559/1983: 104, 59r).

3) *Erklärung der Verwendung.* Nach Vorweisen, Benennen und Materialinformation wurde schließlich der Verwendungszweck angegeben. Hier ein ausführlicheres Beispiel, das nochmals alle Bestandteile der Unterweisung zeigt:

> Du solt und muest auch haben ettliche krume Nadlen von silber oderer anderer Metal gemacht, Groß Klain Lang unnd Kurtz, Darnach die person jung Alt Groß oder klain ist, dazu soliche Nadlen ain ÿede haben ain guette strackhe wolgedrewte schnuer von 10.12.14.16.18.

> oder 20 fachem klainen weissem starckhen faden gemacht, je nach gestalt grösse der person Bruch oder schadens. Dann ain yeder verstendiger selbs wol gedencken unnd ermessen kann das zu Grossen Alten betagten personen und Brüchen et cetera ain grössere schnur von Nötten sein wiert Dann zue den Jungen Kindern oder klainen Brüchen et cetera. Mit den gemelten krumen Nadlen wiert der herauß geschelt balg oder schlauch des Bruchs darein die derm gelauffem durch stochen unnd daz loch des Bruchs mit diser schnuer auff das sterckhest verstrickt und verknipfft wie du an seinem ort weittleüffiger hern wierst. Dise figur zaigt dir an wie die Nadlen sein sollen et cetera.
>
> (Stromayr 1575/1983: 103, 58r)

Auf diesen Text folgt in der Handschrift ein gereimter Merkspruch, wie er jedem Objekt beigegeben ist („Die krum Bruch Nadeln bin ich genant, Nitt vül SchnidtArtzten vor Bekannt") sowie die Abbildung der Nadeln (s. Abb. 2).

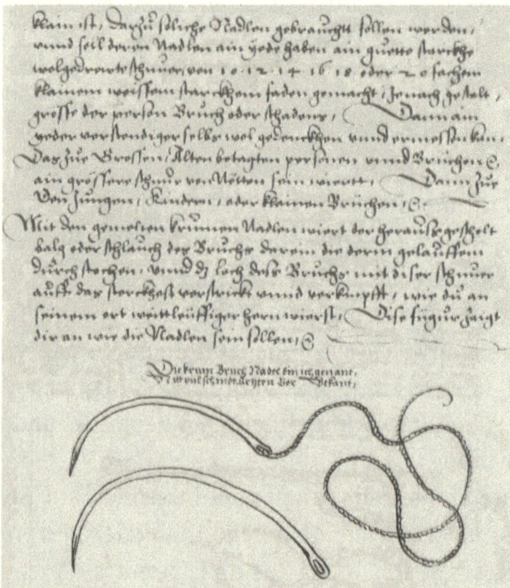

Abb. 1: Krumme Nadeln. Caspar Stromayr (1559): Practica Copiosa, 58r.

Es scheint der didaktischen Logik zu widersprechen, dass das Objekt erst nach der Belehrung folgt, hinsichtlich der Logik des Lesens jedoch darf man die visuelle Signalkraft der Zeichnung nicht unterschätzen – das Auge bleibt auch heute zuerst an Objekt und zugehörigem Merkspruch hängen, bevor es sich mit dem Text beschäftigt, was gerade für ein wiederholtes Lesen (und Lernen) sinnvoll ist. Dass Stromayr davon spricht, dass der Lehrling gewisse Dinge „an seinem ort weittleüffiger hern" wird (nicht: lesen!), verweist auf eine andere Unterrichtseinheit, nämlich das

Erlernen der konkreten Handhabung des Instrumentariums durch Beobachtung am OP-Tisch. Stromayr führt auch diese mit begleitenden Zeichnungen in allen Einzelschritten vor, und wieder wird kein Schritt zu unwichtig genommen: das beginnt z.B. schon damit, dass nach einer genauen Instruktion über das vorgängige Herrichten des OP-Tisches der Lehrling darauf hingewiesen wird, dass er dem Patienten nach dem Scheren der Schamhaare bedeuten soll,[22] dass er sich wieder ins Bad setzen und alle Haare gewissenhaft abwaschen möge, während der Operateur selbst in der Zwischenzeit seine Ärmel (die sonst stören könnten) zurückbinden und die Fingerschoner aufsetzen soll (vgl. Stromayr 1575/1983: 115, 78v). Ähnlich wie Stromayr verfährt Georg Bartisch in seinem *Kunstbuch*, das im dritten Teil die Instrumente für eine Steinschnittoperation aufzählt. Auch er betont vorab die Wichtigkeit des Instrumentenwissens: „so ist vonn nötenn, diweil man Zu dieser Kunst viel unnd mancherley Instrumentt brauchen muß, das der Artzt vonn erst wisse unnd bericht sey, was er für Instrument brauchen und habenn muß, und wie man die brauchen soll“ (Bartisch 1575/2003: 407). Unter rot abgesetzten Überschriften werden alle nötigen Instrumente nun einzeln vorgestellt („Zum Dritten Folgen die Höcklin“ – „Zum Vierden Folgen die Flacheisen“ – „Zum Funfften Folgen die Faß Zenglin“; Bartisch 1575/ 2003: 417–425), wobei den genannten Instrumenten im Manuskript jeweils auf der dem Text gegenüberliegenden Seite getuschte Zeichnungen beigegeben sind, sie also gleichzeitig „gezeigt“ werden. Unter den roten Überschriften mit den Namen der Instrumente folgt, wie schon von Stromayr bekannt, in schwarzer Tinte die Information zu deren Material und Verwendungszweck. Während in Bartischs *Kunstbuch* die direkte Sprechhaltung gegenüber dem Lehrling nicht imitiert ist, findet sie sich als Übernahme aus der handschriftlichen Vorlage noch in seinem gedruckten *Augendienst*, wie am Beispiel der „Zenglin“ für die Behandlung von „Brunnen“ zu sehen ist. Nach einer ausführlichen Schilderung der Zangen, die er nach eigener Aussage selbst erfunden hat, folgt eine ganzseitige Darstellung im Holzschnitt, darunter beginnt die Anweisung: „Mit diesem Werck thue ihm also, Setze den Patienten auff ein Stuel […] Nim ein aufgethan Schreublin […]“ (Bartisch 1583: 201). Auch in den deutschsprachigen Chirurgiebüchern des 17. Jahrhunderts ist dieser Ton noch erhalten, sofern es sich nicht um Übersetzungen handelt.[23] Was aber allen Chirurgiebüchern, gleich welcher Abfassungssprache, gemein

22 Die Kunst des Scherens (eben des Barbierens) wird offensichtlich als ihrerseits bereits erlernt vorausgesetzt und deswegen nicht beschrieben.

23 Exemplarisch seien zitiert die entsprechenden Anleitungen zum Steinschnitt des Halberstädter Chirurgen Matthäus Gottfried Purmann (1684: 286): „Laß dir den Patienten auff einem niedrigen schmalen Tisch mit den Schenckeln gegen das Liecht legen, damit du desto besser alles sehen und

ist, ist die Objektkommunikation in den vier gezeigten Schritten: Zeigen, Namen nennen, Material (und Herstellung) erklären, Verwendung angeben.

Um mit diesem Ergebnis nun allmählich zurück zu Girolamo Fabrizi und dem Hoplomochlion zu kommen, soll an einem Zitat aus dessen *Operationes chirurgicae* abschließend gezeigt sein, wie sich in den gedruckten Chirurgiebüchern die besprochenen standardisierten Elemente darstellen. Der Text ist zitiert nach der deutschen Übersetzung von 1673 des Arztes Johannes Scultetus, von dem später noch die Rede sein wird. Fabrizi beschreibt hier zwei Varianten eines Trepanationsbohrers, die in ein Elevatorium eingesetzt werden konnten:

> Wie wann aber der Bruch nur allein durch die gantze Hirnschaal durchgedrungen ist, das Bein aber nicht ist hinein getruckt worden, da muß aus habender Beysorg des erzürneten und vergifften hinein Weichens gegen dem Hirn zu nach der Lehr des Avicennae das Bein heraus gestemmet werden [...] oder aber man muß zu dem end solches Bein durchbohren und das hierzu bequem erfundene Instrument gebrauchen, welches die Griechen τρύπαναν[!], die Lateiner Trapanum, wir Teutsche den Trepan nennen, ergreiffen. [es folgt eine Etymologie des Wortes, Anm. d. Verf.] Dieses von Eisen oder Stahl gemachten Instruments haben wir zweyerley Arten [...] Dann ein anders ist der Böhrer ein anders ist das welches sie mit einem besondern Nahmen den Mediolum, so da die Weite der Durchlochung andeutet und darweiset nennen. Der Böhrer oder Terebra kompt fast mit dem gemeinen Handböhrer überein wie die Zimmerleut oder Schreiner brauchen; Der Mediolus aber welchen die Griechen χοινίκιον[!] heissen, ist weit ein anders eisernes Instrument, selbiges ist hohl und rund, und hat unten her Zähnlein, oder ist bereitet wie eine Segen, Celsi Worten nach, wann selbiges im Mittel seiner Höhlen einen Nagel oder Stefft hat, so hält man dieses vor das Männlein; dafern es aber keinen Stefft hat, so nennen sie es das Weiblein. Mit beeden kann man die Hirnschaal durchbohren weiln es an dreyen Orten auffstehet und ruhet.
>
> (Scultetus 1673: Anderer Theil, 8)[24]

Bei der Namensangabe zu diesem Instrumententyp fällt auf, dass Fabrizi – der als Gelehrter an der Universität Padua Chirurgie unterrichtete – die lateinische und

verrichten kannst. Denn binde ihm die Schenckel gegen den Unterleib gebogen und auch den Leib feste an, damit er sich im Schnitt nicht hin und her bewegen und dich an der operation verhindern könne."

24 Der lateinische Text der Vorlage ist zitiert nach der später noch diskutierten Auflage von 1647: „Quod si cranii fractura universum cranium duntaxat penetraverit, os tamen non depresserit, tunc ob timorem descensus virulentiae ad interiora, ut prodit Avicen. & ut abunde detur exitus saniei, & intus laedentibus, ut Celsus tradit, os excidendum, seu perforandum est ferramento quod Graece τρύπανον dicitur, vulgo trapano; quod duum generum ex Celso est, alius nempe terebra, & alius modiolus dictum. Terebra est similis communi terebrae, qua Fabri lignarii utuntur, modiolus, Gaece κοινίκιον, est Ferramentum cavum, teres, imis oris ferratum, ut dicit Celsus; quod si clavum in medio habet, masculus est: si caret, foemina. Utroque cranium perforatur, quod triplici firmatur basi." (Fabricius ab Acquapendente 1647: Altera pars (= Operationes chirurgicae), 8.

griechische Bezeichnung angab (wie auch im Text auf antike Autoritäten rekurrierte), der Übersetzer seinem deutschsprachigen Leser aber zusätzlich die eingedeutschte Bezeichnung lieferte. Der Trepanbohrer wird nach der obligatorischen Angabe des Materials (Eisen oder Stahl) dann noch in zwei Varianten ausdifferenziert, von denen der speziellere Bohrertyp wieder einen eigenen Namen (Modiulus) besitzt. Dieser wird wiederum in zwei Varianten (mit eingesetzter Fixierspitze oder ohne) vorgestellt. Nur diese speziellere Variante wird „gezeigt", also abgebildet (s. Abb. 3).

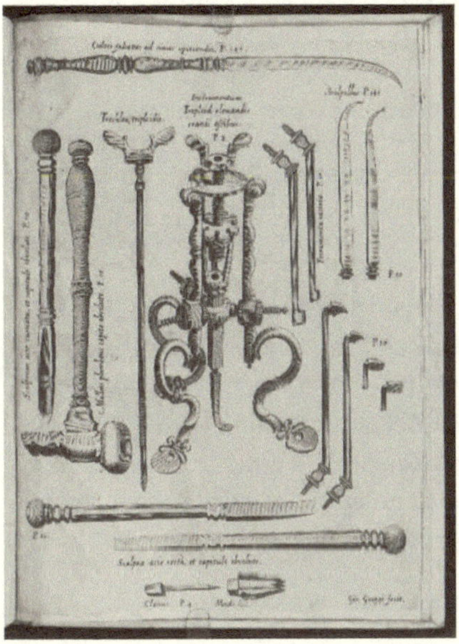

Abb. 2: Elevatorium mit Einsätzen. Fabrizi, Girolamo (1647): Opera chirurgica, Tafel 8.

Für den „normalen" Bohrer trug der Leser bereits ein Bild im Kopf, das über den Vergleich mit dem Gerät der „Zimmerleut oder Schreiner" abgerufen werden konnte. Dieses Vorgehen stellt ein weiteres Charakteristikum der Chirurgiebücher dar: es werden üblicherweise, wohl auch aus Kostengründen, nicht wie in Stromayrs und Bartischs Manuskripten *alle* benötigten Instrumente abgebildet, sondern nur die, die als besonders und/oder neue Entwicklungen gegenüber der

Standardausrüstung erachtet wurden.[25] Somit sind Scultetus' und Heisters enzyklopädische Werke auch eher als Versuch zu sehen, eine bereits abschließende Bestandsaufnahme der jeweils zu ihrer Zeit bekannten chirurgischen Wissensbestände vorzulegen. Das Zeigen besonderer Instrumente lässt sich seinerseits wieder an den konkreten chirurgischen Unterricht rückbinden. Barbiergesellen wanderten, wie bereits dargestellt, in andere Städte und lernten dort Unterschiede, v.a. aber neue Entwicklungen gegenüber dem zuhause Gesehenen kennen. Im Anschluss an das weiter oben bereits angeführte, längere Zitat Stromayrs zu bestimmten Nadeln (sowie den Merkspruch und die Abbildung hierzu) hatte der Autor noch den ausdrücklichen Hinweis gegeben, dass es sich hier um eine Neuerfindung handelte:

> Die krume Nadlen wie obstat hatt erfunden unnd erdacht der obgemelt mein Lieber Herr Vatter unnd schweher unnd ist soliches ain gar guette Kostliche und Nutzliche erfindung, die mit Gelt noch Guet nit zu bezalen ist wie du an seinem ort, da ich von dem gebrauch der nadel geschrieben hab hern wirst.
>
> (Stromayr 1559/1983: 103, 58v)

Bei einem anderen Objekt, den sogenannten „klupen" – Klammern, mit deren Hilfe verhindert werden sollte, dass die relozierten Gedärme wieder in den abzutrennenden Bruchsack drängten – brachte Stromayr den Merkspruch an: „Die Bruch Klupen sein wir genannt, Den alten arzten Wol Bekannt" (Stromayr 1559/1983: 106, 61v). Hiermit verwies er darauf, dass er die Klupen anders handhabte als es traditionell – von alten Ärzten – gelehrt wurde; seine abweichende Operationstechnik, und warum sie besser war, führte er dann später noch aus.

2.5 Das „Gebot" der Objekterklärung

Frühneuzeitliche Objektkommunikation erfolgt somit nicht nur nach standardisiertem Muster, sondern dokumentiert uns auch den Wandel bzw. die Lenkung objektbezogenen Wissens. Was beim Zeigen gelehrt wurde, bestimmte die zukünftige Handhabung; was nicht gezeigt wurde, konnte nicht gewusst werden. Auf diese Weise konnte Wissen, das nicht gemein gemacht werden sollte – also im Wortsinne: nicht „kommuniziert" –, auch vorenthalten werden. Wie bewusst sich Autoren dieser Möglichkeiten der Wissenslenkung waren, zeigt *Die durch Fragen und*

---

25 Es ist kein Zufall, dass sich besonders Abbildungen von Instrumenten finden, die nicht den Chirurgenalltag widerspiegeln, sondern Spezialkenntnisse repräsentieren wie militärmedizinische Eingriffe (Geschossentfernung) oder die Lithotomie.

Antworten treulich anweisende Wehemutter, ein Unterweisungsbuch für Hebammen, das der böhmische Arzt Johann von Horn verfasste. Es erschien 1754 bereits in der vierten Auflage und damit in einer Zeit, als die Hebammen sich einem Verdrängungsprozess ausgesetzt sahen, der eine Konsequenz der bereits geschilderten Professionalisierungsbestrebungen der Chirurgen war (vgl. Schlegelmilch 2020a: 163). In der Vorrede wird explizit gemacht, was in diesem Druck *nicht* zu finden ist – und warum:

> Falls man aber etwa hierinnen vermerken sollte, daß ich die Sache nicht so ausführlich, wie sonsten, beschreibe, da ich vom Gebrauche der Instrumenten melde, so ist zu wissen, daß ich dieses Büchlein nur denen Wehmüttern zu gute geschreiben, (welchen die Autores den Gebrauch der Instrumente absagen und verbieten), und nicht denen so genannten Accoucheuren, oder Geburtshelfern, welche Instrumente zu gebrauchen, und zu appliciren, billig verstehen sollen.
>
> (Horn 1754: 4)

Instrumentenwissen sollte also erneut bestimmten Kreisen vorbehalten sein: Dies erinnert an Stromayrs Verbot, seine *Practica* zu drucken, damit nicht die falschen Leute sein Wissen missbrauchten. Nicht nur stand das Ansehen der eigenen Profession auf dem Spiel, Wissen bedeutete auch Geld. Weder die wandernden Gesellen (vgl. Bartisch 1575/2003: 157) noch ihre akademischen Kollegen, die Studenten, bekamen ihre Ausbildung umsonst. Aus einer Mitschrift des Studenten Konrad Zinn (1571–1636), später Stadtarzt in Basel, wissen wir, dass Girolamo Fabrizi in seinen Vorlesungen bezüglich der Instrumente ziemlich ähnlich das unterrichtete, was er später in seinen *Opera Chirurgica* veröffentlichte.[26] Der praktische Unterricht fand jedoch in Privatstunden statt, was bedeutete, dass die Studenten dafür extra zu bezahlen hatten. Irritationen entstanden, wenn ein Lehrer dann die Anwendung seiner Instrumente nicht „kommunizierte", also zu gemeinsamem Wissen der Anwesenden machte. Dieser Vorwurf findet sich des Öfteren hinsichtlich des Anatomen Santorio Santorio (1561–1636), der erst in Venedig, dann wie Fabrizi in Padua lehrte. Johann Christoph Keyser aus Kitzingen, der als Student Santorios Unterricht besuchte, berichtete, dass dieser sein Wissen über ein bestimmtes Instrument, mit dem er die Wassersucht behandelte, nicht teilen wollte. Keyser bekam nach eigenen Worten Santorios Instrumente zwar gezeigt – was auch seine Beschreibung des speziellen „Sprützleins" zeigt –, aber Santorio operierte unter den Kleidern der behandelten Frauen, damit niemand sehen konnte, wie er es machte. Keyser fügte an, es sei ihm aber gelungen, dieses Wissen unter strengster Geheimhaltung von einem

26 S. die Vorlesungsmitschrift Zinns zur Anwendung des Trepans, der auch in Fabrizis gedrucktem Text (vgl. Anm. 24) vorgestellt wurde: Sambale (2018: 42–43, 111–112).

anderen Arzt „kommuniziert" zu bekommen.[27] Der Vorwurf gegen Santorio wurde wiederholt von Balthasar Timaeus von Güldenklee (1600–1667), der dessen Unterricht in Venedig besucht hatte. In einem Brief vom 6. September 1627 an den Theologen Jonas Staudt betonte er, woran er sich offensichtlich im Abstand vieler Jahre ganz besonders erinnerte: „Er [Santorio, Anm. d. Verf.] zeigte in Venedig freilich seine medizinischen oder auch chirurgischen Instrumente, nicht weniger als seine mathematischen: aber *er zeigte sie, er kommunizierte sie nicht*."[28] Offensichtlich lag in diesem Verhalten ein gewisser Regelverstoß. Hatte man Geld dafür bezahlt – ganz gleich, ob für persönlichen Unterricht oder ein Buch – konnte man erwarten, Instrumente gezeigt zu bekommen (nach dem standardisierten Muster) sowie deren Anwendung kommuniziert. 1673 zeigte ein Arzt erneut einen solchen Regelverstoß an. Das Objekt der Irritation war das Hoplomochlion.

3 Der „chirurgische Kuraß": eine frühneuzeitliche Objektbeschreibung

> Es hat Hieronymus Fabricius ab Aqaupendente unser edler Author und höchst begieriger Auctor, und vermehrer der Hochschätzbaren Wundartznei, zum Anfang seiner zur Wundarztnei höchst bequemlichen Instrumenten zwey absonderliche Kupfferblat angesetzet, die er anführt, als ob er derselben im fünfften Buch am dritten Capitel des ersten Theils seiner Wundarztnei allhier absonderlich gedencke, welches zwar nicht gar umbsonst geschehen [...] auch nicht wol von der Anstammung dieses Worts noch sothanen Gezeugs eigentliche Beschreibung und nutzbarer Anwendung im geringsten geandet ist [...]. Weiln aber dieser Author in Lateinischer Sprach ausser der Edition zu Franckfurth am Mayn zu Padua in Welschland allein sieben und zwantzigmal wurcklich aufgelegt und umgetruckt worden ist; jedesmal aber dieser Chirurgische Kuraß oder Hebzeug nur der Figur nach und nicht der Beschreibung ist an vordere Spitze seiner hinterlassenen Chirurgischen Instrumenten gesetzt worden: Als hab ich auf gleichmässiges oft widerholtes Ansuchen [...] aller redlichen und aufrichtigen Leib-,

27 „Praesupponit sibi cognitum esse quendam ductum, inquit, omnibus anatomicis hactenus incognitum, circa eum igitur per pudendum immittit siphonem (ein Sprützlein) qui in progressu habet duo foramina quod ratione vacui aperit quasi ipsum ostiolum, aperto orificio immittit siphonem, per quem effluit aqua in quanta copia volueris [...] excogitavit quoque aliud instrumentum pro viris, quod ipsemet Patavii vidi oculis meis: mulieribus siphonem sub vestibus occultabat, modum applicandi relevare nolebat [....] Simile quid a Celeberrimo quodam Germaniae medico sub arcano silentio nobis communicatum est [...]." (Fehr 1668: 120–121).

28 „Instrumenta quidem sua medica seu Cheirurgica non minus ac mathematica Venetiis monstravit Sanctorius, sed monstravit non communicavit [...]." (Güldenklee 1665: 398).

Wund- und Schnitt-Ärtzten zu grossen Nutzen und Besten solcher Arbeit mich unterkühnen wollen.

(Scultetus 1673: Anhang, 2–3)

Diese Ankündigung, die gleichzeitig eine Beschwerde formuliert, findet sich in der deutschen Übersetzung der *Opera omnia* Fabrizis, genauer gesagt: in einem Anhang, der nur dieser Ausgabe beigegeben ist und eine Ergänzung des Übersetzers, Johannes Scultetus (1621–1680), darstellte, seines Zeichens Stadtphysicus in Nürnberg. Es waren häufig Stadtärzte, die aus der Erfahrung des eigenen Behandlungsalltags heraus Sammlungen von *Observationes* herausgaben (Pomata 2020: 211–213), und es erstaunt nicht, dass sie sich auch unter den Übersetzern von Chirurgiebüchern finden.[29] Sie waren oft nicht nur als Studenten im Ausland mit der Chirurgie in Berührung gekommen, ja hatten diese teilweise dort sogar selbst praktiziert (vgl. Schlegelmilch 2020b: 91–92); sie kamen zudem in ihrer Zuständigkeit für die lokale Gesundheitsversorgung und damit auch als Mitgutachter über chirurgische Kompetenz zwangsläufig mit den Wundärzten ihrer Stadt in Kontakt.[30] So verstand sich auch Johannes Scultetus, der vier Jahre nach den *Opera omnia* Fabrizis zusätzlich die *Practica in arte chirurgica copiosa* Giovanni da Vigos übersetzte,[31] als Wissensvermittler für „alle redlichen und aufrichtigen Leib-, Wund- und Schnitt-Ärtzte", wie er im oben zitierten Text angibt. Wie andere vor und nach ihm war er als Student nach Italien gewandert und hatte sich dort 1649 zuerst an der Universität von Padua immatrikuliert.[32] Im März 1652 vertraute er dann seine

29 Exemplarisch sind hier zu nennen Peter Uffenbach (1566–1635), nach Studium in Straßburg und Padua ab 1595 Stadtarzt in Frankfurt am Main, der gleich mehrere chirurgische Publikationen in Deutsche übersetzte (vgl. Jung 1895) oder auch Johannes Schreyer (1655–1694), Stadt- und Landphysikus von Zeitz, der *Heydentryk Overcamps Nieuw gebouw der chirurgie of Heel-konst* (1686) aus dem Holländischen übersetzte.

30 Diese Mittlerstellung wird auch in Publikationen sichtbar, in denen die Ärzte zwischen den Sprachen Latein und Deutsch wechseln: dies ist z.B. bei Fallsammlungen zu beobachten, in die deutsche Gutachtentexte eingebettet wurden (vgl. Lindner 2018: bes. 258–261) sowie in Briefsammlungen wie der Timaeus von Güldenklees, in der Consilia auf Latein, beigegebene Anweisungen für die behandelnden Chirurgen jedoch auf Deutsch abgedruckt wurden (vgl. z.B. Güldenklee 1665: 383–385).

31 Dieses zuerst 1514 erschienene Werk war zum Zeitpunkt der Übersetzung bereits 163 Jahre alt, besaß aber nach Scultetus' Einschätzung offensichtlich noch Relevanz für die chirurgische Praxis. Er gibt an, es aus „gestimmelten zweyen Exemplarien" von 1540 und 1561 kollationiert zu haben (vgl. Scultetus 1677: Titel).

32 Nach der Paduaner Matrikel wurde Johannes Scultetus am 22.9.1649 als Magister eingetragen und war in der zweiten Jahreshälfte 1651 einer der Procuratores Nationis Germanicae (vgl. Matricula 1986: 282, Nr. 2472).

Habseligkeiten zur Verwahrung der Deutschen Nation an[33] und wechselte nach Neapel, wo er bei dem bekannten Anatomen und Chirurgen Marco Aurelio Severino (1580–1656) studierte. Nach wiederum acht Monaten dort, während denen Scultetusnach eigenen Worten Severino des Öfteren in dessen Privatkollegium vertrat (vgl. Scultetus 1673: Vorbereitungsschrift [unpag.]), kehrte er 1653 wieder nach Padua zurück, löste seine Besitztümer aus und machte sich auf den Weg in seine Heimatstadt Nürnberg. Im September desselben Jahres promovierte er an der ihr nahe gelegenen Universität Altdorf (vgl. Scultetus 1653) und begann 1654 in Nürnberg zu praktizieren (vgl. Scultetus 1677: bi v). 19 Jahre später, als etablierter Arzt und inzwischen Mitglied der Leopoldina, begann er mit seiner Übersetzung – und stieß auf das irritierende Hoplomochlion.

Seine eingangs zitierte Erläuterung dessen, was ihn an diesem störte, wiederholt Keysers und Güldenklees Vorwurf des „demonstravit, non communicavit". Scultetus folgte dem Verweis, der der Abbildung beigeschrieben war, und fand keine Information am angegebenen Ort. In der Aussage, es sei nichts „wol von der Anstammung dieses Worts noch sothanen Gezeugs eigentliche Beschreibung und nutzbarer Anwendung im geringsten geandet", lässt sich erkennen, wonach er gesucht, bzw. was er erwartet hatte: eine (gelehrte) Etymologie des Namens Hoplomochlion (wie Fabrizi sie u.a. für den Trepan gegeben hatte, s.o.), eine Beschreibung (des Herstellungsmaterials und Aussehens) und eine Erklärung der Verwendung. Stattdessen gab es nur das Vorzeigen (Abbildung) und einen (schwer verständlichen) Namen. Scultetus sah sich also berufen, diesem ärgerlichen Defizit abzuhelfen: er unternahm es, das rätselhafte Objekt für seine Leser zu übersetzen, also ihnen zu erklären, was sie sahen. Akademiker, der er war, begann er seine Abhandlung mit einer Reminiszenz an die vorbildhafte Antike. Er erklärte sich zum „Sprachmeister" und damit Erfüllungsgehilfen einer Aufgabe, die bei den Römern den „Nomenclatores" zugedacht worden sei: diese hätten ahnungslosen Kandidaten (für ein Amt) beim Treffen auf Unbekannte „ihre eigentliche Nahmen heimlich andeuten und einblasen" müssen. (Scultetus 1673: Anhang, 5). Er ging somit vor, wie es für medizinische Lehrbücher seiner Zeit üblich war: zuerst wurde in diesen – unter Ausbreitung der eigenen Gelehrsamkeit – stets die Etymologie des medizinischen Terminus geklärt, bevor man zur Abhandlung von Symptomen, Differentialdiagnostik und Therapie überging. Scultetus stellt also Überlegungen an zur Etymologie der auf dem Kupferstich zu lesenden griechischen Bezeichnung ΟΠΛΟΜΟΧΛΙΟΝ, die er dem Leser unter Anführung verschiedener antiker Belege

33 Natio Germanica philosophorum et medicorum <Padua> an Christoph Rothenhofer, Padua, 1653 (ohne Tagesdatum) (Erlangen, UB, Trew PaduaNr. 2; Regest [U. Schlegelmilch] unter: https://www.aerztebriefe.de/id/00047077; Zugriff vom 27. Februar 2023).

entwickelte: τὰ ὅπλα, also den Plural vom griechischen τὸ ὅπλον, könne man mit „Waffen" übersetzen, es meine aber auch „allerley Handwerckszeug", „wie dann auch drittens allerhand andere Werckzeuge oder Instrumente verstanden" werden könnten. Tὸ μόχλιον (to mochlion) sei ein kleiner Heber oder Riegel, „Bey denen Medicis (d.h. Chirurgen, Anm. d. Verf.)[34] ist es die wieder Einrichtung und fest Haltung der Beiner welche aus ihrem natürlichen Orth und Stelle unnatürlicher Weiß und mit Gewalt ausgewichen waren und nun wieder durch die Kunsthand in ihr natürliches Geleich hinein gerichtet werden" (Scultetus 1673: Anhang, 6). Damit ist die Erklärung für die abgebildete Apparatur gegeben: es handelt sich um ein „Heb(mochlion)zeug(hoplo)", also ein Korsett, das gebrochene Gliedmaßen hebt und damit entlastet sowie gleichzeitig fixiert.

Der Verwendungszweck war somit aus der Bezeichnung hinreichend hergeleitet, jedoch genügte dies Scultetus nicht, er fügte nun *Observationes* hinzu, um die Anwendung zu konkretisieren. Hier zeigte sich nun die ganze Tücke des Objekts, dessen Erfinder er weder war, noch das er – als akademischer Arzt – jemals selbst angewendet haben konnte. Die Strategie seines eigenen Aneignungsprozesses prägte schließlich den Aufbau seiner Abhandlung: „Und können wir dessen Abtheilung füglicher nicht als der hochsinnlichen und Natur folgenden Zergliederungskunst nach anstellen", formulierte er (Scultetus 1673: Anhang, 9) und kündigte damit an, was wiederum dem Aufbau medizinischer Kompendien seiner Zeit entsprach: er legte entsprechend der Sektionsreihenfolge in der Anatomie eine Beschreibung *a capite ad calcem*, also von Kopf zu Fuß vor. Auf den folgenden acht Seiten ging er vom „Scheidel" über die „Hauptwürbel" sowie „Schläffbeiner" und „Kieffer", über die (fränkisch auszusprechenden) „Schulderbledder" zur Brust mit Brustbein und Rippen, dann zur „Stuhlwurzel" (also dem Steißbein) und dem Bauchbereich, wo es nach seiner Aussage Brüche des Nabels, „des Gemächts und der Geburts-Geilen" geben konnte, schließlich vom Torso zu den Extremitäten, erst den Armen, dann den Beinen. Zu jedem dieser Abschnitte, in denen er wie in den anatomischen Belehrungen der Chirurgiebücher die hauptsächlichen Knochen- und Muskelstrukturen benannte, führte er Verweise auf in der Fachliteratur publizierte Fallgeschichten an, bei deren geschilderten Verletzungen der jeweilige Teil des Hebzeugs hätte sinnvoll zur Anwendung kommen können. Insofern ist der einleitende Hinweis auf die Zergliederungskunst sehr interessant: Scultetus musste

34 Als Medicus wird im Sprachgebrauch der Frühen Neuzeit jeder praktizierende Heiltätige bezeichnet, gleich ob chirurgus oder physicus. Aus diesem Grund ist die durchgängige Übersetzung des Terminus Stadtmedicus mit „Stadtarzt" im Sinne eines akademischen Arztes, wie sie die ältere Forschung vornahm, irreführend (vgl. Schlegelmilch 2018: 258).

offensichtlich genau das mit dem Objekt tun, um dessen Funktion vermitteln zu können: es zergliedern, um es dann Stück für Stück zu erklären.

Gleichwohl gab er dem Hoplomochlion als Ganzem auch einen eigenen Namen. Seine Abhandlung ist betitelt *Anhang vom Chirurgischen Kuraß*. Die Bezeichnung „Kurass" stellt eine deutsche Verballhornung des französischen Wortes „la cuirasse" dar, also der Rüstung der Kürassiere, mit der Scultetus eine Ähnlichkeit feststellte, die ihn offenbar faszinierte. Noch bevor er seine Abhandlung „medizinisch" strukturierte, erfasste er für sich das Hoplomochlion durch den Vergleich mit solch einer Rüstung, deren Aufbau ihm wohl vertraut schien. Denn er informierte den Leser, der obere Teil dieses Kurass entspreche einer „Bickelhauben oder Gaßget sonder Rand"; dann folge das „Ruck- und Bruststuck" mit dem „Arm Gehäng", nur dass das Hoplomochlion Schienen für die Hände und Finger habe statt der „Tröglein und Kästlein"; die „Armstuck" seien wie bei der Panzerung der Cuirasse „gliedweiß" zusammengesetzt; die Halterung des „unteren Gewerbbeins", also der Lendenwirbel, „und dero daran hangende Schenkel" würden analog „in der Bewaffung die Schenkelstuck tituliert" (Scultetus 1673: Anhang, 6–7). Wie schon weiter oben am Beispiel der Bohrer bei Fabrizi gesehen, lässt sich durchaus für einige chirurgische Instrumente die Übernahme aus anderen Handwerksberufen belegen. Es ist auch wahrscheinlich, dass sich wundärztliche Schienenwerkzeuge ursprünglich aus der Rüstungsschmiede entwickelten; immerhin übernahm schon Gernsdorff für die Beinschiene die Bezeichnung „Harnisch" (vgl. Gernsdorff 1517: XXXVr). Scultetus blieb jedoch nicht bei dem begrifflichen Abgleich der Einzelteile des Hoplomochlion mit denen einer Rüstung stehen, sondern parallelisierte durch den gesamten Text das Abhandeln anatomischer Strukturen von Kopf zu Fuß mit einer präzisen Beschreibung von Aufbau und Funktion des „Kurass" in Bezug auf diese anatomischen Strukturen:

> Zuhinderst aber in dem Genick, wodurch das Rückenmarck abwerths in die Gewerbbeine des Halses gehet, da hat dieses Philosophische Gasget einige eingeschnittene und eingefeihlte Kumpfen, worein angedeutetes Kumpfrädlein sich einschliesset, und die beede zur rechten und lincken Hand anstehende gewundene Mütter der von ihnen außgehenden und gekrümmten Schrauben mit ihren Ingriffen hinter dem Kiefer zur Festhaltung des Chirurgischen Haupts anhelt und unbewöglich erhelt.
>
> (Scultetus 1673: Anhang, 11)

Hier stehen anatomische Termini – Genick, Rückenmark, Lendenwirbel, Hals – technischen Angaben zur Materialität des Kurass – eingeschnittene und eingefeilte Kumpfen, Kumpfrädlein, Muttern – gegenüber. Scultetus lieferte somit auch noch, und das in großer Detailfreude, die fehlenden Angaben zum Herstellungsmaterial und dessen Verarbeitung. Dabei fällt auf, dass er das abgebildete Objekt vor seinem geistigen Auge offenbar auch dreidimensional rotierte, um Vorder- und

Rückansicht zusammenzufügen. Denn er spricht die technische Lösung eines potentiellen Problems an: damit der Helm nicht aufgrund seines Eigengewichts nach vorne rutschen könne, werde er auf der Vorderseite mit einem variierbaren Abstandhalter auf die Stirn gesetzt, auf der Rückseite durch zwei Fäden fixiert (was nur in der Rückansicht zu sehen ist, s. Abb. 4).

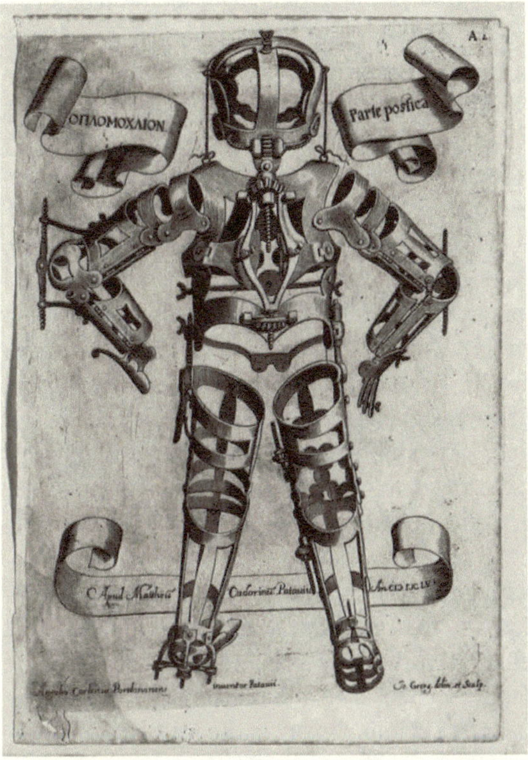

Abb. 3: Hoplomochlion, pars postica. Fabrizi, Girolamo (1647): Opera chirurgica, Tafel 2.

Diesen kreativen Imaginationsvorgang belegt auch die Tatsache, dass er die ebenfalls nicht einfach aus der Abbildung abzuleitende Information gibt, der Kurass sei aus Stahl hergestellt, der aufwendig poliert und mit Baumwolle, Seide oder Taft ausgeschlagen sei (vgl. Scultetus 1673: Anhang, 8).

4 Das Hoplomochlion – ein innovatives Instrument?

Zusammenfassend lässt sich also festhalten, dass Johannes Scultetus zum einen all die Standardinformationen der Objektkommunikation ergänzte, die dem Hoplomochlion in den *Opera omnia* gefehlt hatten: Namensetymologie, Material und Verarbeitung, Verwendungszweck und Anwendungsbeispiele. Zum anderen stellte er einen lebensweltlichen Konnex durch den Vergleich des Hoplomochlion mit einem Kurass dar, dessen Beschreibung auffällig detailliert wirkt. Man darf sich fragen, ob die Verärgerung über die fehlende Information im Druck wirklich der einzige Grund seiner Abhandlung war. Scultetus war, wie berichtet, einer der zahlreichen Studenten, die nach Italien gewandert waren, und hier gerade nach Padua und Neapel, wo er durchaus ein besonderes Interesse an der Chirurgie entwickelt haben konnte. Zwei Jahre vor seiner Ankunft in Padua, 1647, erlebten Fabrizis *Opera omnia* dort gerade wieder eine Neuauflage; vielleicht hatte er hier das Hoplomochlion das erste Mal gesehen. Als Stadtarzt in Nürnberg, und damit auch Mitglied des *Collegium Medicum*, hatte er zwangsläufig Kontakt zu Wundärzten; die Bemerkung „und wiewohl mehr dergleichen Armstuck auf sehr alte Art angegeben bey uns in sehr alten Chirurgischen Kunststuben gefunden werden" (Scultetus 1673: Anhang, 15) deutet darauf hin, dass er selbst Chirurgenwerkstätten besucht hatte. Hinter der großen Begeisterung für die chirurgische Rüstung scheint aber noch mehr zu stecken.

Wie im Allgemeinen bei den Chirurgiebüchern, deren Verfasser je nach Herkunftsland ihren Hintergrund entweder selbst im Handwerk hatten und/oder mit Handwerkern, nämlich den Herstellern ihrer Instrumente, engen Kontakt pflegten, ist auch bei Scultetus die Technisierung der Sprache auffällig. Mit den Publikationen der Chirurgen hielt die frühe Medizintechnik Einzug in die medizinische Publikationslandschaft, und damit eine eigene Fachsprache, die geprägt war durch eine Terminologie der Techniken von Materialverarbeitung und Gerätegebrauch. Diese Fachsprache wirkt spätestens ab dem 17. Jahrhundert, da sie sich einerseits mit lateinischen und griechischen Fachbegriffen aus der Anatomie durchsetzt zeigt, andererseits technische Vorgänge und dafür verwendetes Material aufs genaueste präzisiert, unserer modernen medizinischen Fachsprache ähnlicher als der zeitgenössischen medizinischen Gelehrtensprache, die eher von argumentativen Mustern geprägt war. Scultetus' Kurass scheint geradezu sinnbildlich zu stehen für den bereits „technisierten Körper", den Cordula Steidle in den frühneuzeitlichen Chirurgiebüchern propagiert sieht, einen Körper, der auch bei komplizierten Eingriffen nicht als leidend oder schmerzverhaftet dargestellt, sondern als

Betätigungsfeld standardisierter medizinischer Behandlungstechniken vorgeführt wird: „Fast sieht es so aus, als hätten die Chirurgen den Körper als maschinelles Gefüge betrachtet, das (wenn auch nur mit Gottes Hilfe) mit Hilfe der Technik (Mechanik) geheilt, ausgebessert und wiederhergestellt werden konnte" (Steidle 2001: Kapitellink 4.5.). Man darf sich fragen, ob der breiten Rezeption des Cartesianischen Denkmodells der „Mensch-Maschine" nicht auch die in die zeitgenössische Publikationslandschaft dringenden chirurgischen Körperbilder einen fruchtbaren Boden bereitet haben.[35] Trotz all dem bleibt die für einen akademischen Arzt ausgeprägte Technikfixiertheit bei Scultetus auffällig. Die Erklärung liefert schließlich tatsächlich wieder ein Konnex zwischen Text und Lebenswelt, jedoch nicht sein Kontakt zu den städtischen Chirurgen (s.o.), sondern mit anderem Nürnberger Handwerk, in seinem Fall verkörpert durch seinen Schwiegervater Hanns Carl (1587–1665). Dieser war nicht nur städtischer Zeugmeister in Nürnberg, sondern auch Architekt, Entwickler mathematischer Instrumente und Astronom. Zu seinen mechanischen „Wundern" zählten nach Scultetus' eigener Aussage selbstbewegte Maschinen wie ein fliegender und „Ave Maria" rufender Vogel sowie ein künstlicher Musenberg mit mechanischen Tieren und Brunnen. Carl hinterließ offenbar auch Beschreibungen seiner Bauten und Entwürfe, denn Scultetus spricht von seinem Plan, aus den Schriften des verstorbenen Schwiegervaters einen Band „Stadt und Feld Belustigunge" zusammenstellen zu wollen, „von allerhand Civil als militarischen machinis" (Scultetus 1673: Anhang, 9). Zu dieser Publikation kam es nie, aber einiges aus dem Hinterlassenen überdauerte und ist heute im Germanischen Nationalmuseum in Nürnberg zu sehen, u.a. das sogenannte „kleine Zeughaus", ein Modell eines Heereslagers. In seiner Mitte steht ein Mann im Kurass.[36]

Scultetus' Motivation, seinen *Anhang vom Chirurgischen Kurass* zu verfassen, hatte also viele Facetten. Er erlaubte es ihm, als Wissensvermittler den Nürnberger (und anderen) Chirurgen ein einschlägiges Werk aus Italien zugänglich zu machen, dabei ein neben seiner Übersetzungsleistung selbständiges Fachwissen sowohl auf anatomischem wie handwerklichem Gebiet zu demonstrieren und noch dazu seinem verstorbenen Schwiegervater, einer Nürnberger Stadtberühmtheit, ein Denkmal zu setzen. Den Anlass bot Fabrizis Verstoß gegen die Regeln der Objektkommunikation. Es ist deswegen fast schade aufdecken zu müssen, dass es eigentlich nicht wirklich einer war, wenigstens keiner, der Fabrizi anzulasten wäre. Denn als dieser das Vorwort zur Erstauflage seiner *Opera Omnia* schrieb, die schließlich in seinem Todesjahr (1619) erschienen, kündigte er an, sie demnächst in einer Neuauflage mit

35 Zum Zusammenhang zwischen Descartes, Anatomie und Iatromechanik vgl. Schlegelmilch (2018: 251–253).

36 Vgl. die Abbildung in Wikipedia, Lemma „Hanns Carl" (Version 4. März 2019, 11:35 Uhr).

kolorierten Abbildungen publizieren zu wollen. Hierzu kam es jedoch nicht mehr, sowohl die Auflage von 1619 sowie alle in den nächsten zwei Jahrzehnten folgenden enthalten keine Bilder. Erst 1641 wurden in einer erneut in Padua verlegten Auflage durch den Verleger Francesco Bolzetta zwei Tafeln hinzugefügt. Die dort abgebildeten Instrumente kennzeichnete er auf dem Titelblatt explizit als Girolamo Fabrizis Erfindungen.[37] Sechs Jahre später verlegte Bolzetta die *Opera omnia* erneut, diesmal mit acht Tafeln. Zum ersten Mal findet sich hier, auf den ersten beiden Tafeln, das Hoplomochlion. Sollte Scultetus bei seinem Aufenthalt in Padua diese Ausgabe in Händen gehabt oder gar gekauft haben, hat er entweder den nun auf dem Titelblatt zu lesenden Hinweis später vergessen, zugunsten seiner Abhandlung unterdrückt oder ihre Bedeutung einfach nicht verstanden. Denn nun war die Angabe zu den Tafeln: „Es wurden dieser letzten Auflage Bilder von Instrumenten beigegeben, die teils der Autor, *teils andere kürzlich* erfunden haben."[38]

Auf der ersten und zweiten Tafel, hinter den Beinen des Hoplomochlion hat sich der Drucker auf einer Banderole verewigt, unter dem rechten Fuß der Kupferstecher, unter dem linken finden wir einen „inventor Patavii", also einen „Erfinder in Padua" (s. Abb. 1, 4). Sein Name ist Angelo Carleschi aus Pordenone, er steht auch auf einigen anderen der Tafeln. Ob Carleschi das Hoplomochlion tatsächlich gebaut hat oder nur auf dem Papier entworfen, ist nicht mehr zu rekonstruieren. Dass Scultetus es, um es erklären zu können, verbal demontieren musste, spricht eher dafür, dass es sich um ein Fantasieprodukt handelte, in dem alle möglichen bereits bekannten Schienenkonstruktionen zu einem künstlichen Körper verbunden wurden.[39] Deswegen konnte es auch nicht mit einer konkreten in Fabrizis Text erwähnten Behandlung verbunden werden, wie es bei den anderen abgebildeten Instrumenten nachträglich über eingefügte Verweise tatsächlich geschehen ist. So oder so war es ein Blickfang, der der Leserschaft das handwerkliche Können der Paduaner Werkstätten, und hier allen voran, der Werkstatt Carleschis demonstrierte. Genau genommen war das Hoplomochlion somit ein reiner Werbegag, womit man die Tafeln auch als die früheste bislang bekannte Werbeanzeige für einen Instrumentenmacher in einer chirurgischen Publikation bezeichnen könnte.[40] Dass diese

37 Fabrizio (1641), Titel: „Accesserunt huic postremae editioni icones instrumentorum, quae Autor invenit."

38 „Accesserunt huic postremae editioni [icones] instrumentorum, quae partim Autor, partim alii recens invenere." (Fabrizi 1647, Titel).

39 Zu dieser Vermutung s. auch Biz et al. (2020: 3).

40 Interessanterweise wirft bereits eine Publikation zur Lithotomie aus dem Jahr 1763, die auf eine in der besprochenen Ausgabe enthaltene Abbildung eines Steinschnittinstruments hinweist, die

Werbung optisch verfing, zeigt nicht nur die Tatsache, dass das Hoplomochlion auch in späteren, „abgekupferten“ Auflagen wieder mitpubliziert wurde und sich über Jahrhunderte immer wieder Autoren, im Druck wie online (s.o.), zu eigenen Interpretationen berufen fühlten. Inzwischen ist es sogar noch auf eine weitere Wikipedia-Seite gewandert, wo es uns offenbar– ohne jegliche Verbindung zum umgebenden Text – etwas zur vormodernen Chirurgie erzählen soll (vgl. Lemma „Chirurgie“, Version vom 6. September 2020, 18:40 Uhr). Das Hoplomochlion erklärt sich zwar nicht, aber es scheint für sich zu sprechen.

Frage nach dem Werbecharakter eben dieser Abbildung auf: „E 'bensì cosa certa, che il suddetto Instromento, come apparisce dalla sottoscrizione posta al Rame, in cui viene rappresentato appresso l'Acquapendente, fu invenzione di Angelo Carleschi da Pordenone lavoratore d'Instromenti Chirurgici in Padova, al quale forse sarà stato permesso, per accreditare, e smerciare i suoi lavori, l'unire quel Rame, come pure altre sue invenzioni alla mentovata edizione delle opere dell'Acquapendente fatta in quella istessa Città.“ (Masotti 1763: 25-26); vgl. auch Anm. 8.

Quellenverzeichnis

Bartisch, Georg (1575/2009): *Kunstbuch, Darinnen ist der gantze gründliche volkommene rechte gewisse bericht underweisung und Lehr des hartenn Reissenden Schmerzhafftigen Peinlichen Blasenn Steines. [...] Wie derselbige Reissende Peinliche Blasen stein [...] durch die Handwirckhunge des Güldenn griffs, unnd Instruments, soll geschnitten, gebracht und gewonnen werdenn*. Hrsg. von Holger G. Dietrich, Hermann Hausmann und Jürgen Konert. Wittenberg: Drei-Kastanien-Verlag.

Bartisch, Georg (1583): *ΟΦΘΑΛΜΟΔΟΥΛΕΙΑ. Das ist Augendienst. Newer vnd wolgegründter Bericht Von ursachen vnd erkentnus aller Gebrechen, Schäden und Mängel der Augen und des Gesichtes [...]. Auch wie man alle solche Gebresten künstlich durch Artzney, Instrument und Handgrieffe curiren, wircken und vermeiden sol*. Dresden: o.V.

Brunschwig, Hieronymus (1497): *Dis ist das Buch der Cirurgia: Hantwirckung der Wund Artzney*. Augsburg: Johann Schönsperger.

Fabrizi, Girolamo (1647): *Opera chirurgica [...]. Cum indice locupletissimo capitum et rerum notabilium. Accesserunt huic postremae editioni [icones] instrumentorum, quae partim Autor, partim alii recens invenere*. Padua: Francesco Bolzetta.

Fehr, Johann M. (1668): *Hiera picra, vel de absinthio ad normam et formam Academiae Naturae Curiosorum analecta*. Breslau: Jacob Trescher & Johann Erich Hahn.

Gernsdorff, Hans von (1517): *Feldbuch der Wundartzney*. Straßburg: Johannes Schott.

Güldenklee, Balthasar T. von (1665): *Epistolae et consilia. Accessit hortolini Timaeani topographia metrica & insriptiones*. Leipzig: Christian Kirchner & Johann Erich Hahn.

Heister, Lorenz (1719): *Chirurgie. In welcher Alles, was zur Wund-Artzney gehöret [...] gründlich abgehandelt und In vielen Kupffer-Tafeln die neuerfundene und dienlichste Instrumenten, nebst den bequemsten Handgriffen der Chirurgischen Operationen und Bandagen deutlich vorgestellet werden*. Nürnberg: Johann Hoffmanns Erben.

Horn, Johann von (1754): *Die durch Fragen und Antworten treulich anweisende Wehemutter, wie man einer mit Leibesfrucht gesegneten Frauen in der Geburt recht beystehen [...] und wenn dieses versäumet ist, sie hernach mit geschickter Hand aus der Noth und Lebensgefahr helfen soll*. Stockholm & Leipzig: Gottfried Kiesewetter.

Masotti, Domenico (1763): *La litotomia delle donne perfezionata*. Faenza: Presso l'Archi Impressor Camerale, e del S. Ufizio.

Matricula (1986): *Matricula nationis Germanicae artistarum in Gymnasio Patavino: 1553 – 1721*. Hrsg. von Lucia Rossetti. Padua: Antenore.

Purmann, Matthaeus G. (1684): *Chirurgischer Lorbeer-Krantz oder Wund-Artzney, in drey Theil und 86. Capittel abgetheilet [...]. Durch und durch mit kurzgefaßten Erfindungen, verständigen Ursachen [...] sambt etlichen darzu dienenden Kupffertafeln*. Halberstadt: Johann Erasmus Hynitzsch.

Ryff, Walter (1543): *Recht gründtliche bewerte Cur des Steins, Sandt, vnd Grieß, inn Nieren, Blasen vnnd Lenden [...] auch [...] gründtlicher bericht, den Stein durch meisterliche handtwirckung der Chirurgi, [..] zu schneiden [...] mit warhafftiger gantz eigentlicher Contrafactur aller instrument oder ferrament, zu solcher sorglichen handtwirckung der Chirurgi, dienstlich vn[d] von nöten*. Straßburg: o.V.

Schmid, Joseph (1649): *Examen chirurgicum. Das ist: Wie alle junge angehende Feldscherer, Barbier und Wundartzt sollen befragt werden, wie sie sich in allen begebenden Verwundungen in deß Menschen Leib vom Haupt biß auff die Fußsohlen verhalten sollen. In gleichem wie alle Chirurgische Instrumenten zugericht und gebraucht werden in Kupffer vor Augen gestellt*. Augsburg: Johann Weh & Johann Schultes.

Scultetus, Johannes (1677): *Johannis de Vigo von Rappaligo Genuesischen Gebieths Wund=Artznei, in zwey Theile merckwürdig eingetheilet [...].* Nürnberg: Johann Hoffmann & Christoph Gerhard.

Scultetus, Johannes (1673): *Hieronymi Fabricii ab Acquapendente Edlen Ritters und Professoris zu Padua Wund=Artznei, in II. Theile abgetheilet [...]* Nürnberg: Johann Daniel Tauber & Johann Philipp Miltenberger.

Scultetus, Johannes (1653): *Disputatio medica inauguralis de obstructione lienis*. Altdorf/Nürnberg: Georg Hagen.

Stromayr, Caspar (1559/1983): Peter Proff: Transkription des Textes der »Practica Copiosa«. In: *Caspar Stromayr: Practica copiosa von dem Rechten Grundt Deß Bruch Schnidts (1559).* Hrsg. von Werner F. Kümmel zusammen mit Gundolf Keil und Peter Proff, Bd. 2: Kommentarband zum Faksimile der Handschrift. München: Oscar Rothacker, 63–262.

Stromayr, Caspar (1559/1978): *Practica copiosa von dem Rechten Grundt Deß Bruch Schnidts (1559).* Hrsg. von Werner F. Kümmel zusammen mit Gundolf Keil und Peter Proff, Bd.1: Faksimile; München: Oscar Rothacker.

Stylle, Petrus von der (1646): *Handbuch der Chirurgiae. Darinn gantz eigentlich und gründtlich gelehret wird, nemblich, was Chirurgia sey, mit einer nützlichen Anatomischen Beschreibung*. Frankfurt a. Main: Caspar Rötel & Peter Hauboldt.

Vesalius, Andreas (1551): *Anatomia Deudsch. Ein kurtzer Außug der beschreibung aller glider menschlichs Leybs aus den buchern des Hochgelerten Hern D. Andree Vesalij von Brüssel [...] sampt den Figuren vnd derselben außlegung allen [...] wundärtzten Deutscher nation zu nutz ins deutsch gebracht*. Nürnberg: Julius Paul Fabricius.

Wolf, Johann C. (1704): *Ido Wolfii Observationum Medico-chirurgicorum libri duo*. Quedlinburg: Theodor Philipp Calvisius & Johann Georg Sievert.

Wirtz, Felix (1596): *Practica der Wundartzney. Was für schädliche Mißbräuch bey der Wundtartzney in gemeinem schwankt, und warumb die abzuschaffen seind [...].* Basel: o.V.

Zedler, Johann H. (1735): *Grosses vollständiges Universal-Lexicon aller Wissenschaften und Künste*, Bd. 13. Leipzig, Halle: Johann Heinrich Zedler.

Literaturverzeichnis

Biz, Carlo et al. (2020): Girolamo Fabricio d'Acquapendente and the *Oplomochlion*: The several applications of an effective rehabilization tool. In: *The American Journal of the Medical Sciences* 359/1, 1–7.

Brunn, Walter von (1925): *Die Handschrift des Schnitt- und Augenarztes Caspar Stromayr in Lindau am Bodensee. In der Lindauer Handschrift (P.I.46) vom 4. Juli 1559*. Berlin: Idra-Verlagsanstalt G.m.b.H.

Decamp, Eleanor (2016): *Civic and Medical Worlds in Early Modern England. Performing Barbery and Surgery.* Basingstoke: Palgrave Macmillan.

Ertl, Elisabeth (2023): *Leonhard Hurter und die Akademisierung der Chirurgie – ein Student zwischen Medizin und Handwerk.* Würzburg: Diss.med. (urn:nbn:de:bvb:20-opus-330277).

Ewer, Leopold (1905): Die Geschichte der Orthopädie. In: Max Neuburger & Julius Pagel (Hrsg.), *Handbuch der Geschichte der Medizin* 3. Jena: Gustav Fischer, 307–326.

Habermann, Mechthild (2001): *Deutsche Fachtexte der frühen Neuzeit. Naturkundlich-medizinische Wissensvermittlung im Spannungsfeld von Latein und Volkssprache*. Berlin, Boston: De Gruyter.

Habermann, Mechthild (2018): Lateinisch – Deutsch in der Medizin an Universitäten der Frühen Neuzeit. In: Michael Prinz & Jürgen Schiewe (Hrsg.), *Vernakuläre Wissenschaftskommunikation. Beiträge zur Entstehung und Frühgeschichte der modernen deutschen Wissenschaftssprachen*. Berlin, Boston: De Gruyter, 139–167.

Jung, Rudolf: Artikel „Uffenbach, Peter". In: *Allgemeine Deutsche Biographie* 39 (1895), 134. Online: https://www.deutsche-biographie.de/pnd117267066.html#adbcontent.

Kayling, Vanessa (2019): *Vertextete Welt. Die Herausbildung volkssprachlicher Fachliteratur in Frankreich und Italien vom 16.–20. Jahrhundert*. Würzburg: Königshausen & Neumann.

Kinzelbach, Annemarie (2016): *Chirurgen und Chirurgen-Praktiken. Wundärzte als Reichsstadtbürger. 16. bis 18. Jahrhundert*. Mainz: Donata Kinzelbach.

Kümmel, Werner F. (1983): Caspar Stromayr und sein Werk: Herniologie, Opthalmologie und medizinische Abbildung im 16. Jahrhundert. In: *Caspar Stromayr: Practica copiosa von dem Rechten Grundt Deß Bruch Schnidts (1559)*. Hrsg. von Werner F. Kümmel zusammen mit Gundolf Keil und Peter Proff, Bd. 2: Kommentarband zum Faksimile der Handschrift. München: Oscar Rothacker, 1–42.

Lindner, Bettina (2018): Sprachenwechsel und Koexistenz. Zur Rolle des Deutschen und Lateinischen in medizinischen Fallsammlungen des 17. und 18. Jahrhunderts. In: Michael Prinz & Jürgen Schiewe (Hrsg.), *Vernakuläre Wissenschaftskommunikation. Beiträge zur Entstehung und Frühgeschichte der modernen deutschen Wissenschaftssprachen*. Berlin, Boston: De Gruyter, 255–270.

Pomata, Gianna (2020): A Sense of Place: Town Physicians and the Resources of Locality in Early Modern Medicine. In: J. Andrew Mendelsohn, Annemarie Kinzelbach & Ruth Schilling (Hrsg.), *Civic Medicine. Physician, Polity and Pen in Early Modern Europe*. London, New York: Routledge, 210–234.

Ruisinger, Marion (2006): Misreading Pictures: Fabricius Hildanus (1560–1634) and the Cure of Spinal Dislocation. In: *Journal of the History of the Neurosciences* 14 (4), 334–40.

Sambale, Janine (2018): *Chirurgischer Unterricht in Padua im 16. Jahrhundert. Kommentierte Edition und Übersetzung der studentischen Aufzeichnungen von Konrad Zinn*. (Dissertation) Würzburg, med. Online: https://opus.bibliothek.uni-wuerzburg.de/frontdoor/index/index/docId/17470 (29. September 2020).

Schelhorn, Anna (2022): *Die Praxis des Ulmer Stadtphysicus Johannes Scultetus (1595-1645). Das Streben nach akademischer Akzeptanz*. Würzburg: Diss.med. (urn:nbn:de:bvb:20-opus-290629).

Schlegelmilch, Sabine (2020a): Das Selbstbewusstsein der Chirurgen. Tobias Geigers Traktat *Discursus Medicus et Politicus* (1656). In: Mariacarla Bondio Gadebusch, Christian Kaiser & Manuel Förg (Hrsg.), *Menschennatur in Zeiten des Umbruchs. Das Ideal des politischen Arztes in der Frühen Neuzeit*. Berlin, Boston: De Gruyter, 141–176.

Schlegelmilch, Sabine (2020b): Promoting a Good Physician. Letters of Application to German Civic Authorities, 1500–1700. In: J. Andrew Mendelsohn, Annemarie Kinzelbach & Ruth Schilling (Hrsg.), *Civic Medicine. Physician, Polity and Pen in Early Modern Europe*. London, New York: Routledge, 88–109.

Schlegelmilch, Sabine (2019): Ein Hebeinstrument. In: Sascha Salatowsky & Michael Stolberg (Hrsg.), *Eine göttliche Kunst. Medizin und Krankheit in der Frühen Neuzeit* [Katalog zur Ausstellung der Forschungsbibliothek Gotha und des Instituts für die Geschichte der Medizin der Julius-Maximilians-Universität Würzburg vom 14. April bis 23. Juni 2019]. Gotha: Forschungsbibliothek, 160–161.

Schlegelmilch, Sabine (2018): *Ärztliche Praxis und Sozialer Raum im 17. Jahrhundert: Johannes Magirus (1615–1697)*. Köln u.a.: Böhlau.

Schlegelmilch, Ulrich (2020): Surgical Disputations in Basel at around 1600. In: Meelis Friedenthal, Hanspeter Marti & Robert Seidel (Hrsg.), *Early Modern Disputations and Dissertations in an Interdisciplinary and European Context*. Leiden: Brill, S. 255–287.

Steidle, Cordula (2001): *Chirurgie und Anatomie im 16. Jahrhundert: Die Objektivierung des Körpers*: Online: http://www.sfn.uni-muenchen.de/forschung/koerper/csarb_de.html (22. September 2020).

Tshisuaka, Barbara I. (2005): Heister, Lorenz. In: Werner E. Gerabek et al. (Hrsg.), *Enzyklopädie Medizingeschichte.* Berlin, Boston: De Gruyter, 565.

Toellner, Richard (2016): Der Arzt als Gelehrter, Anmerkungen zu einem späthumanistischen Bildungsideal. In: Richard Toellner (Hrsg.), *Medizingeschichte als Aufklärungswissenschaft. Beiträge und Reden zur Geschichte, Theorie und Ethik der Medizin vom 16.–21. Jahrhundert*. Berlin: Lit-Verlag.

Vandenbulcke, Filippo et al. (2020): The Iron Man of the Renaissance: the contribution of Girolamo Fabrizi d'Acquapendente. In: *International Orthopaedics* 44, 399–402.

Abbildungsverzeichnis

Abb. 1 Hoplomochlion, pars antica. Fabrizi, Girolamo (1685): Opera chirurgica, Tafel 1. © Wikimedia Commons.

Abb. 2 Krumme Nadeln. Caspar Stromayr (1559): Practica Copiosa, 58r. © Ehemals Reichsstädtische Bibliothek (ERB) Lindau, mit frdl. Genehmigung.

Abb. 3 Elevatorium mit Einsätzen. Fabrizi, Girolamo (1647): Opera chirurgica, Tafel 8. © Universitätsbibliothek Erlangen-Nürnberg, mit frdl. Genehmigung.

Abb. 4 Hoplomochlion, pars postica. Fabrizi, Girolamo (1647): Opera chirurgica, Tafel 2. © Wellcome Collection, Attribution 4.0 International (CC BY 4.0).

Marcus Stelter

Argumentieren mit Geschenken

Freigebige Vakzintransfers an der Wende zum 19. Jahrhundert

Schenken ist seit jeher ein Teil der materiellen Kultur, insofern es in aller Regel mit der Manipulation, dem Transfer oder der Zugänglichmachung von materiellen Gütern einhergeht. Beim Schenken sind Dinge als Geschenk involviert. Auch für die materielle Kultur der Gelehrten der frühen Neuzeit waren Geschenke bedeutsam. Sie waren im Umgang der Gelehrten alltäglich (vgl. Findlen 1991: 5). Was aber ist ein Geschenk und was bedeutete Schenken in früheren Zeiten? Diese Fragen sind gar nicht so leicht zu beantworten. Inzwischen haben mehrere Untersuchungen gezeigt, dass sich historische Schenkformen von heutigen Schenkpraktiken erheblich unterscheiden konnten. Zahlreiche Handlungen, die von historischen Agierenden als Schenkung bezeichnet wurden, stehen im Widerspruch zu den gegenwärtigen Erfahrungen und den soziologischen Theorieangeboten, die zur Interpretation und Abgrenzung des Phänomens bereitliegen. Aus diesem Grund ist verschiedentlich vorgeschlagen worden, die Bedeutung des Schenkens aus seiner Zeit heraus zu rekonstruieren.[1] Hierfür sollten alle Handlungen in den Blick genommen werden, die von wenigstens einer der involvierten Personen als Schenkung markiert wurden. Wichtigstes Kriterium ist dabei die Sprache. Ausschlaggebende Termini des 18. Jahrhunderts waren etwa „Schenken“, „Verehren“[2], „Wohltat“, „Gefälligkeit“[3] und „Dankbarkeit“[4]. Auf diese Weise weitet sich der Blick für ein breites Spektrum nichtkommerzieller reziproker Transaktionen. Es geraten Handlungen ins Blickfeld, die den eigenen Erwartungen möglicherweise widersprechen, die aber zugleich unerwartete und wichtige Einblicke in vergangene Schenkkulturen erlauben. Zu diesen Handlungen zählen auch die Vakzintransfers, die im Mittelpunkt des vorliegenden Beitrags stehen.

Bei den Vakzintransfers handelt es sich zunächst um baumwollene Fäden, die mit Kuhpockeneiter getränkt waren und die um 1800 als Impfstoffträger für die Vakzination in großer Zahl verschickt wurden. Die Vakzination war eine 1798 erstmals vorgestellte neue Impfung gegen die Pocken, die anfangs heftig umstritten war. Dass sie sich trotz vieler Vorbehalte binnen weniger Jahre in weiten Teilen

1 Grundlegend hierzu Algazi (2003); vgl. auch Thoen (2007: 9–13).

2 Vgl. u. a. Artikel „Geschenk“ in Krünitz (1779: 472–473).

3 Vgl. Artikel „Wohlthat“ in Zedler (1748: Sp. 171).

4 Vgl. Artikel „Dankbarkeit“ in Zedler (1734: Sp. 109–110).

https://doi.org/10.1515/9783111437392-005

Europas und der Welt durchsetzen konnte, ist das Resultat der intensiven Überzeugungsarbeit einiger engagierter Ärzte, die hierfür kostenfrei Unmengen solcher Vakzinpräparate verschickten.[5] Über die sprachlichen Wendungen, die die Impfstofftransfers begleiteten, werden sie eindeutig als ein Gut in einem freigebigen Austausch erkennbar. Die Impfstofffäden wurden von den Menschen des späten 18. und frühen 19. Jahrhunderts wie Geschenke behandelt. Sie wurden mit Ausdrücken der Gefälligkeit, Großzügigkeit, Dankbarkeit und Schuldigkeit übergeben und empfangen.[6]

Ähnliche Transfers sind unter Gelehrten, zu denen die Ärzte zählten, schon vielfach beobachtet und beschrieben worden. Gelehrte in ganz Europa tauschten während der gesamten Frühen Neuzeit und bis weit ins 19. Jahrhundert hinein sehr freimütig Informationen, Dienste und Dinge. Ausgetauscht wurden Empfehlungen, Informationen und Rezensionen, aber auch Zeichnungen, Manuskripte und Bücher ebenso wie Herbarexemplare, Fossilien, Gesteinsproben oder präparierte Tiere – um nur einige Objekte zu nennen.[7] Aber auch Güter des täglichen Bedarfs fanden Eingang in diesen Austausch, etwa Socken, Schuhe oder Zucker (vgl. Kühn 2011: 56–57). Im Verständnis der Menschen handelte es sich bei den ausgetauschten Dingen und Diensten um Geschenke und Gefälligkeiten. Wie die Vakzinpräparate wurden die Dinge stets im Gestus des Schenkens übergeben (vgl. Mauelshagen 2001: 144–145). Der großflächige Austausch der Impfstofffäden ordnet sich nach meiner Einschätzung in diesen Austausch ein. Ich hoffe daher, über die Analyse der Vakzingeschenke wertvolle Einblicke in den gelehrten Austausch gewinnen zu können.

5 Der Forschung ist die Bedeutung der Vakzintransfers schon lange bekannt. Es wurde früh erkannt, dass die rasante Ausbreitung der Vakzination eng mit der weiträumigen Verteilung von Vakzin zusammenhängt (vgl. u. a. Fenner et al. (1988: 261–263); vgl. auch Bennett (2020: 122–148, besonders 142–148). Eine eingehende Analyse der Transfers steht noch aus. Eine Ausnahme bildet Andrea Rusnock, die die konkrete Manipulation von Materialien, die Präparation des Kuhpockenvirus und die Anstrengungen, diesen zu transportieren, ausführlich beschrieben hat (vgl. Rusnock 2009).

6 Bezeichnend sind etwa die Worte, die der Londoner Chirurg John Ring im Oktober 1799 wählte, um per Brief um Impfstoff zu bitten. Er schrieb: „I have inclosed a couple of lancets which I should esteem myself much obliged to you if you will arm with matter" (Brief von John Ring an Edward Jenner, New-Street, Hannover-Square [London], 25.10.1799, zitiert nach Baron (1827: 357–358)). Mit ähnlichen Worten wandte sich auch der Wiener Impfarzt Johann de Carro an einen Kollegen, in dem Wunsch, von ihm Impfstoff zu erhalten. Er schrieb: „I should take it as an infinite favour if you would be so good as to send me some of your genuine vaccine matter" (Brief von Johann de Carro an Edward Jenner, Wien, 14.9.1799, zitiert nach Baron (1827: 334–337, hier S. 336). Ähnliche Formulierungen finden sich auch in anderen Quellen.

7 Eine vergleichbare Aufzählung liefert Franz Mauelshagen (vgl. Mauelshagen 2001: 135–136); ähnlich auch Kühn (2011: 47–49).

Die Tatsache, dass die Dinge im Modus des Schenkens transferiert wurden, bedeutete freilich nicht, dass sie nicht zu einer gewissen Erwiderung verpflichteten (vgl. Kühn 2011: 49–51).[8] Die gelehrten Korrespondenzen sind durchzogen von Floskeln der wechselseitigen Verbundenheit und Dankbarkeit, wie sie kennzeichnend für die Schenkkultur der Frühen Neuzeit sind. Immer wieder finden sich auch explizite Forderungen nach einer bestimmten Schenkung oder Versprechen einer gewissen Erwiderung, die zeigen, dass unter Gelehrten die Art der Geschenke und ihre Erwiderung sehr direkt verhandelt wurden (vgl. Mauelshagen 2001: 145–146; Kühn 2011: 52–53). Unter anderem hier scheint die historische Differenz der gelehrten Schenkpraktiken durch.

Mehrere Untersuchungen der letzten Jahre haben diesen reziproken Austausch der Gelehrten analysiert.[9] Sie haben dabei auch gezeigt, wie eng die kooperative Forschungspraxis der Frühen Neuzeit darauf aufbaute. Es wurde deutlich, dass der Austausch mit der Vermittlung, Evaluierung und Produktion von Wissen verbunden sein konnte. Dinge wurden weitergegeben, um ein ihnen innewohnendes Wissen an anderen Orten zugänglich und überprüfbar zu machen (vgl. Müller 1999; Müller 2003; Kühn 2011; Dietz 2012). Daran anknüpfend soll hier anhand der Impfstoffgeschenke gezeigt werden, dass Dinge unter Gelehrten auch transferiert wurden, um beim Empfänger Erkenntnisprozesse in Gang zu setzen. Der gelehrte Austausch von Dingen wird als Teil von argumentativen Strategien betrachtet. Ziel ist es, zu zeigen, wie im Kampf um die besten Argumente Dinge eingesetzt wurden, um den eigenen Ansichten mehr Glaubwürdigkeit zu verleihen. Die Impfstofftransfers bieten sich dabei auch deshalb an, weil mit ihnen die Verbreitung einer damals neuen und umstrittenen Praxis verbunden war. An ihrem Beispiel lässt sich, so hoffe ich, nachvollziehen, wie unter Gelehrten mit freigebig geteilten und verschenkten Dingen argumentiert wurde.

Mit dem Fokus auf das argumentative Vorgehen ist dabei implizit auch die Frage nach den Möglichkeiten und Grenzen der schriftlichen Wissensvermittlung gestellt. Denn klassischerweise wird vermutet, dass im wissenschaftlichen Diskurs vornehmlich mit Schriften hantiert wurde. Dinge und Beobachtungen, so die These, könnten durch aufwendige Inskriptionsverfahren in Diagramme, Grafiken, Bilder und Text übersetzt werden, um in der schriftlichen Auseinandersetzung als Beleg herangezogen zu werden. Wie wirksam diese Art der Argumentation sein kann, hat etwa Bruno Latour am Beispiel von Louis Pasteurs gezeigt (vgl. Latour (1990)

8 Zur Reziprozität des Schenkens vgl. grundlegend Mauss (2013).

9 Wichtige Beiträge lieferten u. a. Findlen (1991); Müller-Wille (1999); Mauelshagen (2003); Kühn (2011); Dietz (2012); Brockliss (2013).

2006).[10] Ich hingegen werde argumentieren, dass es in manchen Situationen nicht genügte, ausschließlich Beschreibungen, Grafiken und Diagramme heranzuziehen. Zu fragen ist also, in welcher Hinsicht die Dinge als Geschenk ihren textlichen Repräsentationen überlegen waren. Was konnten sie mitteilen, das textlich nicht oder nicht hinreichend transportiert werden konnte? Worin lag die argumentative Stärke der wissenschaftlichen Objekte? Und welche Rolle spielte es, dass die Objekte freigebig im Modus des Schenkens überreicht wurden?[11]

Um das am Beispiel der Vakzingeschenke zu zeigen, werde ich damit beginnen, die Anfänge der Vakzination kurz vorzustellen. Es werden zentrale Agierende und wichtige Schriften benannt. Anschließend will ich zeigen, warum die Schriften nicht genügten, um ihre Leserschaft von der Gefahrlosigkeit der Vakzination zu überzeugen. Das ist notwendig, um den speziellen Beitrag der Vakzintransfers deutlich hervortreten zu lassen. Bei der Analyse der Transfers werden anschließend drei Aspekte herausgearbeitet: die motivierende Wirkung des Schenkens, die konstruierte Sprachmacht der transferierten Dinge und die Einbindung auswärtiger Ärzte in gemeinsame Versuchsanordnungen. Am Ende werde ich meine Ergebnisse zusammenfassen und auch fragen, inwieweit sie verallgemeinert werden können.

1 Zentrale Agierende und Schriften

Entwickelt wurde die Kuhpockenimpfung oder Vakzination, wie sie auch genannt wurde, bekanntlich am Ende des 18. Jahrhunderts von dem englischen Arzt Edward Jenner. Sie sollte vor den Pocken schützen, einer lebensbedrohlichen Infektionskrankheit, die mit Fieber, Schmerzen und pustelartigen Hautausschlägen verbunden war und um 1800 kaum jemanden verschonte. Die meisten erkrankten bereits im Kindesalter.[12] Viele starben an den Pocken. Wer sie überlebte, war zwar vor

10 Zur Wirksamkeit der Inskriptionen vgl. Latour ((1983) 2006). Auch kulturwissenschaftliche Ansätze, die die Mitwirkung von Dingen stärker betonen, gehen vielfach davon aus, dass der Austausch von Argumenten vornehmlich auf Papier stattfindet. Zur Kritik an dieser Sichtweise vgl. Espahangizi (2011).

11 Wie einschneidend es für die Biografie eines Objektes sein konnte, dass es für eine bestimmte Zeit den Status eines Geschenks innehatte, hat Arjun Appadurai gezeigt (vgl. Appadurai (1986): Introduction. Commodities and the politics of value).

12 Ein häufig zitiertes Sprichwort vom Ende des 18. Jahrhunderts bringt diese Allgemeinheit der Krankheit auf den Punkt. Es lautet „Von den Pocken und von der Liebe bleibt niemand verschont“ (Sonntag 2014: 13).

einer erneuten Erkrankung geschützt, hatte häufig aber mit Langzeitschäden zu kämpfen, zu denen neben den gefürchteten Pockennarben auch psychische Schäden und schwerwiegende körperliche Beeinträchtigungen gehören konnten.[13]

Schon vor Jenner hatten Gelehrte verschiedene Mittel zur Pockenprophylaxe vorgeschlagen. Die meisten Präventionsverfahren erwiesen sich dabei als wirkungslos. Eine Ausnahme hiervon war die Inokulation, die die bekannteste und meistdiskutierte Präventionsmaßnahme im 18. Jahrhundert darstellte. Bei ihr wurden Menschen gezielt mit Pockenlymphe infiziert. Zumeist wurde hierfür Schorf oder Eiter verwendet, der aus den Pockenpusteln von infizierten Personen stammte, die einen milden Krankheitsverlauf durchliefen. Das Kalkül hinter diesem Eingriff ergab sich aus der scheinbaren Unausweichlichkeit der Pocken. Anstatt darauf zu warten, dass die Ansteckung auf natürlichem Weg erfolgt, sollte mit der Inokulation zu einem bewusst gewählten Zeitpunkt und unter ärztlicher Aufsicht ein Pockenausbruch hervorgerufen werden. Ein zentrales Argument für die Inokulation bestand darin, dass die eingeimpften Pocken in der Regel mild und ungefährlich verliefen. In unzähligen Aufklärungsschriften verwiesen Ärzte darauf, dass die Mortalitätsrate bei den eingeimpften Pocken um ein Vielfaches geringer ausfalle als bei den sogenannten natürlichen Pocken. Eltern, die ihre Kinder impfen ließen, so lautete das Argument, verringerten damit die Wahrscheinlichkeit, dass sie an den Pocken sterben (vgl. Sonntag 2014: 148–185; 172–174). Aber auch wenn die durch die Impfung hervorgerufenen Pockenerkrankungen in den meisten Fällen mild verliefen, kam es in der Praxis doch immer wieder auch zu schweren Pockenverläufen im Anschluss an die Impfung, die zum Teil tödlich endeten. In der Wahrnehmung vieler Eltern blieb die Impfung daher ein lebensgefährlicher Eingriff, der mit vielen Ängsten und Vorbehalten verbunden war (vgl. Sonntag 2014: 49–60; Klebs 1914: 18).[14]

Die von Jenner entwickelte Kuhpockenimpfung stellte insofern eine deutliche Verbesserung dar. Sie bot erstmals einen effektiven und ungefährlichen Schutz vor den gefürchteten Pocken. Der Impfstoff für die Vakzination wurde Menschen entnommen, die sich beim Umgang mit dem Vieh mit den Kuhpocken infiziert hatten. Im Vergleich zu den Pocken stellten die Kuhpocken eine leichte Erkrankung dar, die mit wenig Unwohlsein sowie der Bildung weniger, lokal begrenzter Pockenpusteln verbunden war. Dennoch schützten die Kuhpocken sicher vor der Ansteckung

13 Die bloße Nennung der verschiedenen Langzeitschäden nimmt in einem zeitgenössischen Lehrbuch mehrere Seiten ein (vgl. Vogel 1794: 59–61).

14 Zeitgenössisch vgl. Vogel (1794: 125–126).

mit den Pocken.[15] Jenner war zwar nicht der Erste, der über die Möglichkeiten der Immunisierung durch die Kuhpocken berichtete.[16] Ihm war es aber erstmals gelungen, den Schutzeffekt zu belegen. In seiner mehr als zwanzigjährigen Forschung grenzte er die Kuhpocken eindeutig von anderen Viehkrankheiten ab. Er führte den Nachweis, dass sie für den Menschen ungefährlich sind, dass sie sicher vor den Pocken schützen und durch Impfung übertragen werden können. 1798 veröffentlichte er seine Ergebnisse in einer kaum 70 Seiten umfassenden Abhandlung, die er auf eigene Kosten in den Druck gegeben hatte. Der Titel dieser epochemachenden Schrift lautete *„An Inquiry into the Causes and Effects of The Variolae Vaccinae, A Disease Discovered In Some Of The Western Countries Of England, Particularly Glouchestershire, And Known By the Name Of The Cow Pox“*. Dieser Text bildete den Beginn einer umfangreichen Serie von Schriften, die in den folgenden Jahren erscheinen sollte. Jenner selbst widmete drei weitere Abhandlungen den Kuhpocken: die 1799 erschienenen *„Further Observations on the Variolae Vaccinae, or Cow Pox“*, die 1800 herausgegebene *„Continuation of Facts and Observations relative to the Variolae Vaccinae or Cow Pox“* und der 1801 veröffentlichte *„The Origin of the Vaccine Inoculation“*.

Im Anschluss an Jenner veröffentlichten auch die beiden Londoner Ärzte William Woodville und George Pearson vielbeachtete Abhandlungen zur Kuhpockenimpfung. Woodville war leitender Arzt am Londoner Pocken- und Impfhospital.[17] George Pearson praktizierte am St. George's Hospital, ebenfalls in London.[18] Beide hatten schon früher von Jenners Versuchen gehört und diese aufmerksam verfolgt (vgl. Bennett 2020: 68–70). Nachdem sie in der Umgebung Londons die Kuhpocken mit eigenen Augen beobachtet hatten, schlossen sie sich den Schlussfolgerungen Jenners an (vgl. Woodville 1799: 9–10 und 142–156). Noch im Herbst 1798, also im selben Jahr, in dem Jenners *„Inquiry“* erstmals erschienen war, legte Pearson eine *„Inquiry concerning the History of the Cowpox“* vor, in welcher er die Erfahrungen mehrerer englischer Ärzte zusammentrug (vgl. Pearson 1789). Woodville folgte wenig später mit einer umfassenden Versuchsreihe zu den Kuhpocken, die er am

---

15 Eine Beschreibung der Kuhpocken und ihrer Symptome lieferte Edward Jenner, der Entdecker der Kuhpockenimpfung (vgl. Jenner 1801: 1–2).

16 So findet sich beispielsweise in den Göttinger Allgemeinen Unterhaltungen bereits 1769 ein beiläufiger Hinweis auf die Schutzwirkung der Kuhpocken (vgl. Anonym 1769: 306–307); auf diesen Beitrag verweist bereits Kübler (1901: 144 –146), dort finden sich auch weitere Hinweise auf frühere Mitteilungen über die Kuhpocken; Bennett verweist auf englische Laien und Gelehrte, die schon vor Jenner die mögliche Schutzwirkung der Kuhpocken erprobt haben (vgl. Bennett 2020: 68–71).

17 Zu Woodville vgl. u. a. BBA, I, 1194, S. 375–376.

18 Zu Pearson vgl. u. a. BBA, I, 860, S. 128.

Londoner Pocken- und Impfhospital durchführte. 1799 erschienen diese *„Reports of a series of Inoculations for the Variolae Vaccinae"*.

Die Schriften Jenners, Pearsons und Woodvilles wurden recht bald auch übersetzt (WHO 1988: 262). Eine deutsche Übersetzung der im Juni 1798 erschienenen *„Inquiry"* wurde bereits im Mai des Folgejahres in den Druck gegeben (vgl. Jenner 1799: X). Auch die zweite Schrift Jenners, seine *„Further Observations"*, wurde binnen Jahresfrist übersetzt (vgl. Jenner 1800). Diese Ausgabe enthielt zudem einen deutschsprachigen Auszug aus Woodvilles *„Report"* (vgl. Woodville 1800: 76–112). Die *„Inquiry concerning the History of the Cowpox"* von Pearson erschien bereits im November 1799 in einer deutschen Version, also ebenfalls nur wenige Monate nach ihrer ersten Veröffentlichung in England.[19] Auch die gelehrten Zeitschriften informierten rasch über die Kuhpockenversuche in England und druckten Auszüge aus den genannten Schriften ab.[20] Das Wissen von der Vakzination wurde in Schriftform also schnell verbreitet und viel rezipiert. Es erreichte in Journalartikeln und Druckschriften in kurzer Zeit eine breite medizinisch interessierte Leserschaft.

Die Autoren dieser Schriften, allen voran Jenner, wollten die Leserschaft von den Vorteilen und der Gefahrlosigkeit der Kuhpockenimpfung überzeugen. Sie waren bemüht, sich eine möglichst große „Authenticität bei dem Publikum zu verschaffen" (Jenner 1799b: vi), wie es der Übersetzer von Jenners *„Inquiry"* zusammenfasste. Die Schriften waren also Teil der Überzeugungsstrategie. Sie waren auch so gestaltet, dass sie ihre Schlussfolgerungen durch den Verweis auf zahlreiche Beobachtungen belegten. In der Regel griffen die Autoren hierfür auf Krankengeschichten zurück, die das zentrale Medium für den Informationsaustausch unter

---

19 Übersetzer dieser Schrift war Johann Friedrich Küttlinger, vgl. Pearson (1800), zur Datierung der Drucklegung a. a. O., S. XII; neben den englischen Texten erschienen bald auch deutschsprachige Impfberichte, die hier aber der Kürze wegen übergangen werden.

20 Bereits im Oktober 1798 erschien ein erster Hinweis auf die Versuche Jenners in der Bibliothèque Britannique, einem Journal, welches sich zur Aufgabe gemacht hatte, englische Veröffentlichungen in französischen Übersetzungen abzudrucken. In den beiden folgenden Ausgaben des Journals, im November und Dezember 1798, wurde Jenners Abhandlung in Auszügen auf Französisch veröffentlicht (vgl. Jannetta 2007: 36–37). Die bedeutsamste deutschsprachige Fachzeitschrift war um 1800 Hufelands *„Journal der practischen Arzneykunde und Wundarzneykunst"*. Auch sie enthielt im letzten Quartal 1798 einen Beitrag, der über die von Jenner angestellten Versuche informierte. Autor war der Bergrat Scherer, der bereits im Juli 1798 per Brief über die Vakzinationen Jenners informiert worden war (vgl. Hufeland 1798: 907–909). 1799 findet sich immerhin ein Brief des englischen Arztes Thomas Beddoes abgedruckt, in welchem einige Zweifel an der Gefahrlosigkeit der Kuhpockenimpfung geäußert werden (vgl. Hufeland 1799: 168); im folgenden Jahr sind bereits die Schriften Jenners, Woodvilles und Pearsons in kurzen Konspekten zusammengefasst abgedruckt. Im selben Heft finden sich Erfahrungsberichte über Kuhpockenimpfungen in Wien, Hannover und Berlin (vgl. Hufeland 1800c: 163–198).

Ärzten waren (vgl. Geyer-Kordesch 1990). Jenner hatte seine Forschungsergebnisse 1798 beispielsweise in Form von 23 Fallgeschichten präsentiert, in welchen er unterschiedliche Fälle von Kuhpockenerkrankungen und anschließend inokulierten Pocken schilderte. Auch Woodville nutzte 200 Fallgeschichten, die er noch dazu statistisch auswertete und in tabellarischer Form gegenüberstellte, um damit die Schutzwirkung und Harmlosigkeit der Kuhpockenimpfung zu belegen (vgl. Woodville 1799: 16–136). Solche Krankengeschichten entstanden gemeinhin mittelbar aus den ärztlichen Notizen am Krankenbett, in denen die beobachteten Symptome, der Behandlungsverlauf und die gewählten Medikamente festgehalten wurden (vgl. Hess & Schlegelmilch 2016: 20–28). Als Resultat eines komplexen, vielstufigen Aufzeichnungssystems waren sie darauf ausgelegt, vollzogene Handlungen und beobachtete Ereignisse in Texte zu überführen.[21] Sie besaßen dadurch ein hohes Maß an Glaubwürdigkeit.

Die meisten Leserinnen und Leser blieben dennoch skeptisch gegenüber der behaupteten Schutzwirkung der Kuhpocken.[22] Das wird in unzähligen Quellen greifbar. Zweifel sind etwa von Jan Ingenhousz, dem berühmten Hofarzt Maria Theresias, überliefert, der sich unmittelbar nach dem Erscheinen von Jenners „*Inquiry*“ brieflich an seinen englischen Kollegen wandte und seine Skepsis an der Zuverlässigkeit des Impfschutzes ausdrückte.[23] Auch in den tagebuchartigen Kalendernotizen des Berliner Arztes Ernst Ludwig Heim haben sich die Zweifel mancher Kollegen niedergeschlagen, so zum Beispiel, als er im Sommer 1801 die Schlesischen Heilbäder besuchte. Über seinen Aufenthalt in Breslau (Wrocław) notierte er: „Von den Kuhpocken ist viel gesprochen worden. Mogalla ist dagegen.“[24] Damit war der Chirurg und Oberbergarzt Georg Philipp Mogalla gemeint, der seit 1800 auch der lokalen Gesundheitsbehörde angehörte, dem Breslauer Medicinal- und Sanitätscollegium.[25] Um zu verstehen, weshalb Jenner und seine Mitstreiter in dieser Situation begannen, freigebig Vakzinpräparate zu verteilen, um ihre Ansichten zu verbreiten, ist es notwendig, kurz einige Gründe für die begrenzte Überzeugungskraft der Texte zu nennen.

21 Hess und Schlegelmilch schreiben von einem „Multistaged Recording System“, wie es für ärztliche Aufschriebe typisch war. Die Fallbeschreibungen waren ein mögliches Resultat, aber nicht das Ziel dieser Aufzeichnungssysteme, sie dienten vielmehr zur Bewältigung des medizinischen Alltags (vgl. Hess & Schlegelmilch 2016: besonders 25–27 und 33–35).

22 Die zögerliche Aufnahme von Jenners Text ist mehrfach beschrieben worden, zuletzt von Michael Bennett (vgl. Bennett 2020: 98–102).

23 Der Brief vom 12.10.1798 ist ediert überliefert bei Baron (1827: 291–293).

24 SBB, Ms. Boruss. Qu. 454 [Schreibkalender Ernst L. Heims für 1801], S. 18, Eintrag vom 24.7.1801.

25 Vgl. DBA, I, 0852, S. 450–451.

2 Begrenzte Überzeugungskraft der Schriften

Die Ursachen dafür, dass viele Menschen trotz der mobilisierten Krankengeschichten und Erfahrungsberichte skeptisch blieben, sind vielfältig. Ein wesentlicher Punkt war, dass die Kuhpockenimpfung im Widerspruch zu den ätiologischen Erklärungen der Pocken stand. Die Mehrheit der Mediziner ging am Ende des 18. Jahrhunderts davon aus, dass die Pocken durch die Ansteckung mit einem Gift verursacht würden. Lateinisch wurde das krank machende Gift als Virus bezeichnet. Der moderne Virusbegriff wurzelt in diesem Sprachgebrauch (vgl. Hess 1994). Vor dem Hintergrund war es unverständlich, weshalb eine harmlose Krankheit wie die Kuhpocken vor dem wesentlich gefährlicheren Pockenvirus schützen sollte.[26] Zweifel dieser Art werden an mehreren Stellen deutlich, besonders aber in einem der ersten deutschsprachigen Vakzinationsberichte, den die beiden Hannoveraner Ärzte Georg Friedrich Ballhorn und Christian Friedrich Stromeyer veröffentlichten. Darin ist zu lesen:

> Man kann sich nicht theoretisch vorstellen, dass eine so leichte, so gefahrlose Krankheit, wie die Kuhpocken sind, die wirklichen Blattern – diese oft so heftige, so tödliche Krankheit – ersetzen könne! Die Zweifler fordern deswegen eine längere Erfahrung [...]. Wir haben darauf nur zu antworten, dass diese Erfahrungen bereits gemacht und in den Jennerschen Schriften aufgezeichnet sind. Die Erfahrung ist nun aber auch hier der Theorie entgegen.
> (Ballhorn & Stromeyer 1800a: 117)

Ballhorn und Stromeyer verwiesen damit zwar auf die von Jenner verschriftlichten Erfahrungen, betonten aber auch, dass diese Erfahrungen im Widerspruch zur gängigen Ätiologie der Pocken stünden. Ohne einen solchen Widerspruch mögen die ausführlich geschilderten Beobachtungen Jenners genügt haben, zumindest einige seiner Kollegen zur Nachahmung seiner Versuche anzuregen. So aber waren sie zu unwahrscheinlich. Jenners Schlussfolgerungen waren nicht plausibel genug, sodass viele Leserinnen und Leser eher davon ausgingen, dass seine Ergebnisse auf Fehler und Ungenauigkeiten zurückzuführen seien.[27]

---

26 Auf diese Zweifel geht Johann de Carro ausführlich ein (vgl. Carro 1802: 135–137).

27 Das zeigt sich beispielsweise in einer an Jenner adressierten Druckschrift von William Fermor. 1800 schrieb er rückblickend an Jenner: „Your own very valuable dissertations upon this complaint, and of its preventive powers against the contagion of the small-pox, ought to be sufficient, I apprehend, to convince every one [...]. But so suspicious are men in general of the prejudices, which may arise in the most candid and enlightened mind in favour of any important discoveries made by the publisher of them, that we are afraid in general to take almost any thing upon trust, [...]" (Fermor 1800: 12).

Dieser Schluss lag umso mehr nahe, als Jenner nicht der Erste war, der behauptete, ein sicheres und harmloses Mittel gegen die Pocken gefunden zu haben. Im 18. Jahrhundert traten immer wieder Ärzte auf, die meinten, sie wüssten ein verlässliches Heil- oder Verhütungsmittel. Ähnlich wie Jenner beriefen sich auch die Vertreter anderer Immunisierungsverfahren auf eigene Beobachtungen und Experimente.[28] Viele Hoffnungen weckten im letzten Drittel des Jahrhunderts beispielsweise die Versuche, von denen Ulrich Christoph Salchow berichtete, der Landphysikus im Süderdithmarschen, im heutigen Schleswig-Holstein. Salchow hatte in den 1760er-Jahren mehr als 260 Neugeborenen die Nabelschnur vom Kind zum Mutterkuchen hin ausstreichen lassen und glaubte so, die Neugeborenen vor den Pocken geschützt zu haben. Keines der Kinder sei zwischen 1769 und 1771 an den Pocken erkrankt, obwohl damals heftige Epidemien grassierten (vgl. Salchow 1777: 231–232). Mehrere namhafte Ärzte wiederholten die Versuche, mal mit mehr, mal mit weniger Erfolg. Weil die Berichte so widersprüchlich waren, forderte noch 1794 der Rostocker Medizinprofessor Samuel Gottlieb Vogel, „diese Sache durch alle möglichen Versuche aufs genaueste zu prüfen".[29] Letztlich erwies sich das Ausschaben der Nabelschnur als vergeblicher Immunisierungsversuch, der den hochtragenden Erwartungen nicht gerecht werden konnte.

Auf einer rein textlichen Ebene unterschieden sich die Behauptungen Jenners wenig von der Darstellung Salchows. Für die Leserinnen und Leser war nicht ersichtlich, inwieweit Jenner eher zu glauben war. Textlich ließen sich die Zweifel an der Redlichkeit und Gewissenhaftigkeit Jenners nicht beseitigen, die umso schwerer wogen, da Jenners Schlussfolgerungen im Widerspruch zur verbreiteten Ätiologie standen. Schon an dieser Stelle wird deutlich, warum Jenner und seine Mitstreiter sich zunächst dagegen entschieden, die Vakzinproben zu verkaufen. Der Verkauf hätte eine zusätzliche Barriere bedeutet. Warum sollten Ärzte, die mögliche Risiken fürchteten, Geld für einen Impfstoff aufwenden, an deren Wirksamkeit sie zweifelten? Vermutlich hätten kaum Ärzte den Impfstoff erworben. Viele hätten Jenner als Scharlatan abgetan. Über die unentgeltliche und unaufgeforderte Zusendung konnte Jenner diese Hürde übergehen.

28 Eine Übersicht über die populärsten Präventions- und Heilmittel des 18. Jahrhunderts lieferte 1796 etwa der Breslauer Arzt Elias Henschel (vgl. Henschel 1796: 66–107).

29 Vogel (1794: 5–6), Fußnote i, dort findet sich auch eine Übersicht zu verschiedenen Berichten und Urteilen über das Ausschaben der Nabelschnur.

3 Überzeugen durch Demonstration

Jenner war diese begrenzte Überzeugungskraft der rein schriftlichen Argumentation bewusst. Deshalb hatte er 1798, als er nach London reiste, um sein Manuskript drucken zu lassen, auch Proben seines Vakzins im Gepäck. Er wollte in London die Impfung vor Zuschauenden wiederholen, um auf diese Weise die Legitimität seiner Schlussfolgerungen zu demonstrieren. Allerdings konnte er trotz intensiver Bemühungen kein Londoner Elternpaar finden, welches bereit war, eines seiner Kinder mit den Kuhpocken impfen zu lassen (vgl. Baron 1827: 149–150). Jenner musste London unverrichteter Dinge verlassen. Seine Vakzinprobe übergab er einem guten Freund, dem Arzt am St. Thomas Hospital, Henry Cline, der das Vakzin einige Wochen später für eine andere medizinische Behandlung verwendete (vgl. Baron 1827: 150).

Jenner beabsichtigte also, durch die demonstrative Reproduktion seiner Forschungsergebnisse andere von dem Nutzen der Vakzination zu überzeugen. In der gleichen Absicht verschickte er Vakzinproben. Das wird etwa in Bezug auf die Einführung der Vakzination in Edinburgh deutlich. Dort studierte Matthew Tierney Medizin, der Jenner bei seinen ersten Vakzinversuchen assistiert hatte. Als Jenner davon erfuhr, dass Tierney sich in Edinburgh aufhielt, schrieb er an einen Freund:

> Would Tierney like to have a little virus, that the cow-pox inoculation may be set going under his own eye at Edinburgh? I should be happy to furnish him. [...] A very little attention would place the practice in its proper light in Edinburgh, a thing devoutly to be wished.
>
> (Baron 1827: 375–376)

Jenner war demnach bereit, Impfstoffpräparate zu verschicken, weil er glaubte, damit zu einer Neubewertung der Vakzination in Edinburgh beitragen zu können, etwas, was er ausdrücklich wünschte. Mit ähnlichen Motiven schickte er etwa zur selben Zeit auch Impfstoffpräparate ins englische Petworth. Dort hatten verunreinigte Vakzinpräparate von Pearson und Woodville die Zweifel an der Vakzination bekräftigt. Um diese Zweifel zu entkräften, schickte Jenner einige Proben seines eigenen Impfstoffes. Später urteilte er, „the matter [....] has dissipated all doubts and prejudices, [...] from the minds of the people“.[30] Der Impfstoff, den er dorthin schickte, habe also überzeugt. In derartigen Aussagen wird die Verteilung des Vakzins als Teil einer Strategie erkennbar, die darauf abzielte, Vorbehalte gegen die Kuhpocken abzubauen.

---

30 Brief von Edward Jenner an Edward Gardner, o. O., Dezember 1799 zitiert nach Baron (1827: 346–347).

In Edinburgh und Petworth waren die Empfänger Ärzte, die Jenner kannte und denen er vertraute. Hier konnte er sich darauf verlassen, dass sie das Vakzin ordnungsgemäß anwenden würden. Die meisten Vakzinproben wurden jedoch an Ärzte geschickt, mit denen die Geber weniger vertraut waren. Auch in solchen Fällen bestand das Hauptmotiv darin, die Empfänger dazu zu bewegen, die Versuche Jenners mit dem überschickten Impfstoff zu wiederholen. Die Empfänger sollten sich mit eigenen Augen von der Zuverlässigkeit von Jenners Behauptungen überzeugen können. Auch das geht aus zahlreichen Aussagen hervor. So schickte Jenner beispielsweise Vakzinproben nach Berlin, weil es für ihn besonders befriedigend wäre, „to see the vaccine disease introduced at Berlin“[31], wie er schrieb. Bezeichnend sind auch die Worte des Wiener Arztes Johann de Carro, der unter anderem von Pearson Impfstoffproben erhalten hatte. Er schreibt: „Er [=Pearson] schickte die mit Kuhpockenstoff angefüllten Fäden in alle vier Theile der Welt, die jeden Arzt im Stande setzten, sich von den Vortheilen dieser Methode zu überzeugen.“ (Carro 1802: 20–21). Ein Ziel war es also, mit den Vakzintransfers die Empfänger in die Lage zu versetzen, die Vakzination nachzuvollziehen und sich so von der Schutzwirkung der Kuhpocken zu überzeugen.

4 Das mobilisierende Moment

Aus dieser Zielrichtung folgte jedoch noch nicht, dass die empfangenden Ärzte das Vakzin auch tatsächlich im Sinne der Absender einsetzten. Hier gilt es zu bedenken, dass der Anwendung des Impfstoffes oft mit viel Skepsis und Vorbehalt begegnet wurde. Die Erprobung war zudem mit viel Aufwand verbunden. Eine große Schwierigkeit bestand etwa darin, Eltern zu finden, die bereit waren, ihr Kind mit dem bisher unbekannten Vakzin impfen zu lassen. Schon bei der Inokulation war die Impfbereitschaft eher gering. Die Gefahren, die mit der Einimpfung der Pocken verbunden waren, die Kosten der ärztlichen Behandlung und religiöse Skrupel hielten viele davon ab, sich oder ihre Kinder inokulieren zu lassen.[32] Bei der Vakzination kamen neue Vorbehalte hinzu. Einen Eindruck von den Bedenken, die in der Londoner Bevölkerung kursierten, gibt Pearson in einem Brief an Jenner. Er schreibt:

---

31 Brief von Edward Jenner an Mrs. Walker, o. O., o. D. zitiert nach Baron (1827: 348–349).

32 Zu den Aufklärungskampagnen grundlegend Sonntag (2014); zu den Vorbehalten dort besonders S. 49–58.

> You cannot imagine how fastidious the people are with regard to this business of the cow-pox. One says it is very filthy and nasty to derive it from the sore heel of horses![33] Another, O my God, we shall introduce the diseases of animals among us, and we have too many already of our own! A third sapient jet say it is a strange odd kind of business, and they know not what to think of it! All this I hear very quietly, and recollect that a still more unfavourable reception was experienced by the inoculation for the small-pox.[34]

Vorbehalte dieser Art haben die Suche nach impfbereiten Eltern erschwert. Hinzukam, dass die Initiative für die Impfung in der Regel von den Eltern eines Kindes ausging. Sie entschieden sich, ihr Kind impfen zu lassen, und suchten sich einen Arzt, der die Prozedur vornahm (vgl. Lachmund & Stollberg 1995: 132–134). Für die impfinteressierten Ärzte, die die Vakzination probieren wollten, folgte daraus, dass sie zunächst ein impfbereites Elternpaar finden mussten. Dieses Elternpaar galt es dann, davon zu überzeugen, der Verwendung eines unbekannten und möglicherweise gefährlichen Impfstoffs zuzustimmen.

Die Mittel und Wege, wie die Ärzte hierbei vorgingen, waren vermutlich stets verschieden. In jedem Fall war das Finden von impfwilligen Eltern mit viel persönlichem Einsatz und großem Aufwand verbunden. Angesichts dieser Schwierigkeiten ist es keine Selbstverständlichkeit, dass die Ärzte, denen das Vakzin zugeschickt wurde, dieses auch tatsächlich einsetzten. Vor allem angesichts der Skrupel und Ängste, die auch unter Ärzten verbreitet waren.[35] Die bloße Verfügbarmachung des Impfstoffes genügte also nicht, um die Ärzte zu einer Erprobung der Vakzination zu bewegen. Auf diesen Punkt kommt es hier an. Denn in der Forschung entsteht oft der Eindruck, es hätte vielfach nur an der Gelegenheit gefehlt, die Vakzination zu erproben. Ich gehe davon aus, dass die Zweifel und Vorbehalte bei vielen Ärzten derart groß waren, dass sie die Vakzination auch dann nicht erprobt hätten, wenn geeigneter Impfstoff vorhanden gewesen wäre. In Wien beispielsweise hielten die Bedenken die Ärzte am Allgemeinen Krankenhaus davon ab, Versuchen mit den Kuhpocken zuzustimmen, obwohl zu dieser Zeit bereits Vakzin verfügbar war und einige Ärzte in der Stadt erfolgreiche Vakzinationen vorgenommen hatten (vgl. Ferro 1802: 38).

---

33 Jenner hatte vermutet, dass die Kuhpocken ursprünglich eine Krankheit der Pferde seien, welche durch Reitknechte, die auch Kühe betreuen, auf das Rindvieh übertragen werde (vgl. Jenner 1798: 2–6).

34 Brief von George Pearson an Edward Jenner, London den 13.11.1798 zitiert nach Baron (1827: 305–306).

35 Nicht immer war eine Erprobung an den eigenen Kindern auch möglich. Denn bei Kindern, die die Pocken bereits durchlaufen hatten oder aber mit ihnen inokuliert worden waren, ließ sich die immunisierende Wirkung der Vakzination nicht prüfen. Sie waren durch die überstandenen Pocken bereits immunisiert.

Jenseits des Vorhandenseins der Impfstoffe bedurfte es also eines weiteren, mobilisierenden Elementes, welches sich ganz wesentlich aus der Tatsache ergab, dass Jenner und seine Mitstreiter die Präparate kostenfrei verschickten. Um das zu zeigen, soll der Erkenntnisweg des Berliner Arztes Ernst Ludwig Heim nachvollzogen werden. Heim war der erste Arzt, der in Berlin erfolgreich eine Vakzination durchführte. Der Impfstoff hierfür war ihm von Jenner geschickt worden. Es handelt sich um die bereits erwähnte Impfstofflieferung nach Berlin. An dem Beispiel Heims lassen sich die Wirkweisen der Impfstofftransfers besonders gut nachvollziehen, da sich von ihm tagebuchartige Aufzeichnungen, umfangreiche Korrespondenzregister und zahlreiche Briefe erhalten haben, die Einblick in seine Erkenntniswege und Überlegungen erlauben.[36]

Aus diesen Aufzeichnungen geht hervor, dass Heim, wie die meisten seiner Mitmenschen, zunächst äußerst skeptisch war, was die Wirksamkeit, Verlässlichkeit und Harmlosigkeit der Kuhpockenimpfung betraf. In einem Brief an einen befreundeten Arzt in Lüneburg schrieb er rückblickend: „Ich hielt von der Kuhpockeninoculation sonst nicht viel und war misstrauisch dagegen [...].“[37] Es darf an dieser Stelle vermutet werden, dass Heim aus eigenem Bestreben keine Anstrengungen unternommen hätte, um die Vakzination zu erproben. Hinderlich mögen auch die negativen Erfahrungen gewesen sein, die er mit der Inokulation gemacht hatte. 1791 war ein von ihm geimpftes Mädchen an den Pocken verstorben, woraufhin Heim seine Impftätigkeit in den folgenden Jahren deutlich einschränkte.[38] Er war vorsichtiger geworden. Weshalb sollte er nun ein Impfverfahren erproben, von dem er überzeugt war, dass es nicht wirken werde, und welches möglicherweise gefährlich war? Ganz sicher hätte er sich nicht an Jenner gewandt, um Impfstoff zu erbitten, noch weniger hätte er den Impfstoff käuflich erworben.

Die Situation änderte sich für ihn, als er im Dezember 1799 von einer seiner wichtigsten Patientinnen, der Fürstin Radziwill,[39] unaufgefordert Vakzinproben

---

36 Einen nicht vollständigen Überblick zur Überlieferungslage bietet Wolfram Körner, der Auszüge aus den Kalendern ediert veröffentlichte (vgl. Körner 1989: 379–383), neben den von Körner erwähnten Quellen finden sich v. a. im Landesarchiv Berlin sowie der Staats- und Universitätsbibliothek zu Göttingen weitere Konvolute mit Briefen und Dokumenten aus dem Nachlass Heims.

37 Brief von Ernst L. Heim an Dr. Fischer, o. O., o. D. zitiert nach Hufeland (1800a: 187–188).

38 Vgl. SBB, Ms. Boruss. Qu. 443 [Schreibkalender Ernst L. Heims für 1791], S. 19, Eintrag vom 29.04.1791; nach diesem Vorfall sind in den Schreibkalendern Heims keine weiteren Inokulationen mehr verzeichnet.

39 Heim kannte die Fürstin seit ihrer Kindheit. Seit 1778 war er Hofarzt am Hof des Prinzen Ferdinand von Preußen, ihres Vaters (vgl. SBB, Ms. Boruss. Qu. 435 [Schreibkalender Ernst L. Heims

erhielt. Die Fürstin wiederum hatte das Vakzin über zwei unterschiedliche Quellen bezogen. Zum einen ließ sie über Bekannte bei Jenner anfragen, ob er ihr Vakzin liefern könne. Jenner schickte ihr daraufhin umgehend Vakzinproben und eine Kopie seiner Abhandlung – es ist dies die bereits erwähnte Impfstofflieferung nach Berlin (vgl. Baron 1827: 348). Offenbar unabhängig davon bemühte sich zur gleichen Zeit auch die Großcousine der Fürstin, Friederike von Preußen, die Herzogin von York in London, um Vakzinproben (vgl. Bremer 1804: 5). Über ihren Ehemann, der Schirmherr des Londoner Impfhospitals war, erhielt sie Impfstoff von Pearson, den sie an Luise von Radziwill schickte (vgl. Bremer 1804: 5).[40] Den beiden Prinzessinnen kommt damit eine Schlüsselrolle bei der Besorgung des Vakzins zu. Von ihnen ging die Initiative aus, die Vakzination auch in Berlin zu erproben. Nur am Rande sei erwähnt, dass sich hier exemplarisch die Bedeutung von Frauen für die Verbreitung und Durchsetzung der Vakzination zeigt. Schon damals wurde beobachtet, dass es oft einflussreiche, adelige Frauen waren, die die Ärzte in ihrer Umgebung dazu veranlassten, die neue Impfmethode zu erproben.[41]

Angesichts ihres Interesses an der Vakzination kann vermutet werden, dass die Fürstin die Weitergabe des Vakzins mit dem ausdrücklichen Wunsch verband, dass Heim die Impfung probieren solle. Als ihr Leibarzt stand Heim in einem gewissen

---

für 1778], S. 32, Eintrag vom 5.10.1778). Vermutlich war er nach der Eheschließung der Fürstin im März 1796 auch ihr Leibarzt geworden. Behandlungen bei der Fürstin sind erstmals 1797 notiert, als Heim bei der Entbindung ihrer ersten Tochter gegenwärtig war (vgl. SBB, Ms. Boruss. Qu. 450 [Schreibkalender Ernst L. Heims für 1797], S. 12, Eintrag vom 19.3.1797); Hofarzt bei einem Mitglied der Königsfamilie zu sein, steigerte das Ansehen eines Arztes und begünstigte seine Position auf dem umkämpften Gesundheitsmarkt. So notierte Heim 1787: „Das mir der Prinz Ferdinand den Hofratstitel gegeben, ist mir in so fern [...] lieb gewesen, weil er mir bei den gemeinen Leuten, und bei Leuten von der großen Welt mehrere Achtung verschafft" (SBB, Ms. Boruss. Qu. 450 [Schreibkalender Ernst L. Heims für 1797], S. 13); zur Bedeutung adliger Patientinnen und Patienten vgl. auch Huerkamp 1985: 27–28).

40 Zur Schirmherrschaft vgl. Hartung (2002: 18).

41 Der Freund und Biograf Jenners, John Baron, betont die Rolle der Frauen bei der Ausbreitung der Vakzination, als Beispiel nennt er eine Lady Peyton, „who by personal efforts, stimulated the professional gentleman in her neigbourhood to adopt vaccination" (Baron 1827: 329); ein weiteres Beispiel ist die Gräfin Ludwika Maria Zamoyska, die Schwester von Stanisław Poniatowski, dem letzten König von Polen. Sie hielt sich nach der dritten polnischen Teilung in Wien auf, wo sie Johann de Carro um Vakzin bat, welches sie ihrer Tochter Urszula, der Gräfin v. Mniezech, schickte. Diese übergab das Vakzin an ihren Arzt, der damit Vakzinationsversuche auf ihrem Gut in Wiśnowiec anstellte (vgl. Carro 1802: 17, Fußnote a).

Abhängigkeitsverhältnis zu ihr.[42] Es war für ihn wichtig, die Gunst der Fürstin nicht zu verlieren. Darüber hinaus war er aber auch mit ihr und ihrer Familie befreundet.[43] Es bestand also eine komplexe Beziehung zwischen Geberin und Empfänger, die wirtschaftliche wie soziale Aspekte berührte. Um die Freundschaft nicht zu gefährden und damit eine wichtige Klientin zu verlieren, war Heim angehalten, das empfangene Geschenk im Sinne der Geberin zu verwenden, auch wenn er an der Wirksamkeit der Impfung zweifelte.

Es muss an dieser Stelle nicht irritieren, dass Heim hier eher in einem professionell-freundschaftlichen Verhältnis agiert, das mehr der bürgerlichen oder höfischen Schenkkultur zuzuordnen ist als der gelehrten Schenkpraxis. Ähnlich komplexe Beziehungen bestanden auch unter Gelehrten, die untereinander Dinge und Gefälligkeiten im Modus des Schenkens austauschten und dabei oft Dritte einbanden. In der Praxis überlagerten sich die verschiedenen Sphären des Austausches zudem vielfach, was sich unter anderem daran zeigt, dass der Transfer gelehrter Güter immer wieder auch mit der Schenkung von Lebensmitteln, alltäglichen Gebrauchsgütern und Gefälligkeiten verwoben war (vgl. Kühn 2011: 56–58).

Ungeachtet seiner Verpflichtung gegenüber der Fürstin blieb Heim skeptisch in Bezug auf die Vakzination, was sich daran ablesen lässt, dass er den Impfstoff zwar einsetzte, aber aus den Kuhpocken, die sich bei den Impflingen bildeten, keinen Eiter für zukünftige Impfungen entnahm. Der spätere Arzt am Berliner Pockenhospital, Johann Immanuel Bremer, führte diesen Umstand rückblickend direkt auf Heims Zweifel zurück. Er ging davon aus, dass Heim derart davon überzeugt war, dass der Versuch scheitern würde, dass er es nicht für nötig erachtete, Lymphe für spätere Impfungen sicherzustellen (vgl. Bremer 1804: 7). Trotz seiner Zweifel

42 Die Abhängigkeit der Ärzte von ihren Klientinnen und Klienten ist in der medizinhistorischen Forschung oft herausgearbeitet worden. Das Arzt-Patienten-Verhältnis wurde als Klientelbeziehung bezeichnet (vgl. u. a. Huerkamp 1985: 28). Jüngere Arbeiten haben diesen Eindruck insbesondere dadurch relativiert, dass sie darauf verwiesen, dass Ärzte im letzten Drittel des 18. Jahrhunderts bereits eine breite Patientenbasis hatten. Viele ihrer Patientinnen und Patienten hatten einen niedrigeren gesellschaftlichen Rang, weshalb der Arzt oft mit einer gewissen Autorität auftreten konnte (vgl. u. a. Baschin, Dietrich-Daum, Ritzmann 2016). Im Fall Heims und der Fürstin Radziwill scheint eher ein Klientelverhältnis bestanden zu haben, welches auch auf dem Standesunterschied beruhte.

43 Das freundschaftliche Verhältnis von Heim zu Luise v. Radziwill geht aus mehreren Kalendereinträgen Heims hervor, besonders vielsagend ist eine Notiz von 1830, als Heim notierte: „Der Prinzeßin Louise v. Radziwill, die ich in 8 Jahren nicht gesehen hatte[,] einen Besuch abgestattet. Die Fürstin, Mann und Tochter Elise waren über unser Wiedersehen so gerührt, daß wir alle Thränen in den Augen hatten, […]. Diese ganze Familie sehe ich so an, als wenn sie zur meinigen gehörten" (SBB, Ms. Boruss. Qu. 492 [Schreibkalender Ernst L. Heims für 1830], S. 58, Eintrag vom 10.10.1830).

bemühte sich Heim darum, Kandidatinnen oder Kandidaten für die Impfung zu finden. Es dauerte mehr als einen Monat, bis Heim impfbereite Eltern fand. Am 1.2.1800 impfte er drei Kinder des Stahlfabrikanten Voigt. Heim berichtete, dass der erste Impfversuch nur bei einem der Kinder glückte. Auch im zweiten Anlauf gelang nur eine der beiden verbleibenden Impfungen. Als in der Folge das dritte, ungeimpfte Kind die Pocken bekam und die beiden vakzinierten Kinder keine Symptome zeigten, obwohl sie zum Teil mit dem kranken Kind das Bett teilten, änderte Heim seine Ansicht über die Kuhpocken.[44] Bremer erinnerte sich 1804, dass diese Erfahrung „bei Herrn Geh. Rath Heim ein günstiges Vorurtheil für alles das Gute, was Jenner von seiner Entdeckung rühmte," (Bremer 1804: 7) erweckt habe.

Bezeichnend ist nun, dass Heim die Schrift Jenners zu diesem Zeitpunkt noch gar nicht gelesen hatte, obwohl ihm die *„Inquiry"* gemeinsam mit dem Impfstoff übergeben wurde. Erst ein halbes Jahr nach seiner ersten Impfung notierte Heim im Juni 1800: „D. Jenners Schriften von der Kuhpokken Inoculation mit dem größten Vergnügen gelesen. Der Name dieses Mannes wird allen jezzigen u. künftigen Ärzten theuer sein."[45] Die späte Lektüre verdeutlicht abermals, dass es nicht die Abhandlungen Jenners waren, die das Umdenken Heims veranlassten. Sie standen jedenfalls nicht am Anfang seiner Neubewertung der Vakzination. Entscheidend waren einerseits die Vakzinpräparate und die ihnen inhärente Möglichkeit, Jenners Beobachtungen nachzuvollziehen. Diese allein genügten aber nicht, um bei Heim eine Erprobung und Neubewertung anzustoßen. Ausschlaggebend war vielmehr, dass er die Präparate von einer wichtigen Gönnerin im Modus des Schenkens erhielt. Dadurch waren die Präparate mit moralischen Verpflichtungen verknüpft, die Heim zur Erprobung motivierten. Für das Umdenken Heims war es entscheidend, dass er die Vakzine geschenkt bekam. Er hätte aus eigenem Antrieb keinen Impfstoff besorgt und vorhandene Vakzine in Berlin sicher nicht eingesetzt. Seine Skepsis war zu groß.

Heim war nicht der Einzige, der durch unaufgefordert empfangene Impfstoffgeschenke zu einer Erprobung angeregt wurde. In zeitgenössischen Impfberichten finden sich zahlreiche Hinweise, die zeigen, dass auch andere Ärzte erst durch freigebige Vakzintransfers zur Erprobung der Kuhpockenimpfung veranlasst

44 Über die Geschehnisse berichtet ausführlich Bremer (vgl. Bremer 1804: 5–7.); dass es die fehlende Ansteckung war, die Heim überzeugte, geht aus einem Brief an D. Fischer in Lüneburg hervor. Darin schreibt Heim: „Ja, ich liess die Schwester, während ihr Bruder die Kinderpocken hatte, die ganze Zeit über beständig bey ihm in einem Bette schlafen – allein, wie gesagt, sie bekam die Pocken nicht – so, dass ich mich nun überzeugen kann, dass die überstandene Kuhpockenkrankheit gegen die Ansteckung der Kinderpocken sichert" (Brief von Ernst L. Heim an Dr. Fischer, o. O., o. D. zitiert nach Hufeland 1800a: 187–188).

45 SBB, Ms. Boruss. Qu. 450 [Schreibkalender Ernst L. Heims für 1800], S. 27, Eintrag vom 26.6.1800.

wurden.[46] Überliefert ist etwa, dass den Wiener Ärzten Johann de Carro und Johann Pascal Ferro das Vakzin für ihre ersten Impfungen freigebig überreicht wurde, jedoch verbunden mit der Aufforderung, es zu erproben (vgl. Ferro 1800: 129). Ferro impfte daraufhin seine Kinder mit dem Vakzin, um die Wirkung zu testen. Der Verlauf der eingeimpften Kuhpocken wurde genau beobachtet (vgl. Ferro 1802: 28). Am Ende des Versuchs urteilte Ferro, dass diese Versuche für ihn „sehr lehrreich" gewesen seien, denn „[sie] bestätigten viele Angaben des Dr. Jenners" (Ferro 1802: 30).

Auch die beiden Hannoveraner Ärzte Georg Friedrich Ballhorn und Christian Friedrich Stromeyer, die später so großflächig Kuhpockenpräparate verschenkten, erhielten ihren ersten Impfstoff unaufgefordert geschenkt. Sie waren vermutlich unter den zahlreichen Ärzten, die von Woodville und Pearson Impfstoffproben erhielten.[47] Nachdem sie mehrere Impfungen mit diesem Vakzin vorgenommen hatten, die die Ergebnisse Jenners weitgehend bestätigten, verschickten sie ihrerseits Hunderte Vakzinproben kostenfrei an deutsche Kollegen. Einer dieser Kollegen war Christoph Wilhelm Hufeland, der damals noch in Jena tätig war. Auch er wurde erst durch das aus Hannover überschickte Vakzin dazu veranlasst, die Vakzination zu probieren. Im Anschluss konnte auch er feststellen, dass die durch die Impfung hervorgerufenen Symptome in der „von den Schriftstellern [angegebenen] Weise" (Hufeland 1800b: 152) auftraten. Die Liste der Beispiele ließe sich beliebig verlängern.

Sicher, die moralischen Verpflichtungen, denen sich Heim gegenübersah, können nicht ohne Weiteres auf die genannten Fälle übertragen werden. In jedem einzelnen Fall müssten die Beziehungsgefüge genauer untersucht werden, über die die Transfers abgewickelt wurden. Dennoch scheint es mir naheliegend, dass über die freigebige Weitergabe immer auch moralische Verpflichtungen transportiert wurden, die letztlich zur Erprobung motivierten. Insofern war es entscheidend, dass

46 Weitere Hinweise auf die motivierende Wirkung der Vakzingeschenke finden sich etwa in einer *„Geschichte der Kuhpockenimpfung in der Türkei, in Griechenland, in der Moldau, in Ostindien, und in Persien"*, die 1804 von Johann de Carro veröffentlicht wurde. Carro beschreibt darin, wie Vakzinproben nach Konstantinopel, Bagdad, auf die griechischen Inseln und andere Erdteile gelangt sind. Das Vakzin ist dabei in aller Regel von ihm kostenfrei als Geschenk verschickt worden. Auffällig oft ging die Initiative – ähnlich wie bei Heim – dabei von Diplomaten und hochrangigen Adligen aus, die die Vakzination in ihrem Umfeld bekannt machen wollten. Sie ließen Vakzin aus Wien kommen und gaben dies an ihre Ärzte, die damit erste Impfungen vornehmen sollten (vgl. Carro 1804).

47 Das legt die zeitliche Nähe nahe. Nach eigenen Angaben hatten sie ihr erstes Vakzin im Frühjahr 1799 aus England zugeschickt bekommen, zu eben jener Zeit, in der Pearson Hunderte Lanzetten verschickte (vgl. Ballhorn & Stromeyer: 1800b: 211–213).

die Vakzine als ein Gut in einem freigebigen Austausch zirkulierten und nicht als kommerzielle Ware feilgeboten wurden.

5 Impfstoffgeschenke als brieflich-materielle Komposita

Das einfache Übersenden von Baumwollfäden, die mit Kuhpockeneiter getränkt waren, genügte jedoch nicht, um die Empfänger zur Wiederholung von Jenners Impfversuchen zu befähigen. Damit die Impfung gelang, mussten eine Vielzahl von Faktoren berücksichtigt werden. Entscheidend war etwa die Tiefe der Impfwunde. Sie durfte nicht zu flach sein, damit der Impfstoff richtig eindringen konnte, sollte aber auch nicht zu tief geraten, damit der Impfstoff durch das austretende Blut nicht herausgespült wurde. Auch der präparierte Impfstoff musste auf je eigene Art und Weise behandelt und vorbereitet werden, damit die Impfung gelang.[48] Für den Transport und die Lagerung wurde Eiter aus den Kuhpockenpusteln eines an den Kuhpocken erkrankten Menschen entnommen, auf eine Lanzette, Nadel oder ein Glasplättchen gestrichen und anschließend an der Luft getrocknet. Alternativ wurden Baumwollfäden durch die Pocken gezogen, bis sie mit Eiter getränkt waren. Auch diese Fäden wurden an der Luft oder über einer Wärmequelle getrocknet. Für die Impfung musste der derart konservierte Impfstoff entweder durch Wasserdampf, Spucke oder einen Tropfen Wasser wieder verflüssigt und in die Impfwunde gestrichen werden, wobei darauf zu achten war, dass der Eiter nicht zu sehr verdünnt wurde. Die Fäden wurden in kleine Stückchen geschnitten, die direkt in die Wunde gelegt werden konnten (vgl. Rusnock 2009).[49]

All das erforderte Fingerspitzengefühl und eine gewisse Erfahrung. Aus diesem Grund hatte Jenner den Impfstoff mehrfach seinem Neffen mitgegeben, der mit der Vakzination vertraut war und die Ärzte an anderen Orten anleiten konnte. Er hatte sogar überlegt, seinen Neffen nach Berlin zu schicken, um die Vakzination dort mit der nötigen Sorgfalt demonstrieren zu können.[50] Derartige Besuche waren unter Gelehrten nicht unüblich. Sie waren ebenfalls ein Gut in dem freigebigen Austausch. Die Besuchten bedankten sich in der Regel durch die Übernahme von Kost,

48 Einen Eindruck von der Diffizilität der verschiedenen Impfverfahren vermittelt das von Samuel Gottlieb Vogel veröffentliche Handbuch (vgl. Vogel 1794: 144–157).

49 Zeitgenössisch auch Vogel (1794: 154).

50 Vgl. Brief von Edward Jenner an Mrs. Walker, o. O., o. D., zitiert nach Baron: The Life of Edward Jenn. 1827, S. 348–349.

Logis und Reisekosten für den gewährten Wissenstransfer.[51] Diese Art des Impfstofftransportes war jedoch nur in begrenztem Maße möglich. Die Regel war daher der Versand in einem Brief, wobei sich Jenner bemühte, so viele Informationen wie möglich beizufügen, um das Gelingen der Impfung zu gewährleisten. Den Präparaten für Berlin fügte er ein ausführliches Schreiben bei, in welchem er, wie er es formulierte, „every direction" erteilte, „that could be conveyed through the medium of a letter".[52] Derartige Begleitschreiben waren vermutlich die Regel, auch wenn sich nur wenige erhalten haben.

Einer der wenigen erhaltenen Briefe, die eine solche Impfstofflieferung begleiteten, stammt von Ernst Ludwig Heim, dessen Erkenntnisweg eben geschildert wurde. Empfänger des Briefes war entweder ein Dr. Scheel im pommerschen Köslin (Koszalin) oder Dr. Herz in Prenzlau.[53] In dem Brief beschreibt Heim die Form und Tiefe des Impfeinschnittes. Um sprachliche Ungenauigkeiten zu umgehen, fügt er eine kleine Zeichnung hinzu, die die Form des Impfschnittes zeigt. Er verweist darauf, dass das Oberhäutchen beim Einschnitt nicht verletzt werden dürfe, und macht genaue Angaben zum Zeitpunkt, wann der Impfstoff in die Wunde gelegt werden solle.[54] Auch die Art und Weise, wie die mitgeschickten Impfstoffpräparate anzuwenden seien, beschreibt er sehr genau. Er schickte getrocknete Baumwollfäden, die er zuvor mehrfach in Kuhpockenlymphe getränkt hatte. In seinem Schreiben macht er genaue Angaben zu der Länge des Stückchens Faden, das in die Wunde gelegt wird. Auch hier zeichnet er die Länge. Er verweist darauf, dass der Faden nicht „naß oder feucht gemacht werde, sondern trocken in die Wunde gesteckt werde".[55] Auch von dem Verkleben der Wunde mit einem Pflaster rät Heim ab. Er endet sein Schreiben mit einer ähnlich detailreichen Anleitung, wie aus der Impfwunde Präparate für weitere Impfungen gewonnen werden können.[56] Hier zeigt sich abermals, wie bedeutsam es war, dass die Präparate in einem engen Beziehungsgeflecht übergeben wurden. Sie waren dadurch in einen andauernden Kommunikationsprozess eingebunden.

---

51 Zur Gelehrten Gastfreundschaft vgl. Jancke (2013: 58–67) auch Kühn (2011: 62–64).

52 Brief von Edward Jenner an Mrs. Walker, o. O., o. D., zitiert nach Baron (1827: 348–349).

53 Der Empfänger des Briefes ist nicht benannt. Der Brief ist auf den 12.5.1802 datiert. Dem Korrespondenzregister Heims ist zu entnehmen, dass er an diesem Tag je einen Brief an Dr. Scheel und Dr. Herz schickte (vgl. SBB, Ms. Boruss. Qu. 455 [Schreibkalender Ernst L. Heims für 1802], S. 22).

54 Vgl. GNM: HA, Autographen Allg. Reihe, K. 3, Heim, Ernst Ludwig [Brief Ernst L. Heims an Unbekannt, Berlin d. 12.5.1802].

55 GNM: HA, Autographen Allg. Reihe, K. 3, Heim, Ernst Ludwig [Brief Ernst L. Heims an Unbekannt, Berlin d. 12.5.1802].

56 Vgl. GNM: HA, Autographen Allg. Reihe, K. 3, Heim, Ernst Ludwig [Brief Ernst L. Heims an Unbekannt, Berlin d. 12.5.1802].

Wie wichtig derartige Angaben waren, zeigt etwa das Beispiel des Passauer Stadtphysikus Dr. Erhard. Er erhielt vermutlich 1802 von dem Wiener Arzt Johann de Carro ein Schreiben mit Vakzinproben. In einem veröffentlichten Impfbericht schreibt er, dass er sich bei der Verwendung des Impfstoffes „genau an die, in seinem Briefe angegebenen Behutsamkeitsregeln“ (Erhard 1803: 137) hielt. Das Beispiel von Erhard zeigt aber auch, dass es oft nicht bei der einmaligen Gebrauchsanweisung blieb. Denn, als die ersten Impfungen trotz der genauen Befolgung der Anweisungen nicht gelangen, schrieb Erhard abermals an de Carro, welcher ihm weiteren Impfstoff schickte und „neuen Muth zur unverdrossenen Wiederholung der Operation einflösste“ (Erhard 1803: 137).

Was hier deutlich wird, ist, wie eng die briefliche Kommunikation und die Präparate aufeinander bezogen waren. Die Briefe trugen entscheidend dazu bei, dass die Präparate in der richtigen Art und Weise verwendet wurden. Die Anleitungen in den Briefen ergaben jedoch nur Sinn, wenn die Briefe entsprechende Präparate enthielten. Präparate und Briefe verwiesen aufeinander. Sie bildeten insofern eine Einheit, die als Ganzes betrachtet werden muss.[57] Die Möglichkeit der erfolgreichen Reproduktion von Jenners Ergebnissen beruhte auf dem Zusammenspiel von schriftlicher Anleitung und Vakzinpräparaten.

6 Das Einbinden anderer Ärzte

Letztlich lässt sich an den Vakzingeschenken auch die kooperative Forschungspraxis nachvollziehen, wie sie in Bezug auf andere gelehrte Schenkhandlungen beschrieben wurde (vgl. Kühn 2011; Dietz 2012). Bisher wurde suggeriert, dass die Entwicklung der Kuhpockenimpfung mit der Veröffentlichung von Jenners *„Inquiry“* abgeschlossen war. Die anschließenden Schenkungen dienten dazu, bei den Empfängern eine Neubewertung anzuregen und Handlungswissen weiterzugeben. Damit ist allerdings noch nicht die ganze Geschichte erzählt. Das zeigt ein erneuter Blick in Jenners *„Inquiry“*, wo es am Ende heißt:

> Thus far have I proceeded in an inquiry, founded, as it must appear, on the basis of experiment; in which, however, conjecture has been occasionally admitted in order to present to

57 Auf diesen Punkt hat Emma Spary in Bezug auf botanische Korrespondenzen hingewiesen, die ihrer Ansicht nach aus „two kinds of material objects“ bestehen, „the letter, where Inscription was foremost and materiality came second, and the Specimen, primarily a material object but inescapably also an inscription. The letter should thus be understood as consisting of object and text“ (Spary 2008: 50).

> persons well situated for such discussions, objects for a more minute investigation. In the mean time I shall myself continue to prosecute this inquiry, encouraged by the hope of its becoming essentially beneficial to mankind.
>
> (Jenner 1798: 74–75)

Jenner wollte seine Schlussfolgerungen demnach auch als Gegenstand weiterer, minutiöser Forschungen verstanden wissen. Er gab an, seine Untersuchungen fortsetzen zu wollen. Darüber hinaus hoffte er aber auch, dass sich andere Ärzte an der Erforschung der Kuhpocken beteiligen werden. Es ging ihm mit seiner Schrift also nicht allein darum, seine Forschungsergebnisse zu präsentieren. Mit der Präsentation wollte er andere mobilisieren und in die Erforschung einbinden. Ähnliche Formulierungen sind auch von anderen Ärzten überliefert. Von verschiedenen Befürwortern der Vakzination wurde in den ersten Jahren gefordert, möglichst viele Erfahrungen zusammenzutragen, um die Gefahrlosigkeit und Verlässlichkeit der Impfung zu bestätigen.[58]

Auch heute noch werden Arzneimittel und Impfstoffe erst nach umfangreichen klinischen Studien zugelassen. Solche klinischen Studien fanden auch damals statt, wenn auch in wesentlich geringerem Umfang. Das beste Beispiel hierfür sind die bereits erwähnten Impfungen am Londoner Pocken- und Impfhospital. Binnen weniger Monate hatten dort Pearson und Woodville mehr als 600 Personen geimpft.[59] Nach dem humoralpathologischen Krankheitsverständnis der Zeit konnten derart lokal begrenzte Versuche jedoch nicht genügen, um die Schutzwirkung der Kuhpocken verlässlich zu bestimmen. Der individuelle Krankheitsverlauf hing in dieser Konzeption auch von einer Reihe lokaler Umstände ab, etwa den klimatischen Bedingungen und der örtlichen Lebensweise.[60] Es genügte also nicht, die Wirksamkeit des Impfstoffes an einem Ort zu testen. Fraglich war, ob das Vakzin zu allen Zeiten,

---

58 George Pearson schlussfolgerte in seiner 1798 veröffentlichten „*Inquiry concerning the History of the Cowpox*" beispielsweise: „The fortunes, of the new-proposed practice cannot, with certainty, be told at present by the most discerning minds. More instances are requisite to establish practical and pathological truths. Without assuming pretensions which, I think, unwarrantable, the number of instances farther requisite cannot be stated; but one may safely assert, that welldirected observation in a thousand cases of inoculated Cowpox, would not fail to produce such a valuable body of evidence, as will enable us to apply our knowledge with much usefulness in practice, and establish, or at least bring us nearer the establishment, of some truths" (Pearson 1798: 93–94); Hufeland druckte noch 1801 in dem von ihm herausgegebenen Journal eine „*Aufforderung an alle Aerzte Teutschlands*" ab, in welcher er Impfberichte von allen deutschen Ärzten erbat, um entscheiden zu können, wie sicher die Kuhpocken vor den Pocken schützen und ob die Impfung mit Gefahren verbunden ist (vgl. Hufeland 1801: 146–148).

59 Vgl. Woodville (1799, zur Zahl der Impflinge S. 148).

60 Zum Krankheitsverständnis vgl. Lachmund, Stollberg (1995: 24–49, zu Umweltfaktoren besonders 29–30 und 42–43); siehe auch Vogel (1794, u. a. 10–11).

unter allen klimatischen Bedingungen und bei Menschen allen Alters gleichermaßen wirkte.

Bei Pearson wird das sehr deutlich, der seiner ersten Abhandlung über die Kuhpocken einen Katalog von 32 Fragen hinzufügte, deren Beantwortung nur durch Impfungen an mehreren Orten möglich war. Eine wichtige Frage war: „Do certain epidemic states appear to prevail, which influence this disease?" (Pearson 1798: 115). Mit der epidemischen Konstitution war die lokale Gemengelage aus Klima, Lebensbedingungen und Lebensweisen angesprochen. Fraglich waren demnach die Wechselwirkungen von lokalen Gegebenheiten mit dem Kuhpockenvirus. Zur Beantwortung dieser Fragen sollten möglichst viele Ärzte beitragen. Seine Publikation verstand Pearson, so wie Jenner, daher als eine Aufforderung zu ausgedehnten Impfversuchen. Er beschloss die Abhandlung mit den Worten: „Answers to the preceeding questions will be principally obtained by inoculation for the Cow-pox, of which there are many opportunities in provincial situations; which practice it is one of the chief objects of this publication to encourage." (Pearson 1798: 115).

Ziel war es also, eine groß angelegte Versuchsreihe aufzubauen und hierfür möglichst viele Ärzte an unterschiedlichen Orten einzubinden. Auch hier kam der Schenkung eine tragende Rolle zu, denn schriftliche Aufforderungen allein vermochten wenig zu bewirken. Über die moralischen Verpflichtungen, die mit den Geschenken verbunden waren, konnten aber Ärzte in eine umfassende Versuchsanordnung eingebunden werden. Oft verbanden die gebenden Ärzte die Schenkung des Vakzins mit der direkten Aufforderung, im Gegenzug über den Verlauf der damit angestellten Impfungen informiert zu werden. Auch hier ist Pearson abermals ein gutes Beispiel. Im Frühjahr 1799 schickte er gemeinsam mit William Woodville mehrere Hundert Lanzetten an verschiedene englische Ärzte. In dem standardisierten und gedruckten Begleitbrief hieß es dazu: „I have sent the matter of the cow-pox pustule, on the thread incloses, in order, if you prove of the inquiry, to inoculate with it; and I intreat you to favour me with the result of your trials [...]." (Pearson 1799: 113–114). Pearson verschickte das Vakzin also auch, um in kurzer Zeit Informationen zum Verlauf der eingeimpften Pocken bei möglichst vielen Personen zu erhalten. Die moralischen Verpflichtungen der empfangenden Personen gewährleisteten, dass sie in den meisten Fällen der Aufforderung Pearsons folgten. Auf diese Weise ließen sich über die Verschenkung Informationen zu Impfverläufen an sehr unterschiedlichen Orten zusammentragen. Die Verteilung der Vakzine wird hier auch als ein experimentelles Vorgehen greifbar. Entscheidend war aber auch hier, dass mit den freigebigen Vakzintransfers immer auch moralische Verpflichtungen transportiert wurden, die zur Erprobung motivierten.

7 Schluss

Was am Ende deutlich wird, ist, dass in bestimmten Situationen die schriftliche Argumentation an ihre Grenzen stieß. Solange sich die ausgetauschten Informationen, wie in den Krankengeschichten, auf einem allgemeingültigen theoretischen Boden bewegten, konnten die inskribierten Objekte bestimmte Aussagen stützen sowie Schlussfolgerungen nachvollziehbar und plausibel machen. Insbesondere dann aber, wenn neue oder zweifelhafte Erkenntnisse kommuniziert werden sollten, die, wie die Vakzination, scheinbar im Widerspruch zu geltenden Theorien und verbreiteten Voraannahmen standen, genügte die textliche Argumentation oft nicht mehr. In solchen Fällen war es notwendig, die wissenschaftlichen Kollegen in die Lage zu versetzen und zu motivieren, die eigenen Beobachtungen nachzuvollziehen. Momente dieser Art sind in der Geschichte der Wissenschaften allerdings keine Seltenheit. Mehrfach lässt sich dabei beobachten, wie wichtig es war, dass die Objekte der Beobachtung mit einer verbindlichen Aufforderung, die Behauptungen zu prüfen, übergeben wurden.

Ähnliche Argumentations- und Überzeugungsprozesse beschrieb kürzlich beispielsweise der britische Medizinhistoriker Andrew Mendelssohn in Bezug auf die Ausbreitung des Anthrax-Impfstoffes, der Ende des 19. Jahrhunderts von Louis Pasteurs entwickelt wurde (vgl. Mendelssohn 2016). Der Impfstoff bestand im Wesentlichen aus abgeschwächten Anthrax-Bakterien. Mit ihnen war die Vorstellung verbunden, dass Bakterien unterschiedliche Variationen ausbilden könnten. Unter den richtigen Voraussetzungen ließen sich Bakterien der gleichen Art produzieren, die andere Eigenschaften besaßen als ihre Eltern. Diese Vorstellung der Artvarianz stand jedoch im Konflikt mit der bisher vermuteten Artkonstanz. Dass sich diese revolutionäre Sichtweise am Ende des 19. Jahrhunderts so rasch durchsetzen konnte, erklärt Mendelssohn vor allem damit, dass Impfstoffproben aus Pasteurs Labor in großen Mengen verteilt wurden. Mendelssohn rekurriert hierbei vor allem auf den Verkauf der Anthraxpräparate (vgl. Mendelssohn 2016: 245–246). Unmittelbar nach der Entwicklung seines Impfstoffes verteilte Pasteur Impfstoffpräparate jedoch vor allem kostenfrei. Auf diesen Punkt hatte bereits Bruno Latour hingewiesen, der die Entwicklung und Ausbreitung des Anthrax-Impfstoffes bekanntlich als Paradebeispiel für die Wirksamkeit der Argumentation mit inskribierten Objekten nutzt. Auf die verschenkten Präparate geht er nicht weiter ein (vgl. Latour (1983) 2006: 115). Es scheint jedoch vieles dafür zu sprechen, dass Pasteur die kostenfreie Verteilung ganz ähnlich nutzte, wie dies Jenner knapp einhundert Jahre vor ihm getan hatte. Sie waren Teil seiner argumentativen Strategie.

Aber auch jenseits von Impfstoffen lässt sich die argumentative Verschenkung beobachten, etwa auf dem Gebiet der Paläontologie. Fossile Überreste von

Lebewesen galten lange Zeit als Steine, die nur zufällig die Form eines Lebewesens oder Knochens besaßen. Der organische Ursprung wurde zu Beginn des 18. Jahrhunderts wissenschaftlicher Konsens. Damals setzten sich sogenannte Sintfluttheorien durch, die in Fossilien Überreste von urzeitlichen Lebewesen erkannten, die durch die Sintflut umgekommen und in das Erdreich gespült worden waren. Gemeinhin wird dieser Paradigmenwechsel mit dem Schweizer Arzt Johann Jacob Scheuchzer in Verbindung gebracht (vgl. Kempe 2003: 27–28; 65–67).

Neben Scheuchzer waren es aber noch eine ganze Reihe weiterer, eher lokal agierender Gelehrter, die den organischen Ursprung nachgewiesen und publik gemacht haben. Einer von ihnen war der Querfurter Diakon David Sigismund Büttner, dessen Schenkpraktiken ich an anderer Stelle ausführlicher beschrieben habe (vgl. Stelter 2018). Büttner veröffentliche 1710 eine umfassende Theorie zum Ursprung der Fossilien, in welcher er sich an Scheuchzer anlehnte. In seiner theoretischen Abhandlung argumentiert er mit der minutiösen Beschreibung von zahlreichen Fossilien, die er selbst gefunden oder aber im gelehrten Austausch erworben hatte. Mehrfach bezeichnet er die Fossilien darin als „Advocaten" ihrer eigenen Sache. Er spricht auch davon, dass sich die Fossilien selber zu erkennen geben (vgl. Büttner 1710: 203–204; 216–217; 220). Ähnlich sah es auch Scheuchzer, der in seinem 1708 erschienenen Traktat *„Piscium querelae et vindiciae"* sogar ein Fossil wortwörtlich sprechen lässt. In dem Text beschwert sich ein fossiler Hecht darüber, dass er nicht als vorsintflutliches Lebewesen erkannt wird (vgl. Leu 2009: 145–146).

Entsprechend dieser Sichtweise auf die Fossilien beließen es Büttner und Scheuchzer nicht dabei, allein in Abhandlungen für den organischen Ursprung von Fossilien einzutreten. Sie verschenkten in großem Maßstab auch fossile Funde, um die Empfänger von der Wahrheit ihrer Schlussfolgerungen zu überzeugen. Jedes Geschenk war dabei mit der Aufforderung verbunden, die Objekte genau zu betrachten und die Argumente anhand der Objekte nachzuvollziehen. Das Nichtbetrachten der Objekte wäre als Undankbarkeit und Unhöflichkeit gewertet worden, was die Beziehung zwischen gebender und empfangender Person belastet hätte. Die Durchsetzung der Sintfluttheorien und der These des organischen Ursprungs ist daher eng mit der freigebigen Verteilung von Fossilien verbunden (vgl. Stelter 2018: 185–186). Was in diesem Aufsatz über die Verschenkung von Vakzinen beschrieben wurde, lässt sich also in gewisser Weise auf andere wissenschaftsgeschichtliche Umbrüche übertragen. Die Art und Weise, wie Geschenke dabei wirkten, hing von den Aussagen ab, die mit ihnen belegt werden sollten, und von der materiellen Beschaffenheit der Objekte. Die Vakzine bestätigten die Wahrheit von Jenners Schlussfolgerungen erst in der Anwendung, also in der Wechselwirkung mit einem menschlichen Körper. Diese Wechselwirkung galt es zu beobachten. Bei den Fossilien Büttners und Scheuchzers fand die Beobachtung direkt am Geschenk statt. Jenseits derartiger Unterschiede wird aber deutlich, wie sehr die Argumentation für einzelne Hypothesen von der Verschenkung profitieren konnte. Oft waren die verschenkten Dinge das entscheidende Argument, das die Empfänger zu einem Umdenken bewegte.

Verzeichnis der Datenbanken

Deutsches Biographisches Archiv. München: Sauer Teil I 2004; Teil II 2005; Teil III 2007 (zitiert nach Teil, Fichenummer und Seitenzahl, z. B. DBA II, 0815, S. 37).

British Biographical Archiv. München: Sauer Teil I 2004; Teil II 2005; Teil III 2009 (zitiert nach Teil, Fichenummer und Seitenzahl, z. B. DBA II, 0815, S. 37).

Literaturverzeichnis

Algazi, Gadi (2003): Doing Things with Gifts. In: Gadi Algazi, Valentin Groebner & Bernhard Jussen (Hrsg.), *Negotiating the Gift. Premodern figurations of exchange*. Göttingen: Vandenhoeck & Ruprecht, 9–29.

Anonym (1769): Von der Seuche unter den Rindern; über Stellen aus dem Livio. In: *Allgemeine Unterhaltungen*. Göttingen: Rosenbusch, 1769–1771, 39. Stück (24.5.1769), 305–312.

Ballhorn, Georg F. & Christoph F. Stromeyer (1801): *Traité de l'inoculation vaccine avec l'exposé et les résultats des observations faites sur cet objet à Hannovre et dans le environs de cette capitale.* Leipzig: Guillaume Rein/Köln: Haas et Fils.

Ballhorn, Georg F. & Christoph F. Stromeyer (1800a): Fortgesetzte Nachrichten über die in Hannover angestellten Versuche mit der Kuhpockenimpfung. In: *Journal der practischen Arzneykunde und Wundarzneykunst herausgegeben von C. W. Hufeland*. Berlin: Unger, 1.1795–27.1808/Neues Journal: 8=1.1799–27=20.1808, 10. Band/3. Band Neues Journal (1800), drittes Stück, 106–156.

Ballhorn, Georg F. & Christoph F. Stromeyer (1800b): Uebersicht der in Hannover mit der Kuhpockenimpfung angestellten Versuche. In: *Neues Hannoversches Magazin*. Hannover: Schlüter, 1.1791–22.1812, 15. Stück (21.2.1800), Sp. 221–236.

Baron, John (1827): *The Life of Edward Jenner [...]*. London: Colburn.

Baschin, Marion, Elisabeth Dietrich-Daum & Iris Ritzmann (2016). Doctors and Their Patients in the Seventeenth to Nineteenth Centuries. In: Martin Dinges et al. (Hrsg.), *Medical practice, 1600–1900. Physicians and their patients*. Leiden, Boston: Brill, Rodopi, 39–70.

Bennett, Michael (2020): *War against Smallpox. Edward-Jenner and the Global Spread of Vaccination.* Cambridge: Cambridge Press.

Bremer, Johann I. (1804): *Die Kuhpocken. Kurzgefaßte Uebersicht dessen was wir von der Geschichte, von dem Verlauf und der Wirkung der Kuhpocken glaubwürdig wissen [...] (Zweyte Auflage).* Berlin: Haude und Spenner.

Brockliss, Laurence (2013): Forming and displaying a collection in the Age of the Enlightenment. The Case of Esprit Calvet. In: Anja-Silvia Goeing, Anthony T. Grafton & Paul Michel (Hrsg.), *Collectors Knowledge: What is kept, What is Discorded. Aufbewahren oder Wegwerfen – wie Sammler entscheiden.* Leiden, London: Brill, 317–336.

Büttner, David S. (1710): *Rudera Diluvii Testes. Zeichen und Zeugen der Sündfluth/In Ansehung des itzigen Zustandes unserer Erd- und Wasser-Kugel [...].* Leipzig: Johann Friedrich Braun.

Caillé, Allain (2007): *Antropologie der Gabe.* Aus dem Französischen übersetzt und eingeleitet von Frank Adloff und Christian Papilloud. Frankfurt, New York: Campus Verlag.

Carro, Johann de (1804): *Geschichte der Kuhpockenimpfung in der Türkey, in Griechenland, in der Moldau, in Ostindien, und in Persien [...].* Breslau: Hamberger.

Carro, Johann de (1802): *Beobachtungen und Erfahrungen über die Impfung der Kuhpocke.* Wien: Geistinger.

Cheal, David (1988): *The Gift-Economy*. London, New York: Routledge.

Davis, Natalie Z. (2000): *The Gift in Sixteenth-Century France*. Madison: University of Wisconsin Press.

Dietz, Bettina (2012): Contribution and Co-production. The Collaborative Culture of Linnaean Botany. In: *Annals of Science* 69 (4), 551–569.

Erhard, Dr. (1803): Schutzpockenimpfung zu Passau, nebst einigen Krankengeschichten. In: *Journal der practischen Arzneykunde und Wundarzneykunst herausgegeben von C. W. Hufeland.* Berlin: Unger, 1.1795–27.1808/Neues Journal: 8=1.1799–27=20.1808, 17. Band/10. Band Neues Journal (1803), viertes Stück, 136–149.

Espahangizi, Kijan (2011): Immutable Mobiles im Glas. Grenzbetrachtungen zur Zirkulationsgeschichte nicht-inskribierter Objekte. In: *Nach Feierabend. Zürcher Jahrbuch für Wissensgeschichte* 7, 105–125.

Fenner, Frank et al. (1988): *Smallpox and its Eradication*. Genf: WHO.

Fermor, William (1800): *Reflections on the Cow-Pox [...].* Oxford: Dawason and Co.

Ferro, Joseph P. (1802): *Über den Nutzen der Kuhpockenimpfung*. Wien: Franz Joseph Rötzel.

Ferro, Joseph P. (1800): Erfahrungen über das Einimpfen mit Kuhblattereyter. In: *Medizinisches Archiv von Wien und Österreich unter der Enns*. Wien: Franz Joseph Rötzel, 1.1798–5.1812, 2. Jg. 1799 (gedruckt 1800), 134–147.

Findlen, Paula (1991): The Economy of Scientific Exchange in Early Modern Italy. In: Bruce T Moran. (Hrsg.), *Patronage and Institutions: science, technology and medicine at the European court, 1500–1750*. Rochester, New NYork: Boydell Press, 5–24.

Frahnert, Sylke (2016): Katalogisieren. Ein Praxisbericht. In: Nils Güttler & Ina Heumann (Hrsg.), *Sammlungsökonomien*. Berlin: Kadmos, 95–108.

Füssel, Marian (2014): Die symbolischen Grenzen der Gelehrtenrepublik. Gelehrter Habitus und moralische Ökonomie des Wissens im 18. Jahrhundert. In: Martin Mulsow & Frank Rexroth (Hrsg.), *Was als wissenschaftlich gelten darf. Praktiken der Grenzziehung in Gelehrtenmilieus der Vormoderne.* Frankfurt, New York: Campus Verlag, 413–438.

Gesellschaft Naturforschender Freunde zu Berlin (Hrsg.) (?): *Schriften der Berlinischen Gesellschaft Naturforschender Freunde*. Berlin: Buchhandlung d. Realschule, 1.1780–6.1785.

Gesellschaft Naturforschender Freunde zu Berlin (Hrsg.) (1777): *Beschäftigungen der Berlinischen Gesellschaft Naturforschender Freunde*. Berlin: Pauli, 1.1777–4.1777.

Geyer-Kordesch, Johanna (1990): Medizinische Fallbeschreibungen und ihre Bedeutung in der Wissensreform des 17. und 18. Jahrhunderts. In: *Medizin, Gesellschaft und Geschichte. Jahrbuch des Instituts für Geschichte der Medizin der Robert Bosch Stiftung* Bd. 9. Stuttgart: Steiner, 7–19.

Hartung, Thomas (2002): *Zur Entwicklung der Pockenschutzimpfung unter besonderer Berücksichtigung Thüringens im 18. und 19. Jahrhundert.* Jena: Univ. Press.

Henschel, Elias (1796): *Von den Blattern und deren Ausrottung. Ein gemeinfaßlicher Beytrag zur Belehrung der Unkundigen über diese Kinderseuche [...].* Breslau, Leipzig: Korn.

Hess, Volker (1994): Vom Miasma zum Virus. In: Ragnhild Münch (Hrsg.), *Pocken zwischen Alltag, Medizin und Politik. Begleitbuch zur Ausstellung.* Berlin: Verlag für Wissenschafts- und Regionalgeschichte, 16–30.

Hess, Volker & Sabine Schlegelmilch (2016): Cornocopia Officinae Mediccae: Medical Practice Records and their Origin. In: Martin Dinges et al. (Hrsg.), *Medical–Practice, 1600–1900. Physicians and their Patients*. Leiden, Boston: Brill Rodopi, 11–38.

Huerkamp, Claudia (1985): *Der Aufstieg der Ärzte im 19. Jahrhundert. Vom gelehrten Stand zum professionellen Experten. Das Beispiel Preußens.* Göttingen: Vandenhoeck & Ruprecht.

Hufeland, Christoph W. (1801): Aufforderung an alle Aerzte Teutschlands im Betreff der Kuhpocken. In: *Journal der practischen Arzneykunde und Wundarzneykunst herausgegeben von C. W. Hufeland.* Berlin: Unger, 1.1795–27.1808/Neues Journal: 8=1.1799–27=20.1808, 12. Band/5. Band Neues Journal (1801), zweites Stück, 146–148.

Hufeland, Christoph W. (1800a): Kuhpockenimpfung zu Wien, Hannover und Berlin. In: *Journal der practischen Arzneykunde und Wundarzneykunst herausgegeben von C. W. Hufeland.* Berlin: Unger, 1.1795–27.1808/Neues Journal: 8=1.1799–27=20.1808, 10. Band/3. Band Neues Journal (1800), zweites Stück, 163–198.

Hufeland, Christoph W. (1800b): Kuhpockenimpfung. In: *Journal der practischen Arzneykunde und Wundarzneykunst herausgegeben von C. W. Hufeland.* Berlin: Unger, 1.1795–27.1808/Neues Journal: 8=1.1799–27=20.1808, 11. Band/4. Band Neues Journal (1800), drittes Stück, 151–164.

Hufeland, Christoph W. (1800c): Kurze Uebersicht der bisher in England gemachten Erfahrungen über die Kuhpocken [...]. In: *Journal der practischen Arzneykunde und Wundarzneykunst herausgegeben von C. W. Hufeland.* Berlin: Unger, 1.1795–27.1808/Neues Journal: 8=1.1799–27=20.1808, 10. Band/3. Band Neues Journal (1800), zweites Stück, 163–198.

Hufeland, Christoph W. (1799): Auszug eines Briefes von D. Beddoes, an den Herausgeber. In: Journal der practischen Arzneykunde und Wundarzneykunst herausgegeben von C. W. Hufeland. Berlin: Unger, 1.1795–27.1808/Neues Journal: 8=1.1799–27=20.1808, 7. Band/1. Band Neues Journal (1799), drittes Stück, 168.

Hufeland, Christoph W. (1798): Neuer Vorschlag zur Verhütung der Blattern durch Inoculation der Kuhpocken. In: *Journal der practischen Arzneykunde und Wundarzneykunst herausgegeben von C. W. Hufeland.* Berlin: Unger, 1.1795–27.1808/Neues Journal: 8=1.1799–27=20.1808, 6. Band (1798), viertes Stück, 907–909.

Janetta, Ann (2007): *The Vaccinators. Smallpox, medical knowledge, and the 'opening' of Japan.* Stanford (California): Stanford Univ. Press.

Jancke, Gabriele (2013): *Gastfreundschaft in der frühneuzeitlichen Gesellschaft. Praktiken, Normen und Perspektiven von Gelehrten.* Göttingen: Vandenhoeck & Ruprecht

Jaumann, Herbert (2001): Respublica litteraria/Republic of Letters. Concepts and Perspectives of Research. In: Herbert Jaumann (Hrsg.), *Die europäische Gelehrtenrepublik im Zeitalter des Konfessionalismus/The European Republik of Letters in the Age of Confessionalism.* Wiesbaden: Harrassowitz, 11–20.

Jenner, Edward (1801): *The Origin of the Vaccine Inoculation.* London: Shury.

Jenner, Edward (1800): *Continuation of Facts and Observations relative to the Variolae Vaccinae or Cow Pox.* London: Printed for the Author by Sampson Low.

Jenner, Edward (1799a): *Further Observations on the Variolae Vaccinae, or Cow Pox.* London: Printed for the Author by Sampson Low.

Jenner, Edward (1799b): *Untersuchungen über die Ursachen und Wirkungen der Kuhpocken [...] Aus dem Englischen übersetzt von G. Fr. Ballhorn.* Hannover: Hahn.

Jenner, Edward (1798): *An inquiry into the causes and effects of the variolae vaccinae.* London: Printed for the Author by Sampson Low.

Kant, Immanuel (1838): *Metaphysik der Sitten. II. Theil: Metaphysische Anfangsgründe der Tugendlehre* (= Rosenkranz, Karl; Schubert, Friedrich Wilhelm: Immanuel Kants sämmtliche Werke. Neunter Theil). Leipzig: Voss.

Kempe, Michael (2003): *Wissenschaft, Theologie, Aufklärung. Johann Jakob Scheuchzer (1672–1733) und die Sintfluttheorie.* Tübingen: Bibliotheca-Academica-Verlag.

Kessler, Georg W. (1823): *Jubiläum des Königlich Preußischen Geheimen Raths und Doctors der Arzneywissenschaft Ernst Ludwig Heim [...].* Frankfurt (Oder): Trwitzsch und Sohn.

Klebs, Arnold (1914): *Die Variolation im achtzehnten Jahrhundert. Ein historischer Beitrag zur Immunitätsforschung.* Gießen: Töpelmann.

Krünitz, Johann G. (1779*): Oeconomische Encyklopädie oder allgemeines System der Land-, Haus- und Staats-Wirtshaft in alphabetischer Ordnung*. Bd. 17. Berlin: Pauli.

Körner, Wolfram (1989): *Ernst Ludwig Heim. Tagebücher und Erinnerungen.* Leipzig: Koehler & Amelang.

Kübler, Paul (1901): *Geschichte der Pocken und der Impfung*. Berlin: Hirschwald.

Kühn, Sebastian (2011): Wissen, Arbeit, Freundschaft. Ökonomien und soziale Beziehungen an den Akademien in London, Paris und Berlin um 1700. Göttingen: Vandenhoeck & Ruprecht.

Lachmund, Jens & Gunnar Stollberg (1995): *Patientenwelten*. Wiesbaden: Verlag für Sozialwissenschaften.

Latour, Bruno (2006): Drawing Things Together. In: Andréa Belliger & David Krieger (Hrsg.), *ANThology. Ein einführendes Handbuch zur Akteur-Netzwerk-Theorie*. Bielefeld: Transcript, 259–308.

Latour, Bruno (2006): Gebt mir ein Laboratorium und ich werde die Welt aus den Angeln heben. In: Andréa Belliger & David Krieger (Hrsg.), *ANThology. Ein einführendes Handbuch zur Akteur-Netzwerk-Theorie.* Bielefeld: Transcript, 103–134.

Leu, Urs B. (2009): Scheuchzers Oehninger Hecht als historische Quelle. In: *Traverse. Zeitschrift für Geschichte, Revue d'histoire* 16 (3), 145–154.

Mauelshagen, Franz (2003): Netzwerke des Vertrauens. Gelehrtenkorrespondenzen und wissenschaftlicher Austausch in der Frühen Neuzeit. In: Ute Frever (Hrsg.), *Vertrauen. Historische Annäherungen.* Göttingen: Vandenhoeck & Ruprecht, 119–151.

Mauss, Marcel (2013): Die Gabe. Form und Funktion des Austausches in archaischen Gesellschaften. Übersetzt von Eva Moldenhauer (10. Aufl.). Frankfurt a. M.: Suhrkamp.

Mendelssohn, Andrew (2016): Message in a Bottle. Vaccines and the Nature of Heredity after 1880. In: Staffan Müller-Wille & Christina Brandt (Hrsg.), *Heredity Explored. Between Public Domain and Experimental Science, 1850–1930*. London, Cambridge (Massachusetts): MIT Press, 243–263.

Müller-Wille, Staffan (2003): Nature as a marketplace. The political economy of Linnaean botany. In: Margaret Schabas & Neil De Marchi (Hrsg.), *Oeconomics in the age of Newton*. Durham: Duke University Press, 154–172.

Müller-Wille, Staffan (1999): *Botanik und weltweiter Handel. Zur Begründung eines natürlichen Systems der Pflanzen durch Carl von Linné (1707–78).* Berlin: Verl. Für Wissenschaften.

Ortlieb, Cornelia (2018): Vor dem Glas. Reliquien der Berührung, Medien des Entzugs. In: Kristin Knebel, Cornelia Ortlieb & Gurdrun Püschel (Hrsg.), *Steine rahmen, Tiere taxiern, Dinge inszenieren. Sammlungen und Beiwerk*. Dresden: Sandstein Verlag, 172–193.

Pearson, George (1799): History of the Inoculation of the Cow-Pox. In: *Medical and Physical Journal* Vol. I. (April 1799), Nr. II, 113–114.

Pearson, George (1798): *An Inquiry concerning the History of the Cowpox principally with a view to supersede and extinguish the Smallpox.* London: Johnson.

Pichler, Caroline (1844): *Denkwürdigkeiten aus meinem Leben*. Wien: Druck und Verlag von A. Pichlers sel. Witwe.

Rusnock, Andrea: Catching Cowpox (2009): The Early Spread of Smallpox Vaccination, 1798–1810. In: *Bulletin of the History of Medicine, Special Issue: Reassessing Smallpox Vaccination, 1789–1900* 83, 17–36.

Salchow, Ulrich C. (1777): Ein durch Versuche geprüftes und durch die Erfahrung bestätigtes Vorbauungsmittel wider die Pokken. In: *Berlinische Sammlungen zur Beförderung der Arzneywissenschaft, der Naturgeschichte, der Haushaltungskunst, Kameralwissenschaft und der dahin einschlagenden Literatur.* Berlin: Pauli, 1.1768/69–10.1779, IX. Band (1777), drittes Stück, 230–235.

Siemer, Stefan (2004): *Geselligkeit und Methode. Naturgeschichtliches Sammeln im 18. Jahrhundert.* Mainz: Von Zabern.

Sonntag, Marcus (2014): *Pockenimpfung und Aufklärung. Die Popularisierung der Inokulation und Vakzination. Impfkampagne im 18. und frühen 19. Jahrhundert.* Bremen: Edition lumière.

Spary, Emma C. (2008): Botanical Networks revisited. In: Regina Dauser et al. (Hrsg.), *Wissen im Netz. Botanik und Pflanzentransfer in europäischen Korrespondenznetzen des 18. Jahrhunderts*. Berlin: Akademie, 47–64.

Stelter, Marcus (2018): Möglichkeiten und Grenzen des Erwerbs und der Vermittlung von Wissen durch Schenkungen. In: Eva Dolezel et al. (Hrsg.), *Orden – Vernetzen – Vermitteln. Kunst- und Naturalienkammern der Frühen Neuzeit als Lehr- und Lernorte*. Stuttgart: Wissenschaftliche Verlagsgesellschaft, 179–204.

Thoen, Irma (2007): *Strategic Affection? Gift Exchange in Seventeenth-Century Holland.* Amsterdam: Amsterdam University Press.

Villiers, de Jacques F. (1776*): Eine geheime Handschrift der Herrn Suttons, und raisonnierende Erläuterungen der Mittel, welche sie sich bey der Einimpfung der Blattern bedienen […].* Frankfurt und Leipzig: ohne Verlag.

Vogel, Samuel G. (1794): *Handbuch der practischen Arzneywissenschaft zum Gebrauche für angehende Aerzte. Dritter Theil (zweyte viel vermehrte Ausgabe).* Stendal: Franzen und Grosse.

Woodville, William (1799*): Reports of a Series of Inoculations for the Variolae Vaccinae, or Cow-Pox […].* London: Phillips and Sohn.

Zedler, Johann H.: *Grosses vollständiges Universal-Lexicon aller Wissenschafften und Künste*. Leipzig 1731–1754, digitalisierte Fassung der Bayerischen Staatsbibliothek. https://www.zedler-lexikon.de (30. Januar 2022).

Verzeichnis der archivalischen Überlieferungen

LAB (Landesarchiv Berlin), E-Rep. 200-75, Nr. 3 [Briefe von F. Wilhelm D. Muzell an Ernst L. Helm, abgeschrieben von Fr. v. Gosslar im Okt. 1952] (1771–1778).

SBB (Staatsbibliothek zu Berlin), Ms. Boruss. Qu. 433–444, 448–467 und 477–496 [Schreibkalender Ernst L. Heims der Jahrgänge 1776–1778; 1780–1783; 1786–1788, 1791, 1797–1834].

GNM (Germanisches Nationalmuseum Nürnberg): Historisches Archiv, Autographen Allg. Reihe, K. 3, Heim, Ernst Ludwig [Brief Ernst L. Heims an Unbekannt, Berlin d. 12.5.1802].

Thomas Fuchs

Die Neubildung einer Wissenschaft

Die Sprache der experimentellen und der Völkerpsychologie bei Wilhelm Wundt

1 Einleitung: Psychologie zwischen Geist und Materie oder der Weg zur Psychophysik

Am 3. Januar 1898 wurde an der Universität Leipzig das physikalisch-chemische Institut eröffnet. Über die Feierlichkeiten berichtete August Leskien in seinem Tagebuch:

> Die Einweihung des neuen physikalisch-chemischen Instituts morgens um 11: von interessanten Menschen dort namentlich [Jacobus Henricus] van 't Hoff. [Wilhelm] Ostwald hielt eine Rede über den Zeitbegriff; machte Experimente mit flüssiger Luft. Nachmittags gab er ein Diner im Hôtel de Russie, 3. Teil auch die Frauen mit. Ich saß zwischen [Karl] Lamprecht und dem Kieler Physiker [Hermann] Ebert. Abends Commers im Buchhändlerhause. Großartig ist die Handhabung der Wissenschaft bei diesen Menschen; wie nichtig ist all unsere sprachwissenschaftliche Tätigkeit dagegen.
>
> (Leskien 2016: 126)

Nun war Leskien selbst ein bedeutender Wissenschaftler, erster Inhaber eines Lehrstuhls für Slawistik in Deutschland und Nestor seines Faches, der eine ganze Wissenschaftlergeneration in Deutschland und den slawischen Ländern prägte (vgl. Pohl 1985). Wilhelm Wundt selbst adelte Leskien mit dem Hinweis, dass er in einer Publikation von 1875 der erste gewesen sei, der von der „Ausnahmslosigkeit der Lautgesetze" geschrieben habe (Wundt 1911: 374). Wundt hielt diese Erkenntnis für einen epochemachenden Fortschritt in der Sprachwissenschaft.

Die Bewunderung für die modernen Naturwissenschaften und für technische Entwicklungen, für das Experiment gegenüber der reinen Geistesarbeit am Text, ihre Praxisrelevanz wurde von Leskien immer wieder in seinen Tagebüchern thematisiert. So beeindruckt Leskien von den neuen maschinengestützten Wissenschaften war, so reserviert standen doch viele Wissenschaftler der Zeit ihnen gegenüber. Der von Leskien so bewunderte Wilhelm Ostwald schrieb über dieses Phänomen in seiner Autobiographie:

> Die Schreibmaschine war damals selbst in Deutschland außerhalb der kaufmännischen Kreise eine Seltenheit und Tagesschreiber kokettierten mit der Mitteilung, dass sie ihre

https://doi.org/10.1515/9783111437392-006

> Erzeugnisse ‚tippten'. Wilhelm Wundt war unter den Gelehrten fast der einzige, der sich der Maschine bediente, seiner schwachen Augen wegen, wie seine Freunde entschuldigend hinzufügten.
>
> (Ostwald 2003: 210)

Dass Wilhelm Wundt eine Schreibmaschine benutzte, musste von seinen Schülern, damit sind die Freunde gemeint, entschuldigt werden, obwohl er eine experimentell begründete Wissenschaft geradezu erfunden hatte, nämlich die experimentelle Psychologie. Die experimentelle Psychologie stellte im Spannungsfeld zwischen Physiologie und Philosophie ein neues Paradigma dar. Es drehte sich im Kern um anthropologische Grundfragen wie die nach dem Bewusstsein, der Empfindung, dem Denken, also die psychischen Charakteristika, die den Menschen zum Menschen machen, ausgehend von dem methodischen Problem, wie Bewusstseinsvorgänge erkannt und gemessen werden können (vgl. Fuchs 2022). Die experimentelle Psychologie mit ihrem vordergründig durch Experiment und Messung nachweisbaren Wahrheitsanspruch musste diesen Wahrheitsanspruch auch begrifflich demonstrieren. Die Schilderung Leskiens der Experimente seiner Chemiker-Kollegen an der Universität Leipzig zeigt eindrücklich die Überzeugungskraft, die das Experiment auf die zeitgenössischen Geistes- und Sprachwissenschaftler ausüben konnte. Mit dem Wahrheitsanspruch objektiver, mathematisch begründeter Messung wurde um das neue Paradigma der experimentellen Psychologie herum ein ganzes Arsenal von Begrifflichkeiten und Erkenntnisstrategien entworfen, mit denen die experimentelle Psychologie in einem von Traditionswissenschaften wie der Philosophie beherrschten Wissenschaftsmilieu etabliert werden sollte. Die folgenden Bemerkungen versuchen diese Entwicklung, wenn auch nur ansatzweise aufgrund der enormen Komplexität des Themas, zu benennen.

Die Fragen nach der menschlichen Psyche wurden, natürlich sehr vereinfacht, von zwei Paradigmen bestimmt: auf der einen Seite stand die Grundthese, dass das Bewusstsein nicht messbar sei, es gleichsam Objekt metaphysischer Spekulation sei, auf der anderen Seite eine naturwissenschaftlich-mechanistische Sichtweise, die von La Mettrie herkam, dass das Bewusstsein ausschließlich Ergebnis physiologischer Prozesse sei (vgl. Fahrenberg 2007: 309).

> Also fällt die ganze rationale Psychologie, als eine, alle Kräfte der menschlichen Vernunft übersteigende Wissenschaft, und es bleibt uns nichts übrig, als unsere Seele an dem Leitfaden der Erfahrung zu studieren und uns in den Schranken der Fragen zu halten, die nicht weiter gehen, als mögliche innere Erfahrung ihren Inhalt darlegen kann.
>
> (Kant 1992: 384)

War die hier formulierte Ansicht Kants unbefriedigend, weil sie das Eigentliche des Menschen wissenschaftlicher Betrachtung entzog, so konnte die mechanistische

Reduktion des menschlichen Geistes bestimmte Phänomene nicht erklären. Eine berühmte Episode kann das Problem verdeutlichen: Im Januar 1796 wurde David Kinnebrook vom königlichen Astronomen Nevil Maskelyne am Greenwich-Observatorium entlassen (vgl. Wontorra 2009: 70). Bei der Beobachtung und zeitlichen Registrierung von Meridiandurchgängen nach der Auge-Ohr-Methode kam es zu Messfehlern bis zu 8/10 Sekunden, die sich Maskelyne nur mit der Nachlässigkeit seines Assistenten erklären konnte.

Offensichtlich war es um 1800 noch nicht vorstellbar, dass komplexe mentale Operationen auf der Basis verschiedener Sinneseindrücke messbare Zeit beanspruchen würden. Erst Friedrich Wilhelm Bessel bestimmte zwischen 1819 und 1823 die methodischen Messfehler genauer, ohne dass es den Astronomen in der ersten Hälfte des 19. Jahrhunderts gelang, einen absoluten Fehlerwert zu bestimmen. Emil du Bois-Reymond und Hermann von Helmholtz bestimmten in den 1840er Jahren die Nervenleitgeschwindigkeit bei Menschen auf 60 bis 80 Meter pro Sekunde (vgl. Stock & Lemmerich 2014). Der These Kants, dass das Bewusstsein des Menschen nicht messbar sei, war ein schwerer Schlag versetzt. Damit war klar, dass Bewusstseinsprozesse nicht einfach Reflexe auf physiologische Vorgänge sein konnten.

Parallel zum Zeitmessproblem wurde in Leipzig von Ernst Heinrich Weber und Gustav Theodor Fechner die Frage der Messbarkeit von Bewusstseinsvorgängen bearbeitet und in ein neues wissenschaftliches Paradigma gegossen, das in Fechners „Elemente der Psychophysik“ von 1860 seinen gültigen Ausdruck fand (vgl. Fechner 1860). Psychophysik sei

> eine exacte Lehre von den Beziehungen zwischen Leib und Seele. Als exacte Lehre hat die Psychophysik wie die Physik auf Erfahrung und mathematischer Verknüpfung erfahrungsmässiger Thatsachen, welche ein Mass des von der Erfahrung Gebotenen fordert, zu fussen, und, soweit solches noch nicht zu Gebote steht, es zu suchen. Nachdem nun das Mass bezüglich der physischen Grössen schon gegeben ist, wird die erste und Hauptaufgabe dieser Schrift die Feststellung des Masses bezüglich der psychischen Grössen sein, wo es bisher noch vermisst war; die zweite, auf die Anwendungen und Ausführungen einzugehen, welche sich daran knüpfen.
>
> (Fechner 1860: V)

Fechner unterschied zwischen einer inneren und einer äußeren Psychophysik. Während die äußere Psychophysik das Verhältnis zwischen Reiz und Wahrnehmung thematisierte, wurde die innere Psychophysik als das Verhältnis von neuronalen Prozessen und Empfinden aufgrund des Fehlens neurowissenschaftlicher Methoden nur theoretisch postuliert.

Das Weber-Fechnersche-Gesetz zielte demnach nur auf die äußere Psychophysik ab. Ausgehend vom Weberschen Gesetz zur Beschreibung des Verhältnisses von Reizstärke und Empfindung postulierte Fechner einen logarithmischen Zusammenhang zwischen Reizstärke und Empfindungsintensität. Weber meinte, dass der Reizzuwachs, der eine gerade merkliche Empfindungsänderung hervorruft, in einem konstanten Verhältnis zum schon vorhandenen Reizbetrag stehe. Daraus leitete Fechner das psychophysische Grundgesetz ab, dass die Empfindungsintensität dem Logarithmus der Reizstärke entspricht.[1]

Weber und Fechner hatten ein mathematisch begründetes Modell der Bewusstseinsentstehung formuliert, das mit den traditionellen Denksystemen von Philosophie und Naturwissenschaft nicht mehr in Einklang zu bringen war. Entsprechend intensiv wurde Fechners Modell diskutiert. Insbesondere von zwei Seiten wurde seine Psychophysik attackiert: Von mathematischer Seite, hier vor allem von Johannes von Kries, wurde der grundlegende Einwand vorgebracht, dass nur extensive Größen wie Länge, Zeit und Masse, die in dem Kilogramm-Meter-Sekunde-System beschreibbar und damit extensivierbar waren, messbar seien, was für intensive Größen wie die Empfindung nicht möglich sei (vgl. Wundt 1885: 11). Die Neukantianer hingegen meinten, dass das Subjektive objektiver Betrachtung grundsätzlich nicht zugänglich sei. Hermann Cohen deklarierte, dass der Unterschied zwischen Mythos und Wissenschaft darin bestehe, dass die Wissenschaft von der Materie und der Mythos vom Bewusstsein handle (vgl. Renz 2018). Für Paul Natorp war empirische Psychologie nur als Physiologie denkbar.[2] Den Neukantianern ging es vornehmlich um die Sicherung der erkenntniskritischen Philosophie gegen die sich formierende empirisch und naturwissenschaftlich begründete Psychologie. Die Opposition der Neukantianer gipfelte in der Erklärung der 106 Dozenten der Philosophie 1913, initiiert von Heinrich Rickert, dass künftig keine experimentellen Psychologen mehr auf philosophische Lehrstühle berufen werden dürften.[3] Entschieden wandte sich Wundt noch in diesem Jahr gegen eine Trennung der Psychologie von der Philosophie:

> Jene allgemeineren und darum für die psychologische Bildung wichtigsten Fragen hängen aber so innig mit erkenntnistheoretischen und metaphysischen Standpunkten zusammen, dass gar nicht abzusehen ist, wie sie jemals aus der Psychologie verschwinden sollten. Eben das zeigt deutlich, dass die Psychologie zu den philosophischen Disziplinen gehört […]. Niemand würde daher unter einer solchen Trennung mehr leiden als die Psychologen und durch sie die Psychologie. Was heute, wie man wohl sagen darf, manche Philosophen irrtümlich

1 Wundt (1885: 7) fasste das Weber-Fechnersche-Gesetz so zusammen: „Der Unterschied zweier Reize muss proportional den Reizgrößen wachsen, wenn gleiche Unterschiede der Empfindung entstehen sollen."

2 Natorp (2013), hier insbesondere Kapitel 12 mit der Kritik an der zeitgenössischen Psychologie und Wundt.

3 Die Erklärung wurde in sämtlichen deutschsprachigen philosophischen Zeitschriften abgedruckt, siehe dazu Gundlach (2017: 289–305).

> gegen sie einwenden, sie sei mehr eine technische als eine rein wissenschaftliche Disziplin, das könnte in erschreckendem Maße zur Wirklichkeit werden.
>
> (Wundt 1913: 24)

2 Sprachliche ‚Bewältigungen' der Psychophysik

Ende der 1870er Jahre führten die Angriffe zu einer schweren Krise der Psychophysik, aus der sie Wilhelm Wundt mit seinem Konzept der experimentellen Psychologie und ihrer begrifflichen, praktischen und theoretischen Grundlegung herausführte. Wundt entwarf drei Strategien, um das psychophysische Paradigma zwischen Philosophie und Mathematik hindurchzuführen:

1. Die theoretische Neugrundlegung der Psychophysik.
2. Die Weiterentwicklung und Institutionalisierung der experimentellen Psychologie. Wundt gründete 1879 das weltweit erste Institut für experimentelle Psychologie (vgl. Meischner-Metge 2009: 1198–1206).
3. Die Ausarbeitung der Völkerpsychologie zu einer universalistischen Analyse der Entwicklung höherer Bewusstseinsinhalte.

Für unser Thema ist insbesondere die theoretische Neukonzeption der Psychophysik bedeutend, weil sie mit einer begrifflichen Neuorientierung der Psychologie aufs engste verbunden war. Schon 1862 hatte Wundt die Frage, wie der „physische Empfindungseindruck zur Empfindung" wird, zur Grundfrage der Psychologie erklärt (Wundt 1862: XV). Mit seinen 1874 erschienenen „Grundzügen der Physiologischen Psychologie" legte Wundt das erste Lehrbuch der experimentellen Psychologie vor (vgl. Wundt 1874). In der 2. Auflage von 1880 war Wundts Sicht auf die Bestimmungsgrößen des Psychischen geklärt, so dass von diesem Punkt aus auf die Neuorientierung der Psychologie zwischen Materialismus und Philosophie durch Wundt geblickt werden kann (vgl. Wundt 1880). Der Psychiater Emil Kraepelin schilderte die Aufbruchsstimmung in Wundts Institut für experimentelle Psychologie:

> Wir fühlten uns als Pioniere im Neuland, als die Schöpfer einer Wissenschaft mit ungeahnten Aussichten. Wundt brachte mehrere Nachmittage in der Woche in seinem nebenan gelegenen, bescheidenen Professorenstübchen zu, kam zu uns, beriet uns und nahm öfter selbst an den Versuchen teil; er war auch jederzeit für uns zugänglich.
>
> (Kraepelin 1920: 352)

An der materialistischen Position kritisierte Wundt, dass bei dem Versuch einer vollständigen Reduktion der Psyche auf ihr materielles Substrat, nämlich Gehirn und Nervensystem, immer ein irreduzibler Rest bleiben müsse (vgl. Wontorra 2009: 46). Interessanterweise basierte seine Kritik auf einem logischen Argument: Wenn die Psychologie in der Gehirnphysiologie (und damit Mechanik) aufgeht, widerspricht dies der ersten Regel naturwissenschaftlicher Logik, dass nur solche Tatsachen in einen begreiflichen Zusammenhang von Bedingungen und Folgen gebracht werden können, die unter sich gleichartig sind, weil sie nur dann mit übereinstimmenden Maßen gemessen und unter gemeinsamen Gesetzen geordnet werden können.

Der für die Philosophie so zentrale Seelenbegriff wurde von Wundt radikal säkularisiert und die Seele als Gesamtinhalt unseres Erlebens, also Empfinden, Vorstellen, Fühlen, Denken und Wollen, definiert (vgl. Wundt 1918b: 6). Mit seiner für die Zeit bedeutenden Aktualitätsauffassung vom Psychischen, nach der alles Psychische eine ununterbrochene Folge von Vorgängen und Entwicklungen sei, wandte sich Wundt gegen den substantiellen Seelenbegriff der metaphysischen Psychologie. Wundt verstand die psychische Kausalität im Sinne des psychophysischen Parallelismus.

Der psychophysische Parallelismus war die Lösung gegen die Vereinnahmung der Psychologie durch die Physiologie, ohne aber die Psychologie wieder an die traditionelle Seelenmetaphysik zurückbinden zu müssen. Psyche war etwas Eigenes zwischen physiologischer Bindung und metaphysischer Seelenbeschreibung (vgl. Wundt 1894). Das Parallelgehen von psychischen Vorgängen und physiologischen Reaktionen ist beschränkt auf alle Vorgänge, bei denen der Parallelismus tatsächlich nachweisbar ist, nämlich bei den elementaren psychischen Vorgängen (Empfindungen). Höhere geistige Prozesse entziehen sich einer eindeutigen Abbildung auf entsprechende physiologische Vorgänge. Die sinnlichen Bestandteile unserer Erfahrung sind an sinnliche, d.h. physiologische Vorgänge gebunden. Unsere innere Erfahrung, die den sinnlichen Inhalt gestaltet, was durch logische oder ethische Normen verbunden ist, ist nicht an irgendwelche physiologischen Vorgänge gebunden. In deutlicher Anlehnung an John Locke schrieb Wundt: „Mit zureichender Sicherheit lässt sich wohl der Satz als begründet ansehen, dass sich nichts in unserem Bewusstsein ereignet, was nicht in bestimmten physiologischen Vorgängen seine körperliche Grundlage fände." (Wundt 1874: 858; vgl. Fahrenberg 2018: 87).

Die Bildung von Vorstellungen und höheren Bewusstseinskomplexen erklärte Wundt mit dem Prinzip der „schöpferischen Synthese", die ein Erklärungsschema für alle höheren Bewusstseinskomplexe bereitstellte. Empfindungen und Vorstellungen werden apperzeptiv mit typischen Gefühlstönen verbunden, auf verschiedene Weise ausgewählt, analysiert, assoziiert und kombiniert, auch mit motorischen und vegetativen Funktionen verknüpft, nicht bloß „verarbeitet", sondern auch „schöpferisch synthetisiert" (Wundt 1918b: 394).

Zum Prinzip der schöpferischen Synthese kam komplementär das Prinzip der „beziehenden Analyse" hinzu, um größere Vorstellungskomplexe zu beschreiben. Jeder einzelne psychische Inhalt empfängt seine Bedeutung durch die Beziehungen, in denen er zu anderen psychischen Inhalten steht. Das Vergleichen und Beziehen sei ein ursprünglicher psychischer Vorgang, der auf nichts anderes rückführbar sei. Deshalb soll die psychologische Zerlegung der Bewusstseinsvorgänge in ihre Elemente immer zugleich deren Beziehungen erschließen (vgl. Wundt 1918b: 21).

Neben diesen psychischen Funktionalitäten definierte Wundt einige zentrale Begriffe zur Beschreibung von Bewusstseinsformen: Ein Schlüsselbegriff ist die Apperzeption als Bezeichnung für den ständig wandernden Bewusstseinsfokus (vgl. Wundt 1918b: 14; vgl.: Wontorra 2009: 50). Die Summe aller im Bewusstsein vorhandenen Vorstellungen ist das innere Blickfeld. Die Vorstellungen, auf die das Subjekt seine Wahrnehmung richtet, ist der Blickpunkt. Perzeption bezeichnet den Eintritt in den weiteren Umfang des Bewusstseins, die Apperzeption die Erhebung in den Fokus der Aufmerksamkeit. Beides sind Begriffe, die Wundt aus Leibniz' Monadenphysik entlehnt hatte (vgl. Wundt 1891: 251–252; vgl. Fahrenberg 2016: 98–107). Perzeption ist das tatsächlich nachweisbare Eintreten irgendeines Inhaltes in das Bewusstsein. Apperzeption ist das Erfassen irgendeines Inhalts durch die Aufmerksamkeit. Die perzeptierten Inhalte sind also die mehr oder weniger dunkel bewussten, stets aber über der Schwelle des Bewusstseins gelegenen. Die apperzipierten Inhalte sind die klar bewussten Inhalte. Die Apperzeption ist die Einheitsfunktion, die mannigfaltige Inhalte zu einem Ganzen verbindet. Dem stehen die zentrifugalen Perzeptionsprozesse gegenüber, die mit den Apperzeptionen das Ganze des seelischen Lebens bilden.

In dem Prinzip der „belebenden Apperzeption" stellte Wundt eine Fundamentalkategorie zur Beschreibung des menschlichen Bewusstseins auf: Der Begriff der Apperzeption fasst die in der Einfühlung zusammengefassten assimilativen Elementarprozesse mit den Faktoren des Raum- und Zeitbewusstseins in einen einheitlichen Apperzeptionsprozess zusammen. Dieser Apperzeptionsprozess projiziert das eigene Selbst des Beschauers in das Objekt und erhebt das Objekt zu einem immanenten Inhalt des eigenen Selbst. Das komplexe Apperzeptionsprinzip beherrscht das Seelenleben in allen seinen Entwicklungen und Formen. Es beherrscht die Anschauungswelt der Kinder noch relativ ungestört, bei den Erwachsenen bricht es immer wieder durch. Es belebt die Schöpfungen der Kunst von der einfachsten Form bis zur vollendeten Nachbildung der menschlichen Gestalt oder den Erzeugnissen der Architektur, der bildenden und musischen Künste. Dabei ist das

Prinzip der belebenden Apperzeption mit der schöpferischen Kraft des Geistes aufs engste verbunden, so dass beide nicht getrennt werden können (vgl. Wundt 1919: 74). Wundt suchte in der begrifflichen Beschreibung der in der experimentellen Psychologie gewonnenen Bewusstseinsfunktionen den Rückgriff auf die philosophische Tradition und verortete damit sein Fachgebiet in der Traditionswissenschaft par excellence.

Für Wundt war die Psychologie eine Wissenschaft von der unmittelbaren Erfahrung. Jede Erfahrung enthält zwei untrennbare Faktoren: die Erfahrungsobjekte und das erfahrende Subjekt (Wundt 1896: 13). Die experimentelle Psychologie war für die einfachsten psychischen Funktionen vorgesehen. Für die Analyse aller höheren mentalen Funktionen und vor allem für die kulturellen Produkte sollte die Völkerpsychologie zuständig sein:

> Die Psychologie in ihrer gewöhnlichen und allgemeinen Bedeutung des Wortes sucht die Tatsachen der unmittelbaren Erfahrung, wie sie das subjektive Bewusstsein uns bietet, in ihrer Entstehung und in ihrem wechselseitigen Zusammenhang zu erforschen. In diesem Sinne ist sie Individualpsychologie. Sie verzichtet durchgängig auf eine Analyse jener Erscheinungen, die aus der geistigen Wechselwirkung einer Vielheit von Einzelnen entspringen. Eben deshalb bedarf sie aber einer ergänzenden Betrachtung, die wir der Völkerpsychologie zuweisen. Demnach besteht die Aufgabe jenes Teilgebietes der Psychologie in der Untersuchung derjenigen psychischen Vorgänge, die der allgemeinen Entwicklung menschlicher Gemeinschaften und der Entstehung gemeinsamer geistiger Erzeugnisse von allgemeingültigem Werte zugrunde liegen.
>
> (Wundt 1911: 1)

Wissenschaftsgeschichtlich bedeutsam war die Positionierung der Psychologie zwischen Philosophie und Physiologie als ein eigenständiges Wissenschaftsparadigma vergleichbar den Geisteswissenschaften und den Naturwissenschaften (vgl. Araujo 2016: 168–173). Entsprechend definierte Wundt sein Fach: „Diese Wissenschaft habe die Tatsachen des Bewusstseins, ihre Verbindungen und Beziehungen zu untersuchen, um schließlich die Gesetze aufzufinden, von denen diese Beziehungen beherrscht werden." (Wundt 1918a: 1). Psychologie ist eine empirische Geisteswissenschaft (vgl. Wundt 1918b: 18). Zu diesem universalistischen Anspruch gehörte die Völkerpsychologie, die die Psychologie zu einem Großforschungsfach machen sollte, gleichsam zu einer ubiquitären Wissenschaft vom Menschen als psychischem Subjekt, eine Wissenschaft vom Kern des Menschseins. Denn Denken und Bewusstsein, nicht die physiologische Verfassung, scheiden den Menschen vom Tier. Wundt konnte in seinem voluntaristischen Denken so weit voranschreiten, dass der aufrechte Gang, der ein wesentliches Merkmal für die Scheidung von

Mensch und Tier sei[4], das Produkt einer Art Selbsterziehung sei, bei der psychische Anlagen und frei gewollte Kultur zusammenwirkten:

> Ist somit der aufrechte Gang das Produkt einer Art Selbsterziehung, bei der physische Anlagen, die der Mensch gemeinsam mit vielen verwandten Tieren besitzt, und eine teils durch die äußeren Bedingungen erzwungene, teils frei gewollte Kultur zusammenwirken, so liefert uns ein prägnantes Beispiel eines auf den gleichen Wegen natürlicher Entstehung und willkürlicher Beherrschung der Natur gewordenen scheinbar frei geschaffenen Hilfsmittel das Feuer.
>
> (Wundt 1920: 189)

Die Vorstellung, dass die menschliche Evolution (hier immer gedacht im Menschsein gegenüber den Tieren) ein Produkt des menschlichen Willens sei, basierte auf dem Voluntarismus Hegels in seiner Idee vom Volksgeist, dass sich der Weltgeist durch die „unermessliche Masse des Wollens“ verwirklichen könne:

> Diese unermeßliche Masse von Wollen, Interessen und Thätigkeiten sind die Werkzeuge und Mittel des Weltgeistes, seinen Zweck zu vollbringen – ihn zum Bewußtseyn zu erheben und ihn zu verwirklichen; und dieser ist nur sich zu finden, zu sich selbst zu kommen und sich als Wirklichkeit anzuschauen.
>
> (Hegel 1995: 162)

Das neue Wissenschaftsparadigma bildete eine universalistische Wissenschaft vom menschlichen Bewusstsein, von den allereinfachsten Bewusstseinsregungen bis zu den komplexen mentalitätsgeschichtlichen Bedingungen moderner Staatsbildung, d.h. einer Wissenschaft, die die menschliche Entwicklungsgeschichte von den Anfängen der Zivilisation bis zur Moderne beschreibt.

Und so definierte Wundt die Stellung der Psychologie innerhalb der Wissenschaften (vgl. Wundt 1918b: 18–20):

1. Zu den Naturwissenschaften ist sie eine ergänzende Erfahrungswissenschaft.
2. Als Wissenschaft von den allgemeingültigen Formen unmittelbarer menschlicher Erfahrung und ihrer gesetzmäßigen Verknüpfung ist sie Grundlage der Geisteswissenschaften.
3. Die Ergebnisse der Psychologie kommen Erkenntnistheorie und Ethik zugute. Gegenüber der Philosophie ist die Psychologie die vorbereitende empirische Wissenschaft.

4 Wundt (1920: 60–72): „Der aufrechte Gang als anthropologisches Merkmal.“ Das darauffolgende Kapitel hat die „primitive Kultur“ zum Gegenstand.

Entsprechend wollte Wundt der Philosophie als Gegenstände nur noch Ethik, Logik und Erkenntnistheorie zugestehen, was zu einem Gutteil die heftigen Reaktionen der akademischen Philosophie gegen die sich formierende experimentelle Psychologie erklärt. Die Philosophie konnte nur noch eine auf Erfahrungen basierende Wissenschaft sein. Der Metaphysik wurde die Aufgabe zugewiesen, auf der Basis der positiven Wissenschaften über Seinsphänomene zu spekulieren, sie gleichsam in einer höheren Denkebene miteinander zu verbinden (vgl. Wundt 1908: 131–133). Diese Abgrenzung zwischen Philosophie und Psychologie war nur möglich, weil innerhalb der experimentellen Psychologie eine Begriffswelt entwickelt wurde, die der Psychologie innerhalb des Wissenschaftskanons einen neuen, unbesetzten Platz zuweisen konnte.

Begriffsanalytisch betrachtet ist der Wundtsche Entwurf der experimentellen Psychologie ein Spagat zwischen philosophischer und naturwissenschaftlicher Sprachlichkeit. Auf der einen Seite entlehnte Wundt zentrale Begriffe für seine Psychologie aus der Leibniz'schenPhilosophie, insbesondere die Begriffe Perzeption und Apperzeption. Auf der anderen Seite führte er immer wieder Traditionsbegriffe an wie Seele, Bewusstsein, Willen, deren philosophischen Inhalt er radikal entkernt hatte. Die Seele war nicht mehr etwas Metaphysisches, das Unhinterfragbare oder der göttliche Funke, sondern nichts weiter als der aktuelle Umfang unserer Empfindungen und Erfahrungen.

Gleichzeitig zur Verwendung und Uminterpretation von philosophischen Traditionsbegriffen suggerierte die experimentelle Psychologie auf der Basis von Experimenten, die mit Maschinen durchgeführt wurden, einen höheren, nämlich mathematisch-naturwissenschaftlich begründeten Wahrheitsanspruch (vgl. Wontorra 2009). Psychologische Publikationen dieser Zeit sind voll von Messkurven, statistischen Massendaten und Gleichungen.

In diesem Kontext kam dem Begriff des Gesetzes eine herausragende Stellung zu. In der Generation Wundts dreht sich die Psychologie wesentlich um die Suche nach psychologischen Gesetzen. Der Begriff des Gesetzes spielte eine zentrale narrative Rolle bei der Fundierung der Psychologie als ‚empirischer Geisteswissenschaft', nämlich durch Empirie Gesetze zu finden, ähnlich den physikalischen oder biologischen Gesetzen. In der Völkerpsychologie war eine zentrale Fragestellung die Suche nach Entwicklungsgesetzen des menschlichen Geistes. Die Entwicklung der menschlichen Gesellschaft vollziehe sich in Stadien. Die Gesetzmäßigkeit bestehe nun darin, dass jedes Stadium das vorherige voraussetze und alle späteren Stadien auf den früheren aufbauen (vgl. Schulz 2006: 187). Eigentlich sprach Wundt hier nicht von Gesetzen, sondern von Regelmäßigkeiten. Trotzdem verwendete er den Begriff „Gesetz", um die Psychologie als naturwissenschaftlich begründetes Forschungsprogramm zu konstituieren.

Diese Gleichzeitigkeit von naturwissenschaftlicher und philosophischer Sprachfundamentierung der Psychologie brachte Wundt in dem Diktum von der Psychologie als einer empirischen Geisteswissenschaft zum Ausdruck. Die bewusste Rückwendung Wundts zu einer philosophischen Traditionsbegrifflichkeit unter naturwissenschaftlichem Methodenanspruch war wohl dem Wunsch Wundts und seiner Kollegen geschuldet, die Psychologie nicht von der Philosophie zu trennen. Die Psychologie bei der Philosophie zu halten, war unabdingbare Voraussetzung für ihre akademische Institutionalisierung.

Die sprachlich-begriffliche Fundierung der Psychologie war von heftigen Konflikten um Methode und Begrifflichkeit der experimentellen Psychologie begleitet. Thomas S. Kuhn hat darauf hingewiesen, dass der Wortgebrauch während einer wissenschaftlichen Revolution stark schwankt und alte Begriffe neue Bedeutungen erhalten (vgl. Kuhn 2017). Wundt selbst führte eine Vielzahl von publizistischen Fehden in der Konstituierungsphase der experimentellen Psychologie.

Einige Beispiele: mit den Würzburger Psychologen um Oswald Külpe über die Selbstbeobachtung als Mittel der Erkenntnis höherer geistiger Prozesse, die Wundt als „Ausfrageexperimente“ zu diskreditieren versuchte (Wundt 1907), mit dem Greifswalder Philosophen Wilhelm Schuppe über erkenntnistheoretische Fragen (vgl. Wundt 1896), mit dem Philosophen Eduard Zeller über psychologische Messungen (vgl. Wundt 1883), mit dem Physiker Karl Friedrich Zöllner über den Spiritismus[5], mit dem Berliner Psychologen Carl Stumpf über die Frage der prinzipiellen Messbarkeit psychischer Tatsachen (vgl. Brock 1991). Wegen seines angeblichen Psychologismus wurde Wundt von Edmund Husserl angegriffen (vgl. Wundt 1910a). Mit seinem Schüler Ernst Meumann diskutierte Wundt die Frage, ob die Psychologie schon angewandt werden könne oder doch noch erst die Grundlagen erforscht werden müssten (vgl. Wundt 1910b) und mit seinem Schüler und Nachfolger Felix Krueger stritt er darüber, ob die Völkerpsychologie nicht doch eher als Kulturpsychologie bezeichnet werden sollte (vgl. Krueger 1915). Die Tiefenpsychologie Sigmund Freuds schließlich lehnte er kategorisch als unwissenschaftlich ab (vgl. Wundt 1918b: 340). Diese Aufzählung erfüllt nicht einmal ansatzweise den Anspruch auf Vollständigkeit.

5 Meinel (1991); dazu Wundts Schrift gegen den Spiritismus: Wundt (1879).

3 Gescheiterte Wissenschaft: Völkerpsychologie in begrifflicher Beharrung

Im Gegensatz zur experimentellen Psychologie verharrte Wundt bei der Völkerpsychologie im Narrativ der historischen Kulturwissenschaften. Weder kam es zu Begriffsneubildungen, noch versuchte sich Wundt an anderen Wissenschaftssprachen. Der Grund hierfür scheint zu sein, dass er strikt zwischen experimenteller und Völkerpsychologie schied, sie gleichsam als zwei Fächer aufgrund ihrer unterschiedlichen methodischen Grundlegung betrachtete. Die Völkerpsychologie galt ihm weniger als ein empirisches, sondern vielmehr als ein analytisch-theoretisches Fach. Denn in der Völkerpsychologie beschäftigte sich das forschende Subjekt mit den psychischen Phänomenen nicht aus erster Hand durch das Experiment, sondern nur aus zweiter Hand aus verschiedenen Quellen. Bei dem zu erforschenden Zeithorizont konnte die Völkerpsychologie das Aktualitätsprinzip der experimentellen Psychologie nicht sicherstellen. Weiterhin vertrat Wundt den Standpunkt, dass die von ihm definierten Kulturzustände nicht wirklich rein vorliegen würden.

Die Völkerpsychologie kreiste um zwei zentrale Begriffe, zum einen um den Begriff der Völkerpsychologie an sich, zum anderen den der „Volksseele“. Beide Termini waren höchst problematisch, worüber sich Wundt durchaus im Klaren war. Aber aus den grundsätzlichen Erwägungen der Verbindung von Individualpsychologie und Völkerpsychologie sowie der hegelianischen Grundlegung seines Geschichtsbildes behielt sie Wundt bei. Wundts Haltung zum Begriff der Völkerpsychologie war durchaus ambivalent. Er sah die Probleme mit dem Begriff an sich, der mehr zu verschleiern als zu verdeutlichen schien. In seinem Buch „Elemente der Völkerpsychologie“ lehnte er die Bezeichnung der Völkerpsychologie als „Gemeinschaftspsychologie“ oder „Sozialpsychologie“ entschieden ab. (vgl. Wundt 1912: 4) Ein Jahr zuvor hatte er hingegen zugestanden, dass die Völkerpsychologie durchaus als „soziale Psychologie“ bezeichnet werden könne. (Wundt 1911: 1) Obwohl Wundt gegenüber Felix Krueger darauf beharrte, dass die Völkerpsychologie nicht einfach „Kulturpsychologie“ sei, konnte er an anderer Stelle behaupten, dass von der Völkerpsychologie als einer „Psychologie der Kultur“ gesprochen werden könne. (Wundt 1920: 57) In diesem Kontext bestand Wundt darauf, dass die Völkerpsychologie nicht auf die Beschreibung geistiger Eigenschaften von Völkern im Sinne einer Völkercharakterologie abziele, die er als Gegenstand der Völkerpsychologie entschieden ablehnte (vgl. Wundt 1911: 8), sondern die Analyse der psychologischen Voraussetzungen höherer Denkprozesse verfolge: „So ist die Völkerpsychologie im eminenten Sinne des Wortes Entwicklungspsychologie.“ (Wundt 1912: 4)

Hier stellt sich die Frage, warum Wundt so ehern am Begriff der Völkerpsychologie festhielt, obwohl es offensichtlich Fachbeschreibungen gab, die die Sache der Völkerpsychologie vielleicht besser zum Ausdruck bringen und insbesondere im Fächerkanon moderner Fächer wie der Soziologie und Ethnologie verortet werden konnten. Zwei Gründe scheinen für Wundt im Vordergrund gestanden zu haben: zum einen die Bindung der Psychologie an die Philosophie, zum anderen die Abwehr der Gefahr, dass die Völkerpsychologie von anderen Fächern geschluckt werden könne. Die Bindung der Psychologie an die Philosophie war, wie schon erwähnt, von zentraler Bedeutung, um die Psychologie im Allgemeinen und die Völkerpsychologie im Besonderen an den deutschen Universitäten institutionalisieren zu können. In inhaltlicher Perspektive hielt Wundt an den Begriffen „Volk" und „Seele" fest, um die Völkerpsychologie in der hegelianischen Philosophie verankern zu können. Wie zentral diese Frage war, wird an der Vorstellung Wundts deutlich, dass die Geschichte mit dem Handeln von herausragenden Individuen beginne: „Die Geschichte beginnt, wie man annimmt, in dem Augenblick, wo führende Einzelpersönlichkeiten den Verlauf der Ereignisse bestimmen." (Wundt 1911:14).

Gegen die Tendenz, die Völkerpsychologie in einem benachbarten Fach aufgehen zu lassen, verteidigte Wundt immer wieder ausführlich die Völkerpsychologie als eigenständiges Forschungskonzept. Grundsätzlich musste sich die Völkerpsychologie in seiner Sichtweise gegenüber vier Fächern konstituieren: gegenüber der Geschichtswissenschaft, der Sprachwissenschaft, der Soziologie und Ethnologie. Die Abgrenzung gegenüber der Geschichtswissenschaft gestaltete sich dabei am wenigsten problematisch. Mit seinem strikten Hegelianismus ordnete sich Wundt unproblematisch in das vorherrschende geschichtswissenschaftliche Denken seiner Zeit ein. Demgegenüber waren die Auseinandersetzungen zwischen führenden Soziologen wie Max Weber (vgl. Weber 1995) sowie Georg Simmel (vgl. Wundt 1917: 35–37) und Wundt in Bezug auf die Völkerpsychologie eher von erkenntnistheoretischer als wissenschaftspraktischer Bedeutung, in gewisser Weise ein Erbe des Dissenses zwischen Wundt und den Neukantianern.

Für die Begriffsbildung der Völkerpsychologie hingegen war das Verhältnis zur Ethnologie von zentraler Bedeutung. Denn grundsätzlich widmeten sich Völkerpsychologie und Ethnologie zuallererst primitiven Gesellschaftsformen und ihren Konstituierungsbedingungen. Deshalb wurde Wundt auch sehr schnell nach dem Erscheinen des 1. Bandes der Völkerpsychologie (vgl. Wundt 1900) von Berthold Delbrück mit dem Hinweis konfrontiert, dass die Völkerpsychologie in der Ethnologie aufgegangen sei (vgl. Delbrück 1901). Entsprechend viel Aufwand verwendete Wundt darauf, die Unterschiede zwischen Völkerpsychologie und Ethnologie zu erläutern (vgl. Wundt 1911: 2–7; Wundt 1917: 53–64; Völkerpsychologie 1920a: 10; Wundt 1920b: 7).

An diesem Punkt kam dem Seelenbegriff eine zentrale Bedeutung zu. Wundt hielt stets am Begriff der Seele fest. In gewisser Weise wirkt es irritierend, dass Wundt dem Begriff der Seele eine so zentrale Rolle zurechnete, obwohl er in seinem Gedankengebäude jeden Sinn verloren hatte. Für ihn war Seele ein rein empirischer Terminus, den er synonym zum Begriff des Bewusstseins gebrauchte. Die Seele sei nur der tatsächlich gegebene Zusammenhang der psychischen Erlebnisse, nicht was von außen oder innen hinzukomme (vgl. Wundt 1911: 9). „Seele" fungierte bei Wundt nur als Bezeichnung der Summe der psychischen Vorgänge und Erfahrungen des individuellen Bewusstseins (vgl. Wundt 1918b: 386). Der „Volksgeist" wurde als die Summe der Ideen ohne Beziehung zur körperlichen Natur des Menschen definiert. Mit anderen Worten: Die Volksseele ist das Bewusstsein der Gemeinschaft, die Volksgeister sind die historisch wirksamen Ideen, die die geschichtliche Entwicklung der Gemeinschaft vorantreiben. Dass sich die Neukantianer dadurch provoziert sahen, liegt auf der Hand. Die Psychologie (nicht nur Wundts) war gleichsam übergriffig, weil sie das Fach Philosophie auffraß und dann auch noch zentrale Begriffe sinnentleerte und gleichsam okkupierte.

Für Wundt war Seele in der Völkerpsychologie aus zwei Perspektiven bedeutend. Er konnte die Völkerpsychologie mit dem Begriff „Volksseele" von der Ethnologie absetzen: Die „Lehre von der Volksseele" sei Gegenstand der Völkerpsychologie. Der „Volksgeist" hingegen gehöre zur Völkercharakteristik oder zur psychologischen Ethnologie. (Wundt 1911: 7–11: „Volksgeist und Volksseele") Die Volksseele sei nicht nur die Summe der individuellen Bewusstseinsinhalte, sondern resultiere aus der Verbindung psychischer und psychophysischer Prozesse. Deshalb würden die völkerpsychologischen Entwicklungen das individuelle Leben überdauern. Dadurch stellte sich die Völkerpsychologie als eine Weiterentwicklung der Philosophie Hegels dar, die Wundt zu einer Kollektivphilosophie des Bewusstseins erweiterte. Die Parallelisierung von Individualpsychologie und Völkerpsychologie fand in gewisser Weise eine Entsprechung in der Weiterentwicklung des Weltgeistes in der Individualphilosophie Hegels zu einer Kollektivphilosophie des menschlichen Bewusstseins. Wenn man die Prinzipien Wundts in Regelmäßigkeiten (Gesetze) fassen wollte, dann in ein Gesetz der psychophysischen Entwicklung. Je niedriger entwickelt ein psychophysischer Organismus ist, desto wirkmächtiger ist seine physiologische Seite, je entwickelter ein Organismus ist, desto wirkmächtiger wird die psychische Seite. Dieses Gesetz steigert sich bis zur Volksseele und den Ideen, die die Geschichte machen. Je entwickelter Individuen und Gesellschaften sind, desto wichtiger werden Ideen.

Nicht nur der radikale Idealismus, der insbesondere für die sich formierende „Verstehende Soziologie" mehr als problematisch war, sondern insbesondere der Begriff der Volksseele und die damit verbundene Behauptung, dass sie empirisch beobachtbar sei (vgl. Wundt 1911: 9), führte zu harscher Kritik an Wundts Konzept. Der Sprachwissenschaftler Paul Hermann legte mit seiner grundlegenden Kritik die Axt an das Gedankengebäude der Wundtschen Völkerpsychologie. Der von Wundt gebrauchte Begriff der Seele oder des Bewusstseins könne als empirischer Begriff nur für das Bewusstsein des Individuums verwendet werden. Das Bewusstsein eines Volkes sei hingegen nur eine Metapher:

> Aller Verkehr der Seelen unter einander ist nur ein indirekter auf psychischem Wege vermittelter. Es bleibt also dabei, es kann nur eine individuelle Psychologie geben, der man keine Völkerpsychologie oder wie man es sonst nennen mag gegenüber stellen darf.
>
> (Hermann 1909: 11–12)

Und so konstatierte das „Wörterbuch der Philosophischen Grundbegriffe“ im Artikel „Völkerpsychologie“: „Ihr Grundproblem ist und bleibt der Volksgeist.“ (1907: 683). Schließlich machten die Erfahrungen des Ersten Weltkriegs der idealistischen Völkerpsychologie endgültig den Garaus: „Deutlich hat sich in dem allen [der Verlauf des Ersten Weltkriegs] gezeigt, daß nicht die Ideen, sondern die Interessen das Völkerleben beherrschen.“ (Eucken 1918: 7).

4 Fazit

Zusammenfassend lässt sich konstatieren, dass die Gründungsphase der experimentellen Psychologie, deren wichtigster Vertreter Wilhelm Wundt war, von einer methodischen und begrifflichen Neuorientierung der Psychologie begleitet wurde, die sich zwischen begrifflicher Traditionsbildung und methodischer Innovation bewegte. Konnte die experimentelle Psychologie von ihren Vertretern als akademische Disziplin institutionalisiert werden, so scheiterte das Projekt der Völkerpsychologie. Die erheblichen erkenntnistheoretischen Probleme der Völkerpsychologie und ihre idealistische Grundlegung konnten in einer Zeit, in der sich moderne sozial- und kulturwissenschaftliche Paradigmen im akademischen Milieu konstituierten, nicht mehr überzeugen. Vielleicht hängt das Scheitern der Völkerpsychologie im Vergleich zur experimentellen Psychologie auch damit zusammen, dass es Wundt nicht gelungen ist bzw. es von ihm nicht versucht wurde, eine neue Begrifflichkeit zu entwickeln und mit dieser dann zu operieren. Wenn Wissenschaften sich durch unterschiedliche Gegenstände, Fragestellungen und Begriffssysteme unterscheiden, dann hat eine Wissenschaft, die begrifflich nicht neu fundiert wird, einen Nachteil im Konkurrenzkampf mit anderen Wissenschaften. Insofern behinderten wissenschaftsintern betrachtet die idealistische Grundlegung sowie eine fehlende begriffliche Neuorientierung die Etablierung der Völkerpsychologie als eigenständige Wissenschaft innerhalb des kulturhistorischen Fächerspektrums.

Literaturverzeichnis

Araujo, de Saulo F. (2016): *Wundt and the philosophical foundations of psychology: a reappraisal.* Cham u.a.: Springer.

Brock, Adrian (1991): Was macht den psychologischen Expertenstatus aus? Eine Auseinandersetzung zwischen Wundt und Stumpf. In: *Psychologie und Geschichte* 2, 109–114.

Delbrück, Berthold (1901): *Grundfragen der Sprachforschung. Mit Rücksicht auf W. Wundts Sprachpsychologie erörtert.* Straßburg: Trübner.

Eucken, Rudolf (1918): *Die geistigen Forderungen der Gegenwart*. 3. Aufl. Berlin: Reichl.

Fahrenberg, Jochen (2007): *Menschenbilder: psychologische, biologische, interkulturelle und religiöse Ansichten.* Freiburg i. Br.: Institut für Psychologie.

Fahrenberg, Jochen (2018): *Wilhelm Wundt (1832-1920). Gesamtwerk: Einführung, Zitate, Kommentare, Rezeption, Rekonstruktionsversuche.* Lengerich: Pabst Science Publishers.

Fahrenberg, Jochen (2016): *Leibniz' Einfluss auf Wundts Psychologie, Philosophie und Ethik*. Freiburg: Albert-Ludwigs-Universität Freiburg, online: http://nbn-resolving.de/urn:nbn:de:bsz:25-freidok-124076.

Fechner, Gustav Th. (1860): *Elemente der Psychophysik*. Teil 1–2. Leipzig: Breitkopf & Härtel.

Fuchs, Thomas (2022): Die Entwicklung des Menschen. Wilhelm Wundts (1832–1920) voluntaristische Anthropologie. In: *Sudhoffs Archiv* 106, 47–85.

Gundlach, Horst (2017): *Wilhelm Windelband und die Psychologie. Das Fach Philosophie und die Wissenschaft Psychologie im Deutschen Kaiserreich.* Heidelberg: Heidelberg University Publishing.

Hegel, Georg W. F. (1995): Philosophie der Weltgeschichte. Einleitung 1830/31. In: Georg Wilhelm Friedrich Hegel: *Vorlesungsmanuskripte II (1816–1831).* Hrsg. von Walter Jaeschke (Georg Wilhelm Friedrich Hegel, Gesammelte Werke 18). Hamburg: Felix Meiner.

Kant, Immanuel (1992): *Kritik der reinen Vernunft*. Hrsg. von Wilhelm Weischedel (Immanuel Kant Werkausgabe IV). 12. Aufl. Frankfurt a.M.: Suhrkamp.

Kraepelin, Emil (1920): Nachruf Wilhelm Wundt. In: *Zeitschrift für die gesamte Neurologie und Psychiatrie* 61, 351–362.

Krueger, Felix (1915): *Über Entwicklungspsychologie. Ihre sachliche und geschichtliche Notwendigkeit* (Arbeiten zur Entwicklungspsychologie 1,1). Leipzig: Engelmann.

Kuhn, Thomas S. (2017): *Die Struktur wissenschaftlicher Revolutionen*. Zweite revidierte und um das Postskriptum von 1969 ergänzte Aufl., 25. Aufl. Frankfurt a.M.: Suhrkamp.

Leskien, August (2016): *Tagebücher 1892–1916*. Hrsg. von Thomas Fuchs & Birgit Staude (Bausteine aus dem Institut für Sächsische Geschichte und Volkskunde 36). Dresden: Thelem

Meinel, Christoph (1991): *Karl Friedrich Zöllner und die Wissenschaftskultur der Gründerzeit: eine Fallstudie zur Genese konservativer Zivilisationskritik* (Berliner Beiträge zur Geschichte der Naturwissenschaften und der Technik 13). Berlin: Sigma.

Meischner-Metge, Anneros (2009): Psychologie. In: *Geschichte der Universität Leipzig 1409–2009*. Bd. 4: Fakultäten, Institute, Zentrale Einrichtungen. Hrsg. von Ulrich von Hehl u.a. Leipzig: Leipziger Universitätsverlag, 1191–1220.

Natorp, Paul (2013): *Allgemeine Psychologie nach kritischer Methode*. Hrsg., komm. und mit einer Einleitung versehen von Sebastian Luft. Darmstadt: Wissenschaftliche Buchgesellschaft.

Ostwald, Wilhelm (2003): *Lebenslinien - eine Selbstbiographie*. Nach der Ausgabe von 1926/27 überarb. und komm. von Karl Hansel (Abhandlungen der Sächsischen Akademie der Wissenschaften zu Leipzig, Mathematisch-Naturwissenschaftliche Klasse 61). Stuttgart, Leipzig: Hirzel.

Paul, Hermann (1909): *Prinzipien der Sprachgeschichte*. 4. Aufl. Halle: Niemeyer.

Pohl, Heinz-Dieter (1985): Leskien, August. In: *Neue Deutsche Biographie* 14, 329–330.
Renz, Ursula (2018): Zwischen erkenntnistheoretischem Rationalismus und wissenschaftsphilosophischem Empirismus. Zu Cohens Philosophiebegriff. In: Christian Damböck (Hrsg.), *Philosophie und Wissenschaft bei Hermann Cohen/Philosophy and Science in Hermann Cohen* (Veröffentlichungen des Instituts Wiener Kreis 24). Cham: Springer, 1–12.
Stock, Armin & Jost Lemmerich (2014): *Hermann von Helmholtz. Ein Wegbereiter der wissenschaftlichen Psychologie*. Würzburg: Adolf-Würth-Zentrum für Geschichte der Psychologie der Universität Würzburg.
Weber, Max (1995): Zur Psychophysik der industriellen Arbeit. In: Max Weber: *Zur Psychophysik industrieller Arbeit. Schriften und Reden 1908-1912*. Hrsg. von Wolfgang Schluchter & Sabine Frommer (Max Weber Gesamtausgabe I, 11). Tübingen: Mohr Siebeck, 162–380.
Wörterbuch der Philosophischen Grundbegriffe (1907). 5. Aufl. Hrsg. von Friedrich Kirchner, Carl Michaëlis. Leipzig: Dürr.
Wontorra, Maximilian (2009): *Frühe apparative Psychologie*. Tönning u.a.: Der andere Verlag.
Wundt, Wilhelm (1920a): *Völkerpsychologie. Eine Untersuchung der Entwicklungsgesetze von Sprache, Mythus und Sitte.* Bd. 10. Kultur und Geschichte. Leipzig: Kröner.
Wundt, Wilhelm (1920b): *Völkerpsychologie. Eine Untersuchung der Entwicklungsgesetze von Sprache, Mythus und Sitte.* Bd. 4. Mythus und Religion: T. 1. 3. Aufl. Leipzig: Kröner.
Wundt, Wilhelm (1919): *Völkerpsychologie. Eine Untersuchung der Entwicklungsgesetze von Sprache, Mythus und Sitte.* Bd. 3. Die Kunst, 3., neubearb. Aufl. Leipzig: Kröner.
Wundt, Wilhelm (1918a): *Einführung in die Psychologie*. 4. Abdr. Leipzig: Dürr.
Wundt, Wilhelm (1918b): *Grundriss der Psychologie*. 13. Aufl. Leipzig: Kröner.
Wundt, Wilhelm (1917): *Völkerpsychologie. Eine Untersuchung der Entwicklungsgesetze von Sprache, Mythus und Sitte.* Bd. 7. Die Gesellschaft: T. 1. Leipzig: Kröner.
Wundt, Wilhelm (1913): *Die Psychologie im Kampf ums Dasein*. Leipzig: Kröner.
Wundt, Wilhelm (1912): *Elemente der Völkerpsychologie. Grundlinien einer psychologischen Entwicklungsgeschichte der Menschheit*. Leipzig: Kröner.
Wundt, Wilhelm (1911): *Völkerpsychologie. Eine Untersuchung der Entwicklungsgesetze von Sprache, Mythus und Sitte*. Bd. 1. Die Sprache: T. 1. 3., neubearb. Aufl., Leipzig: Engelmann.
Wundt, Wilhelm (1910a): Psychologismus und Logizismus. In: Wilhelm Wundt: *Kleine Schriften*. Bd. 1. Engelmann: Leipzig, 511–634.
Wundt, Wilhelm (1910b): Über reine und angewandte Psychologie. In: *Psychologische Studien* 5, 1–47.
Wundt, Wilhelm (1908): Metaphysik. In: *Die Kultur der Gegenwart. Ihre Entwicklung und ihre Ziele.* Hrsg. von Paul Hinneberg. Teil 1. Abteilung IV: Systematische Philosophie. Berlin, Leipzig: Teubner, 103–137.
Wundt, Wilhelm (1907): Über Ausfrageexperimente und über die Methoden zur Psychologie des Denkens. In: *Psychologische Studien* 3, 301–390.
Wundt, Wilhelm (1900): *Völkerpsychologie. Eine Untersuchung der Entwicklungsgesetze von Sprache, Mythus und Sitte.* Bd. 1. Die Sprache: T. 1. Leipzig: Engelmann.
Wundt, Wilhelm (1896a): Über naiven und kritischen Realismus. In: *Philosophische Studien* 12, 1–10.
Wundt, Wilhelm (1896b): Ueber die Definition der Psychologie. In: *Philosophische Studien* 12, S. 1–66
Wundt, Wilhelm (1894): Über psychische Kausalität und das Prinzip des psychophysischen Parallelismus. In: *Philosophische Studien* 10, 1–124
Wundt, Wilhelm (1891): Ueber die Methoden der Messung des Bewusstseinsumfangs. In: *Philosophische Studien* 6, S. 249–260.
Wundt, Wilhelm (1885): Über das Weber'sche Gesetz. In: *Philosophische Studien* 2, S. 1–36.

Wundt, Wilhelm (1883): Ueber die Messung psychischer Vorgänge. In: *Philosophische Studien* 1: 251–260, 463–471.

Wundt, Wilhelm (1880): *Grundzüge der physiologischen Psychologie*. 2., völlig umgearb. Aufl. Leipzig: Engelmann.

Wundt, Wilhelm (1879): *Der Spiritismus. Eine sogenannte wissenschaftliche Frage; offener Brief an Herrn Prof. Dr. Hermann Ulrici in Halle.* Leipzig: Engelmann.

Wundt, Wilhelm (1874): *Grundzüge der physiologischen Psychologie. Mit 155 Holzschnitten.* Leipzig: Engelmann.

Wundt, Wilhelm (1862): *Beiträge zur Theorie der Sinneswahrnehmung*. Leipzig, Heidelberg: Winter.

Martin Bartelmus

Odradeks Erben

Poetik und Politik technischer Individuation in Franz Kafkas *Die Sorge des Hausvaters*, Karel Čapeks *R.U.R.* und bei Simon Denny

1 Poetik oder Politik technischer Individuation

Androiden, Cyborgs und Roboter sind nicht nur Figuren der Imagination eines bestimmten literarischen oder vielmehr künstlerischen Genres, das mit SF oder Science-Fiction bezeichnet werden kann.

Vielmehr existiert eine Auseinandersetzung mit technischen Objekten, die dem Menschen ähneln (vgl. Kreuzer 2008; Pagliarulo 2013; Jank 2014), in der Literatur spätestens seit der Romantik als Automaten, zum Beispiel Olympia in E.T.A. Hoffmanns *Der Sandmann* von 1816 (vgl. Sauer 1983; Merkl 1988; Wawezyn 1990; Tabbert 2006). Diese gehen auf materielle technische Erfindungen zurück (vgl. Truitt 2015), so bei Wolfgang von Kempelens sogenannter *Schachtürke* (vgl. Serexhe & Weibel 2007), die mechanische Ente von 1738 oder auf Androiden von Pierre Jacquet-Droz. Ihre philosophische Grundierung erhalten diese Entitäten in der Mechanik seit Descartes großem Zweifel (vielleicht sind wir alle nur mechanische Entitäten im *Discours de la méthode* von 1637). Zum Ende des 19. Jahrhunderts macht sich auch das neue Medium Film wie bei Georges Méliès' *Gugusse et l'Automate* von 1897 die technischen Entitäten in einer weiteren Dimension der Imagination zunutze (vgl. Menville & Reginald 1977; Johnston 2011).

Die skizzierte Kulturgeschichte technischer Entitäten ist also auch eine Geschichte der Wissenschaft im weitesten Sinne, also nicht nur der Techno- oder Natur-, sondern auch der Geisteswissenschaften und der Künste. Mit einer solchen Kulturgeschichte geht eine spezifische Sprache einher, die nicht nur neutral, sondern immer schon politisch ist. Die politische Dimension geht einerseits mit dem Begriff der *technischen Individuation* einher, wie sie von Gilbert Simondon als Existenzweise technischer Objekte entwickelt wird (vgl. Simondon 2012). Andererseits schließt die Frage nach der Politik als ein Reden von Robotern an die *Cyborg-Semiologie* Donna Haraways an (vgl. Haraway 1995: 33–72). Beide Begriffe lassen sich hinsichtlich einer Sprache technischer Objekte konzeptualisieren.

Dafür widme ich mich im Folgenden zwei literarischen Texten und einem zeitgenössischen Kunstwerk, die die Poetisierung der technischen Sprache im Zeichen einer politischen anthropologischen Differenz verhandeln. Zuerst gehe ich auf

https://doi.org/10.1515/9783111437392-007

Franz Kafkas kurze Erzählung *Die Sorge des Hausvaters* (1920) und das materielle Objekt Odradek ein. Kafka schildert in diesem kurzen Text die Begegnung eines nicht weiter bezeichneten *Hausvaters* mit einem Ding, das immer wieder auftaucht, wieder verschwindet und so ein unheimliches Verhältnis evoziert. Mir geht es weniger um eine Deutung des Textes, als um die Problematisierung technischer Objekte als Lebewesen und ihren Bezug zur Sprache.

Danach widme ich mich dem für die Kulturgeschichte des Wortes *Roboter* entscheidenden Text: Karel Čapeks *R.U.R Rossum's Universal Robots* (1920 erschienen; deutsche Übersetzung mit dem Titel W.U.R. – Werstands Universal Robots 1922). Das Drama verhandelt ein ganz anderes technisches Objekt, nämlich einen biotechnischen Roboter und damit auch eine andere Redeweise von diesen. Das Drama schildert den Aufstand von synthetisch hergestellten, menschenähnlichen Robotern gegen ihre Erfinder, die sie als billige Arbeitskräfte ohne Rechte missbrauchen. Die Revolte endet mit der Auslöschung der Menschheit. Das Drama ist in drei Akte aufgeteilt. Zu Beginn wird Helene Glory vorgestellt, die Tochter eines mächtigen Industriellen. Harry Domin, der Zentraldirektor, erläutert ihr die Geschichte und Produktion der Roboter. Dabei wird deutlich, dass Helene mehr an den Rechten der Roboter interessiert ist, als an ihrer ökonomischen Ausbeutung. Dennoch wird sie von Domin überredet, dass die Roboter keine Menschen sind. Zehn Jahre später, sind Roboter überall auf der Welt im Einsatz. Die Geburtenrate ist gesunken. Dr. Gall, Chefentwickler der Firma, hat eine neue Roboterformel entwickelt, die die Roboter noch effizienter und besser machen soll. Entscheidend, aber heimliche Peripetie des Dramas ist, dass Helene die Formel zur Herstellung der Roboter zerstört. Währenddessen ist die globale Revolte der Roboter im vollen Gange und erreicht auch die Erfinder. Niemand außer dem Baumeister Alquist wird verschont, da sich die Roboter in ihm als mit der Hand arbeitenden wiedererkennen. Damit endet das Drama aber nicht: Im dritten Akt sucht der Überlebende Alquist nun für die Roboter jene Herstellungsformel, die Helene zerstört hatte. Doch kein Experiment will gelingen, sodass auch die Roboter dem Untergang geweiht sind. Allein ein weiblicher Roboter, auch Helene genannt, und ein männlicher Roboter namens Primus, werden von Alquist als Adam und Eva 2.0 erkannt. Sie haben sich verliebt und erscheinen als Rettung (und weil sie Produkte der Gallschen Formel waren) für eine neue Menschheit.

Beide Texte verhandeln nicht nur die Materialität der technischen Objekte, sondern in gewisser Weise auch die politische Dimension ihrer Existenz. Beide Texte, so unterschiedlich sie vom Genre her erscheinen mögen, markieren eine Diskursverengung in den 1920er Jahren: Wissenschaft, technologischer Fortschritt, Ökonomie und Biopolitik formieren im Roboter eine metaphorische Materialität und eine materielle Metapher (vgl. Atallah 2020a: 12–18). Roboter werden zu reflexiven Denkfiguren der Unzulänglichkeiten des Mängelwesens *Mensch*, aber auch zu eigensinnigen Entitäten, mit denen Menschen nun zusammenleben müssen. Mithilfe von Gilbert Simondons Überlegungen zur Existenzweise technischer Objekte möchte ich dann die beiden Figuren/Namen im Kontext einer technischen/technologischen anthropologischen Differenz verorten und die Linien nachzeichnen, die in den Texten aufgezeigt werden, wie Menschen von den technischen Objekten getrennt und auf Abstand gehalten werden.

Zuletzt geht es mir um die Frage nach Politik und der Sprache dieser Politik hinsichtlich eines Mensch-Maschine-Verhältnisses, das ich anhand einer Arbeit des Künstlers Simon Denny diskutieren werde. Indem Denny ein technisches Objekt als Artefakt in den musealen Raum bringt, verhandelt er eine neue Sorge um das Mensch-Maschine-Verhältnis. Die Kulturgeschichte des Roboters ist eine Geschichte der anthropologischen Differenz 2.0. Die Protagonisten sprechen dafür eine eigene Sprache, eine Sprache der Materialität.

2 Am Anfang: Odradek

Wer oder was ist Odradek? Ist es ein Ding? Ein Lebewesen? Eine Denkfigur? Ist der ontologische Status von Odradek fiktional, vielmehr poetologisch und damit ein Zeichen? Oder ist das Ding lebendig, und damit biologisch-materiell? Kann es sein, dass es technologisch ist? Poetologie, Biologie und Technologie markieren – ohne eine Hierarchie zu suggerieren – eine Trias ontologischer Bestimmung von Entitäten, die sich auf den ersten Blick nicht bestimmen lassen.

Odradek, jenes Wesen, das in Kafkas Text *Die Sorge des Hausvaters* von 1920 vielfach interpretiert (vgl. Saße 1978; Neumeyer 2011) und als Denkfigur (vgl. Kling 2019) eine beinahe unbeschreibliche Anziehungskraft wie Wirkmacht entfaltet hat, stellt nicht nur in seiner onomatopoetischen Perspektive ein Mixtum dar (vgl. Hamacher 1998). Vielmehr besteht Odradek – Quasi-Subjekt und Quasi-Objekt (vgl. Latour 2010: 213; Latour 2013: 70–76)[1] – aus vielen unterschiedlichen Bauteilen, die seine Existenz nicht weniger kurios erscheinen lässt (vgl. Benjamin 1977: 431).

1 Der Begriff des Akteurs, als „jedes Ding, das eine gegebene Situation verändert, indem es einen Unterschied macht" (Latour 2010: 123), wird dadurch spezifiziert, dass die dichotome Trennung von Subjekt und Objekt aufgeweicht wird. Quasi-Subjekte und Quasi-Objekte können alle Akteure sein, je nachdem in welchem Verhältnis sie zueinanderstehen. So ist der Status des Subjekts nicht mehr nur dem Menschen und der Status des Objekts nicht mehr nur dem Ding/Anderen zugeschrieben.

Odradek

> [...] sieht zunächst aus wie eine flache sternartige Zwirnspule, und tatsächlich scheint es auch mit Zwirn bezogen; allerdings dürften es nur abgerissene, alte, aneinandergeknotete, aber auch ineinander verfilzte Zwirnstücke von verschiedenster Art und Farbe sein. Es ist aber nicht nur eine Spule, sondern aus der Mitte des Sternes kommt ein kleines Querstäbchen hervor und an dieses Stäbchen fügt sich dann im rechten Winkel noch eines. Mit Hilfe dieses letzteren Stäbchens auf der einen Seite, und einer der Ausstrahlungen des Sternes auf der anderen Seite, kann das Ganze wie auf zwei Beinen aufrecht stehen.
>
> (Kafka 1920/1996: 282)

Was, wenn Kafka in seinem Text, wie J. Hillis Miller (2016: 100) interpretiert, von einem Roboter spricht? Wer oder was ist dann ein Roboter? Was, wenn Kafka die Existenzweise eines technischen Objekts in der Perspektive einer Mensch-Technik-Relation, mithin als Sorge eines Hausvaters thematisiert? Wie wird das Mensch-Technik-Verhältnis mittels Sprache eigentlich verhandelt?

Dieses Verhältnis ist zudem ein spezifisch patriarchal aufgeladenes: der Begriff „Hausvater" (Saße 1978; Michels 1980; Vogl 1980) verweist auf eine spezifische väterliche Herrschaft und Ökonomie. Giorgio Agamben hat den Zusammenhang von Ausnahmezustand, Gewalt und Souveränität in Beziehung zur *vitae necisque potestas* analysiert (vgl. Agamben 2002). Im Gegensatz zur vom römischen Recht codierten *patria potestas*, die dem Vater als *pater familias* eine absolute Herrschaft ermöglicht, erscheint Kafkas Hausvater als machtlos. Denn Odradek entzieht sich stets dieser väterlichen Gewalt, über Leben und Tod zu entscheiden. Odradek aber entzieht sich zudem der häuslichen Ökonomie: als scheinbar „unnützes" Ding unterläuft Odradek die Ordnung des Hauses (oikos), sprich der Ökonomie, für die der Hausvater verantwortlich ist. Damit repräsentiert der Hausvater eine Ordnung von Wissen und Macht, die von Kafka mithilfe eines Roboters entstellt wird (vgl. Wilke 2004).

Spannend wird diese Perspektive vor allem durch eine diskursive Verbindungslinie zu einem anderen tschechischen Autor: Karel Čapek. Im Folgenden setze ich mich mit dem materiellen Odradek als technisches Objekt und Karel Čapeks biologisch-technischen Roboter aus seinem Drama *R.U.R.* – ebenfalls von 1920 – auseinander. Anhand der beiden Figuren will ich den Zeichencharakter poetologisch wie auch die Ontologie dieser technischen Objekte ausloten. Dafür verhandle ich zuerst Jacques Derridas Begriff „bio-degradable" (Derrida 1989), was kompostierbar bedeutet. Dann setze ich mich mit der Ontologie technischer Objekte mithilfe von Gilbert Simondons Technikphilosophie auseinander. Zuletzt gehe ich in Bezug auf eine Politik des Zusammenlebens auf ein zeitgenössisches Kunstwerk von Simon Denny ein, dass die Frage von Mensch und Roboter in der Differenz von Technik und Kultur sichtbar macht.

3 Ein anderes tschechisches Wort

Als Josef Čapek das Wort Roboter in den 1920er Jahren ins Spiel brachte, dachte er an das tschechische Wort *robota*, das so viel wie „Frondienst“ oder „Zwangsarbeit“ bedeutet (vgl. Atallah 2020b: 22). Aus dem Altkirchenslawischen abgeleitet ist das Wort „rabota“, „Knechtschaft“, mit dem protoindoeuropäischen Wortstamm „*orbh-“ und mit dem deutschen „Arbeit“ verwandt. So markiert ist ein Roboter ein Wesen, das arbeitet. Im Spätmittelhochdeutschen gab es zudem für die Arbeiter im Frondienst die Bezeichnung „robater“, „robatter“. Die ontologische Qualifikation des Roboters ist folglich eine sakral aufgeladene Knechtschaft bzw. Dienstleistung.

Und genau dafür verwendet der Bruder Karel Čapek in seinem Drama *R.U.R.* diese Roboter: als geknechtete Dienstleister, Arbeiter. *R.U.R* bedeutet *Rossumovi Univerzální Roboti*. In Otto Picks deutscher Übersetzung von 1922 lautet der Titel *W.U.R., Werstands Universal Robots*. So heißt die Firma, die den Roboter erfunden hat und herstellt. Wobei „Werstand“, der Familienname, auf das Wort Verstand zurückgeht, genauso wie im tschechischen „Rossumovi“ auf das tschechische Wort für Verstand, Vernunft verweist: „rozum“.

Die Erfindung des Roboters sei hier auf den „Verstand“ des Menschen zurückzuführen. In der Verschiebung des Wortes aber, in der lautmalerischen Abänderung ist bereits sprachlich das Problem angelegt. Denn der Verstand stolpert, und die Erfindung ist im Sinne der Dialektik der Aufklärung keineswegs eine vernünftige Erfindung. Ganz im Gegenteil, die Roboter rebellieren in dem Drama gegen die Menschheit und löschen diese aus.

Allerdings konzipieren die Gebrüder Čapek ihre Roboter nicht, wie Hollywood sich Roboter imaginiert, als Terminatoren, stählerne Killermaschinen, sondern überraschenderweise als hybride Wesen, die in der Verschränkung von Technologie und Biologie ihren Ursprung haben. Anders als bei James Camerons Kultfilm der 1980er Jahre, sind bei Čapek die biologischen Kennzeichen, wie etwa Haare, Haut oder Gedärme nicht etwa nur oberflächliche Signifikanten, die das technische Objekt als menschlich bezeichnen sollen, um so eine stabile symbolische Ordnung zu produzieren. Sie sind vielmehr funktional.

Čapeks Roboter sind keine rein technischen Apparaturen, wie sie noch die Romantik, allen voran E.T.A. Hoffmanns Olympia imaginierte, sondern bio-chemische Produkte einer vom Menschen beschleunigten und kontrollierten Evolution. Harry Domin, seines Zeichens Direktor der Firma, erklärt Helene Glory:

> Es war im Jahre 1920 als sich der alte Werstand der große Physiologe aber damals noch ein junger Gelehrter, nach dieser fernen Insel begab um die Meerestierwelt zu studieren. Punkt. Dabei versuchte er durch chemische Synthese die lebendige Materie Protoplasma genannt nachzubilden bis er auf einmal einen Stoff entdeckte der sich durchaus wie die lebendige

> Masse betrug obzwar er von anderer chemischer Zusammensetzung war das war im Jahre 1932 [...]
>
> (Čapek 1920/1922: 11)

Und er zitiert den alten Erfinder/Entdecker:

> ‚Die Natur hat nur eine einzige Art, die lebendige Materie zu organisieren, gefunden. Es gibt jedoch eine andere, einfachere, hübschere und schnellere Art, auf welche die Natur überhaupt nicht verfallen ist. Diesen anderen Weg, den die Entwicklung des Lebens hätte einschlagen können, habe ich am heutigen Tage entdeckt.' Stellen Sie sich vor, Fräulein, daß er diese großen Worte über dem Auswurf irgendeiner lebenden Kolloidalgallerte schrieb, die kein Hund fressen würde. Stellen Sie sich ihn vor, daß er über dem Probeobjekt sitzt und daran denkt wie daraus ein ganzer Lebensbaum aufschießen wird wie daraus alle Tiere hervorgehen werden, beginnen mit irgendeiner Infusorie und endend – enden mit dem Menschen selber. Mit einem Menschen aus anderem Stoffe als wir sind. Fräulein Glory, das war ein gigantischer Augenblick.
>
> (Čapek 1920/1922: 12)

Der alte Werstand ist kein Ingenieur, sondern ein Meeresbiologe, der im Wasser, wie es um 1900 nicht nur seit Freuds ozeanischem Gefühl thematisiert wird, den Ursprung des Lebens sieht. Domin erklärt, gemäß den sexistisch-patriarchalen Strukturen naturwissenschaftlicher Wissensvermittlung – spätestens seit Goethes „Metamorphose der Pflanzen" (Goethe 1798) – natürlich einer Frau, was diese Entdeckung bedeutet, nämlich die Kreation und Produktion eines neuen Menschen. Dieser neue Mensch aber soll den alten nicht ersetzen, sondern ihm innerhalb der kapitalistischen Matrix dienen. Dieser Schritt obliegt aber der zweiten Generation, denn der alte Werstand, seines Zeichens Materialist, hatte die Produktion künstlicher Menschen mit Geschlechtsorganen, Blinddarm und weiteren für die Arbeit nicht unbedingt notwendigen Bauteilen eines Menschen, vorgesehen. Anders als die Lehrbücher behaupten, so legt Domin offen, hat Werstand Junior die Massenproduktion von Arbeitern begründet: „Und erst der junge Werstand hat den Einfall gehabt, daraus lebende und intelligente Arbeitsmaschinen zu machen." (Čapek 1920/1922: 15) Physiognomie und Ingenieurwesen sind zu Beginn des 20. Jahrhunderts entscheidende Linien der Biopolitik. Michel Foucault prägt den Begriff Biopolitik in Verbindung mit Bio-Macht. Damit ist im Grunde eine Bündelung von Praktiken gemeint, die das Leben nicht mehr nur von einzelnen, sondern einer Bevölkerung betreffen und damit regeln sollen (vgl. Foucault 1983; Foucault 2014; Foucault 2015). Ziel dieser Regelung bzw. Regulierung ist es, das Leben zu steigern, aber auch vollständig überwachen zu können. In diesem Kontext sind die Roboter Teil einer Biopolitik. Physiognomie und Ingenieurwesen liefern und modifizieren die Regeln und Praktiken zur Disziplinierung und Kontrolle des Lebens von Menschen (und Robotern). Die Biopolitik, wie sie im Drama vorgeführt wird, resoniert mit der Sorge des Hausvaters bei Kafka: beide Texte verhandeln die Macht, Organisation, Kontrolle und Disziplinierung von technischen Körpern sowie ihre Revolte.

„Das neue Zeitalter der Produktion nach dem Zeitalter der Erkenntnis" (Čapek 1920/1922: 16). So beschreibt das Drama die neue Situation und markiert damit einen epistemischen Bruch: Ausgerichtet an der Ökonomie der Produktionsbedingungen, das heißt, an dem Billigkeitsprinzip, werden nun „Menschen" hergestellt. Diese sind reduziert auf das Wesentliche, augenscheinlich Menschen, aber eigentlich technische/technologische Produkte.

Alte Technologien stellen die Grundlage der Produktion: Nerven und Adern werden in der Spinnerei hergestellt, Mischbottiche für Teig stellen das Fleisch her, eine Knochenfabrik produziert Knochen. Alles wird dann fordistisch zusammenmontiert (vgl. Čapek 1920/1922: 22). Čapeks Drama thematisiert mit der Herstellung der Roboter „the affordances and logistical chains that ensure the availability of the material components that sustain what we think of as media and technology" (Parikka 2015: 10). So lässt sich nach Jusi Parikka Robotergeschichte hinterfragen, nämlich als Geschichte ihrer Materialität.

Anders als Kafkas Odradek sind Čapeks Roboter ästhetisch und funktional am Menschen orientiert. Während Kafka beinahe willkürliche Alltagsmaterialien miteinander kombiniert, um ein scheinbar dadaistisches technisches Objekt zu entwerfen, folgt Čapek der Tradition von Androiden und Cyborgs, mithin der mystisch-jüdischen Tradition des Golems (vgl. Dekel & Gurley 2013; Rubin 2013). Beide technischen Objekte aber beziehen sich auf eine „Sorge des Hausvaters", die im Drama apokalyptisch zugespitzt wird. Indem die neuen bio-technologischen Menschen die bisherigen Menschen bekriegen und auslöschen, ohne das Prinzip ihrer Reproduktion zu kennen, verunsichern sie nicht nur wie Odradek die symbolische Ordnung des Hausvaters, sondern thematisieren die ökologische Perspektive der Massenproduktion, der Überproduktion und der unreflektierten Perspektive auf technische Objekte, deren Bestandteile nicht bekannt sind. Das heißt auch, dass die Frage, woraus technische Objekte gemacht sind, einer ökologischen Perspektive bedarf, die bei Čapek in der Frage der geschlechtlichen Reproduktion und Nicht-Reproduktion problematisiert wird.

4 Begriff oder Name

Was unterscheidet den Roboter von Odradek? Ist es seine materielle Zusammensetzung? Oder ist es vielmehr der Name? Lässt man außer Acht, dass Odradek zu bestimmten Teilen aus dem biologischen Material Holz besteht, sind Čapeks Roboter im Sinne Jacques Derridas „biodegradable“ (Derrida 1989). Arash Shokrisaravi definiert biologische Abbaubarkeit wie folgt:

> Biodegradability in general can be defined as an artificial, in particular, an industrial product that can be decomposed by microorganisms. The biodegradable is a non-thing, as it is a thing which refuses to remain, it is essentially decomposable and so lacks a permanent identity.
> (Shokrisaravi 2019: 131)

Den biologisch abbaubaren Robotern fehlt eine „permanent identity“ (Shokrisaravi 2019: 131). Nicht so sehr, weil ihnen nicht klar ist, dass sie Roboter sind und damit unterschieden von den biologischen Menschen, oder weil sie keine Namen tragen, was sie tun, sondern weil ihnen der Ursprung ihrer Existenz nicht klar ist. Ihre Namen definieren dabei nicht ihre Identität, sondern markieren sie nur für die Funktion im sozialen Gefüge der ökonomischen Matrix globalisierter Wirtschaft. Odradek dagegen gibt es nur ein Mal. So erscheint der Name „Odradek“ als „purely non-biodegradable“ (Shokrisaravi 2019: 132). Dieser „proper name“, hat keine Bedeutung, ist ein „‚non-concept‘, irreducible and non-decomposable“ (Shokrisaravi 2019: 131). Der Name Odradek sowie der Begriff Roboter besitzen Kulturgeschichten. Allerdings entwickelt sich nur eine davon hin zu einer Technikgeschichte. Zwischen Namen und Begriff spaltet sich die Historisierung eines technischen Objekts. Das markiert eine Trennungslinie zwischen Kultur und Technik innerhalb des λόγος. Diese Trennung findet ihr Echo in der Sorge.

Mit der Frage nach der Reproduzierbarkeit der Roboter, die mit dem Tod der Menschheit auch den eigenen Untergang herbeiführen, ist dialektisch formuliert, was die Sorge des Hausvaters qualifiziert. Odradek zwingt zur Sorge im weiten semantischen Feld, das dieses Wort aufweist (vgl. Miller 2016: 86). Diese Sorge äußert sich im Schlusssatz des kurzen Textes: „Er schadet ja offenbar niemandem; aber die Vorstellung, dass er mich auch noch überleben sollte, ist mir eine fast schmerzliche“ (Kafka 1920/1996: 284). Hinsichtlich eines solchen Schmerzes hält Shokrisaravi fest:

> The nervousness of a mortal creature towards an immortal one which will outlive him is obviously a reminder of the Speech-Logos relationship in which Logos, as a written work and immortal element, will outlive the speech. It remains just as Odradek will remain and live, and that is what bothers Hausvater most.
> (Shokrisaravi 2019: 134)

Während Odradek überleben wird, wenn es keinen Hausvater mehr gibt, sind Čapeks Roboter ohne Menschen dem Untergang geweiht. Das heißt, dass Odradek die Beziehung des Menschen zur Technik transzendiert. Was auf dem Spiel steht, ist die anthropologische Differenz zwischen Kultur und Technik, die bei Čapek egalisiert und bei Kafka zuerst realisiert wird, weil das eine technische Ding einen Eigennamen und die biologisch-technischen Hybride einen Begriff tragen.

Bruno Latour unterscheidet für seine symmetrische Anthropologie zwischen *matter of fact* und *matter of concern* (vgl. Latour 2010: 150–211). Während Čapeks Roboter eine unabänderliche Tatsache repräsentieren, nämlich das technologische Objekt als dienender Arbeiter, wird Odradek als eine Angelegenheit zur Sorge lesbar.

Mit Latours Unterscheidung spitzt sich nicht nur die linguistisch-poetologische Differenz von Name „Odradek" und Begriff „Roboter" hinsichtlich des Mensch-Technik-Verhältnisses zu. Vielmehr äußert sich jetzt die Frage, wie Menschen eigentlich mit technischen Dingen umgehen wollen, wie sie die Existenz technischer Objekte behandeln und ob sie diese nur benutzen oder tatsächlich als Gegenüber wahrnehmen wollen und können. Diese Frage wird zudem wichtig, wenn es um das sogenannte Anthropozän, jener vom Menschen gemachten Erdepoche (zur Begriffsklärung vgl. Schmieder 2014) und die ökologischen Folgen einer anthropologischen Differenz zwischen Mensch und Technik geht. Solange Menschen Technik verbrauchen, arbeiten sie wissentlich oder unwissentlich wie in *R.U.R.* an ihrem eigenen Untergang.

5 Anthropologische Differenz 2.0

Das ökologische Problem, das zwischen Machtlosigkeit und dem Mythos unendlicher Produktion changiert, markiert die mit Robotern in Szene gesetzte anthropologische Differenz, die mitten durch den Menschen selbst geht. Anders als bei Giorgio Agamben betreibt eine „anthropologische Maschine" nicht die Grenzziehung, den Menschen biologisch von den Tieren zu unterscheiden (Agamben 2008: 42–49). Vielmehr verfährt diese Maschine inmitten der kulturellen Sphäre. Sie unterscheidet den Menschen vom technischen Objekt und produziert so die Unterscheidung von Kultur und Technik (im Gegensatz zu Natur und Kultur). Was Donna Haraway (1992: 298) einen „materialsemiotic generative node" und Karen Barad (2012: 32–44) im Anschluss an Michel Foucault, materiell-diskursiv nennt, entfaltet dort seine Wirkmacht, wo Sprache und damit Bedeutung auf Materialität trifft, die eben auch körperlich ist. Kafkas wie auch Čapeks Text dienen dazu, „materialisierende Effekte bestimmter Grenzziehungen zwischen Menschen und Nichtmenschen" zu verstehen (Barad 2015c: 128).

Das kleine Haus, das der Ökonomie des Hausvaters unterliegt, wird durch Odradek ökotechnologisch eingefasst, das heißt, die Umwelt des Hausvaters und seiner Kinder ist durch das technische Ding, das Odradek zu sein scheint, bestimmt.

J. Hillis Miller (2016: 88) formuliert die These, dass Odradek und der Text zusammen eine „destrukturierende Struktur“ ergeben, die maschinenartig funktioniert. Odradek existiert. Er funktioniert weder semantisch, sein Name bedeutet nichts, noch technisch, denn seine Bestandteile sind keiner Funktion zuzuordnen.

Miller fragt, warum „Odradek“ nicht ein Hybrid aus deutsch und tschechisch sein kann. Und weiter lässt sich fragen, warum das Tschechische, diese slawische Sprache am Rand der Imperien, Wörter erzeugen, die einerseits nicht-menschliche Akteure beschreiben, die zu Denken unmöglich sind, und andere, z.B. Roboter, die zu bauen, plötzlich notwendig erscheinen.

Beide Wörter, aber auch beide Texte, schreiben sich ein und beschreiben Wortspiele, Paronomasien (vgl. Miller 2016: 93). Beide Wörter sind Bedeutungsmaschinen. Čapeks Roboter, Ergebnis von Ingenieursleistung und Biochemie, sind präzise entwickelt für die Arbeit, die von ihnen erwartet wird, dass sie sie verrichten. Sie sind hergestellte menschliche Wesen. Odradek dagegen ist Patchwork, Bricolage, Amalgam und funktioniert ohne Bedeutung. Beide stehen folglich in einer spannenden Wechselwirkung und markieren ein diskursives Feld der ersten Hälfte des 20. Jahrhunderts.

Sprache wird als sowohl rationale als auch irrationale Maschine konzipiert. Sie wird in einem menschenähnlichen, technischen Ding, Roboter, Android, Odradek materialisiert bzw. verkörpert. War Čapeks Roboter noch das geschickte Design eines Ingenieurs mit biochemischer Expertise und einer Vision, ist Odradek eher das Produkt der Evolution, ein Produkt diskontinuierlicher Veränderungen, Verwerfungen und Brüchen in der Umwelt, das im Dachstuhl des Hauses seine Nische gefunden hat. So wie die Phoneme im Namen permutabel sind, ist auch der Körper ein ungeordnetes Geflecht von Strängen.

Beide – Roboter und Odradek – zeichnen sich dadurch aus, dass ihnen das von Heidegger postulierte Sein zum Tode abgeht. Odradek, so der Hausvater, kann nicht sterben. Den Robotern in Čapeks Drama ist der Tod fremd: Ihre Lebensspanne beträgt etwa 20 Jahre (vgl. Čapek 1920/1922: 18). Sie fürchten sich nicht vor dem Tod: „Kenne ich nicht“ antworten sie im Drama auf die Frage nach ihrer Beziehung zum Tod. Ihre Definition ist: „Sie würde sich nicht mehr bewegen. Man würde sie in die Stampfmaschine geben“ (Čapek 1920/1922: 21). Den Tod erfahren die Roboter als gewaltsamen Akt. Odradek dagegen wirkt wie ein *Perpetuum mobile*. Und auch anders als der Hausvater, der sich sorgt, sorgt sich im Drama niemand um die Roboter. Sie sind Objekte, *matter of fact* und nicht *matter of concern*.

Millers Lesart, Kafkas Text als „destrukturierende Struktur“ zu verstehen, findet Anschluss an das, was Karen Barad in Bezug auf Niels Bohrs Philosophie-Physik (mit Bindestrich), agentischer oder agentieller Realismus nennt: Es geht dabei um die Ineinanderflechtung von Materie und Bedeutung (Barad 2015a: 47), Theorie und

Praxis, wie sie Odradek verkörpert. Odradek ist im wahrsten Sinne des Wortes das, was Niels Bohr unter Phänomen versteht, wenn „Phänomene der Ort [sind], wo Materie und Bedeutung sich treffen" (Barad 2015a: 54). Und das, was daran besorgt, ist die Wirkmacht, oder Agency: „Agency ist eine Sache des Intraagierens, eine Inkraftsetzung – es ist nicht etwas, das jemand hat" (Barad 2015a: 51).

Kafkas Text macht deutlich, weil er das Wissen über Odradek ablehnt, wie situiert Wissen ist. Scheinbar könnte Odradek auch ein Effekt der Quantenphysik und der Infragestellung des Raum-Zeit-Kontinuums darstellen, die Kafka besorgt. Das diskursive Feld ist eindrücklich. Karen Barad zählt auf: „1900 schlägt Plank die Quantisierung von Energie vor" (Barad 2015b: 80); „1905 legt Einstein nahe, dass Licht selbst quantisiert ist"; „1913: Niels Bohr schlägt das erste Quantenmodell von Materie (d.h. vom Atom) vor" (Barad: 2015b: 79). Odradek scheint eine literarische Figur jenseits Newtons Physik zu sein.

Ein Roboter als Körper ermöglicht einen neuen Referenzrahmen, wodurch Konzepte neue Bedeutung bekommen (vgl. Barad 2015a: 31). Mit anderen Worten, Geschlecht, Materialität, Körper, das, was den Menschen ausmacht, wird unmittelbar durch die Existenz von menschlichen und nicht-menschlichen Robotern verändert. Odradek partizipiert an sogenannten Technologien der Verkörperung, die auch in zeitgenössischen technischen Objekten wirken, die Androiden oder Roboter heißen (vgl. Barad 2015a: 45). Für die Sorge heißt das: „Wir brauchen Wissenssysteme, die sowohl verlässliche als auch verantwortliche Handlungsanleitungen sind" (Barad 2015a: 58).

Odradeks komische Zusammensetzung ist auch eine Form des „matterings", „das (kontingente und temporäre) Bestimmt-Werden (und Unbestimmt-Werden) von *Materie und Bedeutung*, ohne Fixiertheit, ohne Schließung" (Barad 2015b: 92). Somit markiert Odradek nicht nur die anthropologische Differenz 2.0, er verkörpert sie auch als Grenzfigur. In Bezug auf den Hausvater zeigt sich zudem, dass der patriarchalen Gewalt eben jene anthropologische Differenz 2.0 eingeschrieben ist, die dazu führt, Roboter und Menschen gleichsam von derselben biopolitischen Gewalt betroffen sind.

6 Sorge und Existenz: das Technik-Mensch-Verhältnis

Gilbert Simondon, der Autor von *Du mode d'existence des objets techniques* hält darin fest: „Die Maschinen werden von einer Kultur gelenkt, die erarbeitet wurde, ohne ihnen gemäß zu sein und in der sie fehlen" (Simondon 2012: 138). Kein

Wunder, wenn Maschinen rebellieren. Die Kultur, um die es Simondon geht, scheint jene zu sein, in die die Differenz von Mensch und Technik eingeschrieben ist. Mithin sind technische Objekte, allen voran Roboter nicht Teil dieser Kultur und damit ganz im Sinne Kafkas auch nicht im Bereich der Sorge.

Paul Valery (1923/2017: 82–87) lässt 1923, drei Jahre nach der Veröffentlichung von *R.U.R.* und *Die Sorge des Hausvaters*, Sokrates noch einen Odradek ähnlichen Gegenstand, den er am Strand gefunden hat, unentschlossen, ob er natürlichen oder kultürlichen Ursprungs ist, ins Meer zurückwerfen (vgl. Schmidgen 2012: 117). Diese Unentschiedenheit scheint die Sorge des Hausvaters auszuhebeln. Wer sich nicht mit den Dingen auseinandersetzt, bedarf auch keiner Sorge.

Galt mit Derrida der Name als identitätsstiftend, während der Begriff die Namenlosigkeit technischer Objekte im kulturellen Kontext diskursiviert, erscheint hier das Objekt als namen- und begriffslos, als wäre es reine Materie, im Gegensatz zur symbolischen Ordnung der Sprache. Folglich ist die Sprache, Name wie Begriff, jener Ort, an dem sich die anthropologische Differenz zwischen Kultur und Technik manifestiert. Durch die Sprache kommt auch ein spezifisches asymmetrisches Technik-Mensch-Verhältnis zum Ausdruck.

Kafka und Čapek dagegen thematisieren die „Demontage" (Schmidgen 2012: 119) ihrer technischen Objekte und damit die Dekonstruktion der Sorge als Dekonstruktion des Technik-Mensch-Verhältnisses. Drama und Prosa versuchen in ihren je eigenen Ausdrucksweisen mit Sprache die „Seinsweise der technischen Objekte" (Schmidgen 2012: 119) zu bestimmen. Literatur zeigt sich dabei als Ort der Artikulation des Technik-Mensch-Verhältnisses.

Ist für Simondon der Ingenieur ein Mensch, der sich mit der Seinsweise der technischen Objekte auseinandersetzt, so sind Kafkas Hausvater und die Menschen im Čapeks Drama Menschen, die die technischen Objekte als Gebrauchsgegenstände verstehen. Sie stehen zu den technischen Objekten, mit Simondon gesprochen, in einem Verhältnis der Unmündigkeit (vgl. Simondon 2012: 79). Simondon erläutert, dass die europäische Geistesgeschichte eine Trennlinie zwischen τέχνη zieht, die dem „erhabenen Denken" geeignet ist, und „technischen Operationen", die von Sklaven ausgeführt werden (Simondon 20212: 79). In Čapeks Drama spielt nicht nur das Prinzip der Mündigkeit und Unmündigkeit eine Rolle, sondern genau dieses Missverhältnis von λόγος und τέχνη: In *R.U.R.* werden Roboter neue Sklaven, die wiederum ihren Sklavenaufstand proben und damit in Bezug auf das Mensch-Technik-Verhältnis die Problemkonstellation von Mündigkeit und Entmündigung aufzeigen.

Seit Descartes, so Simondon, wird Rationalität, Mathematik und Mechanik verschaltet (vgl. Simondon 2012: 80). Dadurch wird eine artifizielle Welt losgelöst von der Natur etabliert, die den Kontext jener Roboter darstellt. Die Sorge des

Hausvaters, die bei Čapek durch ihr Fehlen das dystopische Szenario ermöglicht, ist dabei der europäischen Kultur eingeschrieben. Mehr noch: Mit den männlichen Erfindern der Roboter, Werstand Senior wie Junior, legt Čapek die dystopische Sorge des Hausvaters als männliche, patriarchale Rückkopplungsschleife offen, die gekoppelt an Ökonomie und kapitalistische Produktionsprozesse schließlich im Untergang der gesamten Menschheit mündet.

Das Mündig-Werden der „mechanischen Techniken" (Simondon 2012: 81), wie es Simondon beschreibt, führt Čapek als ein Mündig-Werden zur Sklaverei vor. Die durch den Menschen verlaufende Trennung von „Kultur und Technik" (Simondon 2012: 81) wird durch Roboter sichtbar. Simondon argumentiert hegelianisch, wenn er den Handwerker als Knecht des Objekts und den Ingenieur zum Herren des „Ensembles von Eigenschaften" (Simondon 2012: 81) erhebt. Grundlegend ist die anthropologische Differenz zwischen Kultur und Technik, die sich in Simondons Argument manifestiert:

> So wäre die erste Bedingung für die Eingliederung der technischen Objekte in die Kultur, dass der Mensch den technischen Objekten weder unterlegen noch überlegen wäre, dass er an sie herangehen und sie kennenlernen kann, indem er mit ihnen eine Relation der Gleichheit, des reziproken Austauschs unterhält: gewissermaßen eine soziale Relation.
>
> (Simondon 2012: 81)

Kafkas und Čapeks Texte sind durchdrungen von der anthropologischen Differenz, die zwischen Kultur und Technik herrscht. Sie poetisieren jeweils auf verschiedene Art und Weise das Problem der Relation des Menschen zur Technik. Diese Aushandlung, die technischen Objekte, mithin Roboter als Quasi-Menschen zu thematisieren, hat sein intellektuelles Gegenteil in den Anleitungen, Tafeln und Darstellungsweisen enzyklopädischen Wissens. Dort sind die technischen Objekte als *matter of fact* dargestellt, wohingegen die literarischen Texte diese als *matter of concern* les- und erfahrbar machen.

Wie Simondon hervorhebt, markiert Diderots und D'Alemberts *Encyclopédie* eine nicht-poetische Darstellung technischer Objekte: „Tafeln, Schemata und Maschinenmodelle" (Simondon 2012: 86) dokumentieren weniger, als dass sie potentiell verwirklichbar sind.

Der Text ist funktional, wohingegen die literarischen Beispiele weniger das technische Wissen verhandeln, obschon man sich nach Kafka einen „Odradek" bauen könnte. Zwar sind die Informationen hinreichend, aber nicht vollständig, um ein funktionierendes technisches Objekt zu produzieren. Die Texte haben zwei unterschiedliche Funktionen und werden von anderen Darstellungsmedien flankiert. Während Čapeks Theaterstück auf seine Realisierung auf der Bühne oder im Kino wartet, warten die Texte der *Encyclopédie* auf ihre Verfertigung auf der

Werkbank. Gemeinsam ist ihnen eine Sprache, die das Verhältnis Technik-Mensch artikuliert, aber auf verschiedene Art und Weise manifestiert. Dadurch zeigt sich die Trennung von Kultur und Technik erneut auf der Ebene der Sprache und der Beziehung, die Sprache zu den technischen Objekten besitzt. Ferner besitzt die *Encyclopédie* eine „technologische Macht" (Simondon 2012: 87), wohingegen Kafka und Čapek vielmehr das Resultat jener technologischen Macht des technischen Wissens thematisieren.

Kafkas Odradek scheint sich der „Relation des enzyklopädischen Geists zum technischen Objekt" (Simondon 2012: 87) insofern zu entziehen, als dass Odradek als Gegenstand nicht auf seine Funktion, nicht auf sein Material und schon gar nicht auf seine Bezeichnung ontologisch festgestellt werden kann. Die Unmöglichkeit der Rekonstruktion von Begriff, Bauplan und Funktion unterläuft das enzyklopädische Wissen und seine Macht.

Zudem verweist die Imagination des Roboters auf die dem menschlichen Körper eingeschriebene und durch den Menschen selbst hindurchführende Grenze, die Kultur und Technik trennt. Zur klassisch gewordenen Opposition und der anthropologischen Maschine, die Mensch und Tier, durch den Menschen hindurch trennt, geht noch eine zweite Linie, die nun innerhalb des Menschen, Technik und Kultur trennt, und damit Menschen und Androiden, Roboter und ähnliche technische Entitäten in eine Position bringt, die ähnlich wie bei den Tieren nicht eine Andersartigkeit artikuliert, sondern ganz im Gegenteil nicht nur Doppelgänger-Phänomene reproduziert, sondern auch den Menschen selbst vervielfacht.

Diese „anthropological mutation" (Caronia 2015: 33) kreiert den „artifical man", den zumeist männlichen Antagonisten der Humanität: Homunkulus bei Goethe oder der Golem talmudischer Alchemie scheinen weniger angsteinflößend als James Camerons *Terminator*. Der Terminator, da er ein technisches Objekt ist, unterscheidet sich von den biologisch-technischen Robotern bei *R.U.R.*.[2] Zudem sind beide, Terminator und Roboter nicht mit, wie bei Kafka, einem einzigartigen Namen versehen, sondern zuallererst immer wieder auf die Begriffe Terminator und Roboter reduzierbar.

Gemeinsam ist ihnen aber, dass sie keine Hybride, keine Cyborgs sind (vgl. Caronia 2015: 35). Ein ursprünglich menschlicher Körper und ein neuer technischer sind nicht ineinander verschränkt. Vielmehr imaginiert Čapek einen neuen biologischen Körper als Produkt technischer Möglichkeiten und James Cameron lediglich den technischen kaschiert mit menschlichem Antlitz. Obwohl sie nicht auf der materiellen Ebene verschränkt sind, sondern nur auf der ästhetisch-symbolischen,

2 Objekt meint hier nicht das Gegenteil von Subjekt, sondern vielmehr Simondons Verständnis relationaler Akteure im technosozialen Milieu.

insofern sie „wie" – nicht nur im metaphorischen Sinne – Menschen aussehen, markieren sie die anthropologische Differenz von Kultur und Technik. Und selbst Kafkas Odradek, als Extrem jener nicht-hybriden Roboterfiguren, bleibt auf irritierende Weise menschlich.

Kafkas Odradek schließt folglich auch ein spezifisches Kapitel ab: namentlich „the eighteenth-century mechanistic version of Newtonian physics" (Caronia 2015: 40) und damit eine spezifische Vorstellung von Raum. Die Sorge des Hausvaters manifestiert sich in der unverständlichen Beweglichkeit Odradeks im Raum (vgl. Caronia 2015: 40). So zeigt sich Kafkas Text als Proto-Science-Fiction.

In Čapeks Drama sind die Verhältnisse invertiert: Während Simondon in seiner Genealogie des Mensch-Technik-Verhältnisses den Zeitpunkt, an dem die Maschinen den Menschen ersetzen als Beginn der „Frustration" (Simondon 2012: 107) beschreibt, verhandelt Čapek die U- oder vielmehr Dystopie der Freiheit, wenn Maschinen den Menschen ersetzen. Bei Čapek ist dies aber keine negative Erfahrung, sondern vielmehr Grundlage neuen Wohlstands der Menschheit. Natürlich nur solange die Maschinen-Menschen nicht ihrerseits eine Frustration entwickeln. Metaphorisch verweist Čapeks Drama auf die nicht-verwirklichte Arbeiterrevolution.

Nicht-metaphorisch zeigt das Theaterstück eine Revolution technischer Individuen, die die anthropologische Differenz von Technik und Kultur vonseiten der Technik überschreiten. Čapeks Drama hat nicht die Differenz von Natur und Kultur/Technik im Blick, schließlich sind die Roboter so menschenähnlich, wie sie nur natürlich sind. Der Blick liegt auf der Differenz innerhalb der kulturellen Sphäre, namentlich zwischen Kultur und Technik, die mitten durch den Menschen verläuft.

Indem Valerys Sokrates das unbekannte Objekt zurück ins Meer wirft, manifestiert der Philosoph die Geste, die Ursprung der anthropologischen Differenz zwischen Kultur und Technik ist. Simondons Analyse der Existenzweise technischer Objekte fordert dagegen eine neue Auseinandersetzung mit diesen und damit auch eine neue Politik und Poetik des Technik-Mensch-Verhältnisses.

7 Politik des mechanologischen Zusammenlebens

Aber wie könnte eine solche Politik aussehen? Hat nicht Kafkas Text die Sorge des Hausvaters als unüberbrückbare Differenz zwischen dem biologischen Tod und dem technischen Überleben markiert? Und zeigte Čapeks Drama nicht das dystopische Ende des Menschen, das durch die Ausbeutung menschenähnlicher technischer Objekte erzeugt wird? Steht dieses soziale Debakel der Menschheit bevor?

Schmidgen erläutert in seiner Auseinandersetzung mit Simondons Politik des Zusammenlebens, dass, was „Gesellschaft" bedeutet, neu ausgehandelt werden müsse. Bei diesem Aushandlungsprozess nimmt die Technikphilosophie eine spezifische Rolle ein (vgl. Schmidgen 2012: 120). Aus den Robotern und Odradeks müssen *matters of concern* werden. Unter erneutem Rückgriff auf Latour, der Simondon gut kennt, sind jene Roboter „[...] als Versammlungen zu verstehen, als heterogene Gefüge, in die eine Vielzahl von semiotischen und materiellen Komponenten eingehen und die eben deshalb zu kulturellen Attraktoren werden" (Schmidgen 2012: 123).

Die anthropologische Differenz, die in der poetischen Auseinandersetzung mit Kafka und Čapek sichtbar wurde, basiert auf der „Reduktion von ‚Technik' auf ‚Automat' und ‚Roboter'" (Schmidgen 2012: 123). Ein Sprechen über das Technik-Mensch-Verhältnis dort ansetzen muss, wo Sprache die anthropologische Differenz, die Trennlinie zwischen Kultur und Technik potenziert.

Während die Interpretationen sich an der Identität im Namen und gegen den Begriff, in der materiellen Gegenüberstellung von technischem und biologischen, von nichtkompostierbar und kompostierbar, abarbeiten, lässt sich mit Simondon eine andere Perspektive vorschlagen: Anstelle von Identität soll es um Individuation gehen. Technische Objekte sind auf einer Ebene mit „[...] psychologischen, soziologischen, biologischen und physikalischen Individuen" (Schmidgen 2012: 125) zu sehen. Gleichberechtigung und das Nebeneinander von biologischen und technischen Individuen kennzeichnen die neue Politik. Dabei geht es nicht um die fertige Identität, sondern um den dem Individuum „[...] zugrunde liegende[n] Prozess der Herausbildung und Erhaltung von Individualität, der Vorgang der Individuation" (Schmidgen 2012: 126). Eine solche neue Politik ist aufmerksam für nichtmenschliche Entitäten, wie Roboter, und versucht diese in die Gesellschaft zu integrieren, sie als Teilnehmende des politischen Prozesses zu berücksichtigen. Ganz im Sinne eines „Parlaments der Dinge" (Latour 2012), wie Bruno Latour vorgeschlagen hat, würden dann auch Roboter vertreten und politisch berücksichtigt werden. Damit einher geht ein stärkeres Bewusstsein nicht nur auf die Existenzweise technischer Objekte, sondern auch auf ihre materielle Herkunft, ihre Herstellung und ihren Gebrauch.

Die jeweilige Sorge betrifft eben jene Individuation technischer Objekte und jedes Mal scheitern die Menschen daran, zu erkennen, was die technischen Objekte, seien sie nun aus Holz und Metall oder aus biologischem Material, ausmacht.

> Der Sinn der Technik wird nicht länger aus irgendeinem äußerlichen Bezug zu ihr abgeleitet werden, sei dieser nun durch das Wort, das Bild oder die Hand vermittelt. Er wird dadurch erkundet und erschlossen, daß die Geschichte der Kräfteverhältnisse *im Inneren des technischen Individuums* rekonstruiert wird.
>
> (Schmidgen 2012: 127)

Der Sinn von Odradek ist demnach nicht linguistischer oder hermeneutischer Gestalt, sondern eben mechanologisch zu verstehen: Simondons Position zwischen Heideggers „Dingheit“ als Leere und der Kybernetik, die das Innere der Objekte ebenso dunkel beschreibt (vgl. Schmidgen 2012: 127), versteht Sinn als „dynamische Relation von Potentialen“, die sich „realisiert“ (Schmidgen 2012: 126). Um Odradek mechanologisch zu verstehen, bedarf es einer spezifischen Fürsorge, die sich von der Sorge des Hausvaters unterscheidet. Anders als der Hausvater, der sich in Abgrenzung von Odradek bzw. bezüglich Sterblichkeit und Unsterblichkeit definiert, versteht sich Simondons Ingenieur als eine Person, die in eine Intra-Aktion mit dem technischen Objekt, dessen Materialität und Sprache tritt.

Odradek als sprachliches wie materielles Gebilde ist nicht „beliebig zu beherrschende Substanz, sondern eine heterogene, oft widerstrebende Materialität“ (Schmidgen 2012: 128). Daraus folgt, dass sich für Kafkas poetischer Roboterologie oder robotischer Poetologie auf materieller wie auf? Zeichenebene eine dichterische Fürsorge der Intra-Aktion, also ein Zusammenwirken von Materie und Zeichen, abzeichnet, die einander nicht vorgängig sind (vgl. Barad 2005). Dieses Verhältnis ist vergleichbar mit Simondons Verständnis der Mechanologie. Das liegt daran, dass beide – Dichter wie Ingenieur – hier mit „Zeichenmaterie“ (Schmidgen 2012: 129) arbeiten, „[...] der er bei der Verwirklichung seines Projekts durch das von ihm verwendete technische Objekt hindurch folgen muss – nicht fortwährend, aber immer wieder aufs Neue“ (Schmidgen 2012: 129). Aus dieser Tätigkeit und Fürsorge für die Zeichenmaterie folgt eine Politik des Zusammenlebens, die darum bestrebt ist, den „letzte[n] Stand der Technik“, jene von Čapek bereits dramatisierte Thematik der „Befreiung der Maschinen-Sklaven“ (Schmidgen 2012: 130) zu lösen. Entscheidend für den politischen Erfolg ist, dass nicht-menschliche Entitäten stärker in den politischen Prozess einbezogen werden (vgl. Latour 2012: 279). Hier kehrt in modifizierter Form die Figur des Hausvaters zurück: Nicht als patriarchale Macht, nicht als Ökonomie, sondern als politische Ökologie (vgl. Latour 2012: 282).

Bei Čapek sind die Sklaven-Maschinen (im Aristotelischen Sinne) in der Differenz von Natur und Kultur plötzlich innerhalb der Differenz des Menschen selbst, zwischen Kultur und Technik, zu verorten: So ergibt sich die Revolution und damit die Auslöschung der Menschheit, die selbst verschuldet ist. Im Drama ist das politische Kollektiv bereits nicht mehr rein menschlich. Es fehlt eine politische Ökologie, die die Fürsorge transformiert. Die Auslöschung der Menschheit erfolgt durch das Festhalten an einer *patria potestas*, einer Ökonomie des Hausvaters, die Natur und Kultur trennt. Dabei markieren die Roboter bereits die Trennung von Kultur und Technik innerhalb des Menschen. Čapeks Drama reagiert auf die alte, falsche und bereits nicht mehr gültige Grenzziehung.

Denn „*de facto*", wie Schmidgen (2012: 131) argumentiert, sind Maschinen (bei Čapek eben jene menschenähnlichen Roboter) Teil der menschlichen Kultur. „[D]e jure" (Schmidgen 2012: 131) aber sind sie davon ausgeschlossen. Čapeks Drama und auch Kafkas Text stellen das menschliche Verhältnis zur Technik auf die Probe. *Ex negativo* wird die Alternative zur Ausbeutung und der falschen Sorge lesbar. In Čapeks Drama ist es die weibliche Protagonistin Helene Glory, die allein „als [...] Zeug[in] und Interpret[in] ihrer Schwierigkeiten [des Maschine-Mensch-Verhältnisses, Anm. M.B.], als Vermittler[in] ihrer Beziehungen untereinander, als ‚Soziologe und Psychologe der Maschinen', der mitten unter ihnen weilt" (Schmidgen 2012: 132) verstanden werden kann.

Bei Kafka ist diese Position anders gelagert: Hier könnte es die Leserin sein, die in Opposition zum Hausvater, Odradek neu begegnet.

8 Mechanologische Ökologie

Der Schriftsteller Tom McCarthy interpretiert Kafkas Schreiben, ausgehend von dem nicht abgeschickten Brief an den Vater, einen anderen Vater, aber einem ähnlich wie dem Hausvater, als kybernetisch. Auch hier spielt die Sorge eine entscheidende Rolle.

Relais, Briefverkehr, Kommunikation, Regelung und Steuerung sind kontinuierliche Themen bei Kafka, sei es im Hotel in *Amerika*, im labyrinthischen Sekretariat von *Das Schloss*, oder die juristische Infrastruktur von *Der Prozess* (vgl. McCarthy 2019: 161).

Vater und Ökonomie, die für Kafka „das Gitternetz ab[gibt], in das alle übrigen Felder, nicht zuletzt sogar das der Identität, eingezeichnet sind," (McCarthy 2019: 167) werden dabei im Kontext des Steuermanns, worauf der Begriff der Kybernetik zurückgeht, „nautisch-navigatorisch" eingeordnet. Norbert Wiener gilt bekanntermaßen als Vater der Kybernetik. Kafkas Texte, so McCarthy, sind Rückkopplungsschleifen von Informationen, denen von Miller interpretierten destrukturierenden Strukturen ähnlich. Anders als bei Wiener, bei dem Rückkopplungsschleifen korrigierend sind (vgl. McCarthy 2019: 162), führen Kafkas Verschaltungen, die Odradek materialisiert, zum genauen Gegenteil. Odradek verkörpert „serielle und unvermeidliche Systemausfälle" (McCarthy 2019: 163). Anders als die Roboter bei Čapek, funktioniert Odradek, „weil seine Teile nicht wirklich funktionieren" (McCarthy 2019: 164).

Roboter, wie Čapeks Drama sie darstellt und versteht, markieren eine gouvernmentale und kybernetische Dystopie. Der kybernetische Glaube, alles steuern, regulieren und kontrollieren zu können, wird aufgehoben, durch die Roboter, die einen Eigensinn entwickeln, wie Odradek.

Die geschlechtslose Konstruktion provoziert in ihrer Performanz, ebenso wie der Name, das Wortspiel in seiner Performanz provozierend ist, die Sorge des Hausvaters und damit die Response-abilität, die Fähigkeit zu Antworten (vgl. Haraway 2008; Haraway 2012), die notwendig ist, damit nicht-menschliche Akteure nicht einfach missbraucht werden, sondern damit sie eine postkapitalistische Ökologie der Arbeit entwerfen.

> Verantwortlichkeit ist notwendigerweise eine asymmetrische Beziehung/Tun, eine Verfügung, eine Sache der Différance, der Intraaktion, in der niemand und nichts im Vorhinein gegeben ist oder je gleich bleibt. Nur in dieser fortwährenden Verantwortlichkeit gegenüber dem verschränkten Anderen, ohne Abweisung (ohne „Es reicht!"), gibt es die Möglichkeit kommender Gerechtigkeit.
>
> (Barad 2015b: 109)

Odradek arbeitet nicht, die Roboter von Werstand müssen dies ohne Unterbrechung. Wir Menschen befinden uns irgendwo dazwischen.

Dieses Dazwischen in bio-techno-politischer Hinsicht wird in der Einzelausstellung *Mine* des neuseeländischen Künstlers Simon Denny deutlich: Dort befindet sich ein Artefakt, das die anthropologische Differenz, die Opposition von Kultur und Technik materialisiert. Denny baute eine Patentskizze des Versandhandels Amazon nach (vgl. Levin & Tollmann 2020: 18). Er verwandelt gemäße Simondon das enzyklopädische Bauplanwissen in eine mögliche Auseinandersetzung mit der Individuation technologischer Objekte.

Das Artefakt zeigt einen fahrbaren Käfig mit Greifarm. Dieser Käfig sollte das Problem lösen, dass Amazon in seinen voll automatisierten und von Robotern bevölkerten Lagerhallen hatte. Denn diese Lagerhallen sind für Menschen zu gefährlich, als dass sie diese betreten können. Damit Menschen die Lagerhallen betreten können und vor den automatisierten Abläufen der Roboter geschützt sind, war eine Idee, Menschen, die dort Arbeiten verrichten sollten, in jenen Käfig zu setzen, damit sie von Roboterarmen, die die Regale befüllen und etwaige Produkte entnehmen, sortieren und transportieren, nicht tödlich erfasst werden können.

Die biopolitische Dimension dieses Käfigs liegt auf der Hand. Der automatisierte Arbeitsprozess schließt den Menschen aus. Dennoch müssen Menschen wieder in diesen Prozess eingeschleust werden. Der erste Versuch dafür ist, die Menschen in Käfige zu sperren. Die Trennung zwischen Kultur und Technik, zwischen der/m menschlichen Arbeiter*in und der automatisierten Arbeit wird durch die Materialisierung der Patentskizze real. Der Mensch selbst wird zum Hybrid aus technischem Gegenstand und menschlichem Körper, damit er eine technische Welt betreten kann (die Lagerhalle), die nicht automatisiertes Handeln ausschließt: ein Cyborg.

Die Trennung von Mensch und Technik innerhalb der Kultur ist bedrückend und verstörend zugleich. Die Automatisierung von Arbeitsabläufen sowie die Digitalisierung von Steuerungsprozessen, mithin der kybernetische Traum, exkludiert hier den Menschen, der nur mittels eines Käfigs als biopolitisch diszipliniertes und kontrolliertes Wesen re-integriert werden kann. Obschon der Käfig nie im tatsächlichen Arbeitsprozess realisiert wurde, Amazons Alternative ist eine Weste, die jegliche technischen Geräte in ihrer Nähe automatisch abschaltet, sodass die Trägerin vor tödlichen Verletzungen bewahrt bleiben soll, zeigt der Käfig die maximale Trennung von Mensch und Technik bei gleichzeitiger Hybridisierung.[3]

Diese Hybridisierung wird dann mit der Warnweste zum doppelten Signifikanten der Trennung von Mensch und Technik innerhalb der Kultur. Die Warnung der Warnweste invertiert die tödliche Gefahr in der Lagerhalle. Nun werden die Roboter abgeschaltet. Gleichzeitig erfüllt die Warnweste als digital-technische Aura den Traum absoluter Macht über die Technik, die den Arbeitenden als machtloseste Figur innerhalb des Arbeitsprozesses bei Amazon, nur den Anschein gibt, für den Konzern wertvoll zu sein. Die Unterbrechung des automatisierten Ablaufs wird so gering wie möglich gehalten, bei gleichzeitiger Effizienzsteigerung auf symbolischer wie ökonomischer Ebene. Als Pseudo-Herr über die Maschinen wird der Knecht doppelt unsichtbar gemacht. Weder ist er essenziell für den automatisierten Ablauf, noch gehört er zum Arbeitsablauf überhaupt. Seine Anwesenheit ist nur von kurzer Dauer und stört den kybernetischen Ablauf nicht, wohingegen der Käfig eine stärkere Agency in Bezug auf den Arbeitsprozess gehabt hätte. Der Käfig hätte stets den Signifikant der Hybridität getragen. Die Warnweste dagegen repräsentiert die absolute Trennung von Mensch und Technik, weil sie den Menschen als Menschen kennzeichnet und hervorhebt.

Dennys Skulptur zeigt aber noch etwas anderes: Da es eine Skulptur ist und nicht ein funktionierendes technisches Objekt, zeigt es an, welche Gewalt das technische Objekt in Bezug zum Menschen ausübt. Dennys Käfig ist aber auch ein „ästhetisches Objekt“ (Simondon 2012: 171). Das heißt, Dennys Käfig kopiert nicht einfach das technische Objekt, das im Patent beschrieben wird, sondern verweist auf eine zer- oder gestörte Relation. Das Artefakt vermittelt jenen Bruch, dem die Menschen ausgesetzt sind, würden sie das technische Objekt benutzen. Damit entsteht ein neues Beziehungsgeflecht, dass die Auswirkung der Technik auf den Menschen

3 Dieses Verfahren entspricht der Analyse der Moderne nach Bruno Latour: Modern ist, wer kontinuierlich Hybride materiell und symbolisch produziert und gleichzeitig diese Produktion der Mannigfaltigkeit der Realität mithilfe der Trennung von Subjekt und Objekt ideologisch verdrängt.

erst sichtbar werden lässt: eine destrukturierende Struktur. Weil Dennys Käfig aus dem technischen Kontext in einen nicht-technischen Kontext des Museums übertragen wird, offenbart es erst die problematische Agency.

Das technische Objekt fällt im Ballett der Roboter in Amazons Lagerhalle nicht auf. Im Museum ist es dagegen diese verstörende Existenz des Objekts, das sich voll entfalten kann. Es formuliert, was der Käfig wirklich bedeutet hätte, wäre er produziert und eingesetzt worden und zwar an einem quasi-öffentlichen und politischen Ort des Austausches, das Museum. Damit geht Dennys Artefakt über das *Ready Made* hinaus. Nicht nur deplatziert Denny ein technisches Objekt, er erschafft eines, das aus rechtlichen Gründen nicht gebaut werden kann und darf. Er entfunktionalisiert die Erfindung, um die darin eingeschriebenen biopolitischen Machtverhältnisse sichtbar zu machen.

Kafka und Čapek handelten noch von der Sorge, technische Objekte in die Welt des Menschen zu integrieren, mit Simon Denny zeigt sich ein anderes Problem: Wie wird der Mensch in die technische Welt integriert?

9 Ergebnisse: Cyborg-Semiologie als Sprache technischer Objekte

Technische Entitäten, die dem Menschen ähnlich sind oder die dem Menschen dienen sollen, verunsichern die Ratio, das Wissen und das Selbstbild, das der Mensch von sich selbst konstruiert. Je mehr technische Objekte die Lebenswirklichkeit der Menschen bevölkern, umso stärker wird eine Differenz zwischen dem Menschen und dem technischen Objekt aufrechterhalten. Damit geht eine spezifische Sprache einher, die an die Materialität technischer Objekte geknüpft ist. Bei Kafka, Čapek und Denny geht es nicht nur um das Darstellen und Sichtbar-Machen technischer Entitäten, sondern auch um die politische Frage des Zusammenlebens. Die Sorge um das Zusammenleben ist rückgekoppelt an eine Sprache der Ökonomie, die um Arbeit kreist. Roboter sind Diener und je ähnlicher sie dem Menschen sind, desto sichtbarer wird, dass die Trennung von Mensch als Kontrolleur und Maschine als Arbeiter nicht zwischen Mensch und Maschine zu ziehen ist, sondern bereits durch den Menschen hindurchgeht. Der Cyborg ist das Paradigma dieser Politik: Čapeks Roboter sind heute meistens „women of color" (Haraway 1995: 63). Sie „sind bevorzugte Arbeitskräfte der auf Wissenschaft basierenden Industrien. Sie sind die Frauen, deren Alltag vom internationalen Markt, der Sexualität, dem internationalen Arbeitsmarkt und den Reproduktionspolitiken bestimmt wird" (Haraway 1995: 63). Dabei kommt der Sprache und vor allem dem Schreiben aber eine subversive

Rolle zu. Die politische Praxis der Cyborgs ist das Schreiben (vgl. Haraway 1995: 65): „Das Schreiben der Cyborgs handelt vom Willen zum Überleben, nicht auf der Grundlage ursprünglicher Unschuld, sondern durch das Ergreifen eben jener Werkzeuge, die die Welt markieren, die sie als Andere markiert hat" (Haraway 1995: 64). Die Cyborg (als weibliche Figur) und ihre spezifische Schreibweise bzw. Sprache als Hybrid von Mensch und Maschine steht dem hartnäckigen männlichen Diskurs der anthropologischen Differenz 2.0 entgegen. Ihre Themen sind „Produktion, Reproduktion und Imagination" (Haraway 1995: 35). Wer über „Schrift, Macht und Technologie" (Haraway 1995: 38) verfügt, verfügt über die anthropologische Differenz 2.0, unterscheidet, wer Mensch und wer Maschine ist und wer dazwischen steht. Kafkas Odradek verhandelt das Privileg des Namens, „[...] den Phallogozentrismus des Westens mit seiner Anbetung des monotheistischen, phallischen, autoritären und singulären Wortes, des einzigen und perfekten Namens" (Haraway 1995: 63). Čapeks Roboter thematisieren die „Bestimmung dessen, was als Natur – als Quelle von Erkenntnis, als Verheißung von Unschuld – betrachtet werden kann [...]" (Haraway 1995: 63). Dennys Artefakt umkreist die bio-techno-politische Dimension von Arbeit, die aufzeigen, dass „[d]ie Maschine kein *es* [ist], das belebt, beseelt oder beherrscht werden müsste. Die Maschine sind wir, unsere Prozesse, ein Aspekt unserer Verkörperung" (Haraway 1995: 70). Der Semiologie der Technowissenschaften ist eine „Cyborg-Semiologie" (Haraway 1995: 50) eingeschrieben, die es erlaubt, Produktion, Reproduktion und Imagination zu hinterfragen. So lassen sich der Mythos kapitalistischen Fortschritts und die Grenzziehungen zwischen Menschen und Maschinen benennen. Die Grenzziehung 2.0 aber betrifft zumeist *People of Color*, die als Arbeitskräfte von Amazon durch die techno-anthropologische Differenz entmenschlicht werden. Die Sprache technischer Objekte muss sich dieser Semiologie bewusst sein, um ihrer Verantwortung gerecht zu werden.

Literaturverzeichnis

Agamben, Giorgio (2002): *Homo Sacer. Die souveräne Macht und das nackte Leben*. Frankfurt a.M.: Suhrkamp.

Agamben, Giorgio (2008): *Das Offene*. Frankfurt a.M.: Suhrkamp.

Atallah, Marc (2020a): Einführung. In: Museum Folkwang (Hrsg.), I *WAS A ROBOT. Science Fiction und Popkultur*. Göttingen: Steidl, 10–19.

Atallah, Marc (2020b): Schöpfung. In: Museum Folkwang (Hrsg.), *I WAS A ROBOT. Science Fiction und Popkultur*. Göttingen: Steidl, 20–27.

Barad, Karen (2005): Posthumanist Performativity: Toward an Understanding of How Matter comes to Matter. In: Corinna Bath, Yvonne Bauer und Bettina Bock von Wülfingen (Hrsg.), *Materialität denken. Studien zur technologischen Verkörperung – Hybride Artefakte, posthumane Körper*. Transcript: Bielefeld, 187–216.

Barad, Karen (2012): *Agentieller Realismus. Über die Bedeutung materiell-diskursiver Praktiken*. Berlin: Suhrkamp.

Barad, Karen (2015a): Dem Universum auf halbem Wege begegnen: Realismus und Sozialkonstruktivismus ohne Widerspruch. In: dies.: *Verschränkungen*. Berlin: Merve, 7–70.

Barad, Karen (2015b): Dis/Kontinuitäten, RaumZeit-Einfaltungen und kommende Gerechtigkeit. Quantenverschränkungen und hantologische Erbschaftsbeziehungen. In: dies.: *Verschränkungen*. Berlin: Merve, 71–114.

Barad, Karen (2015c): Die queere Performativität der Natur. In: dies.: *Verschränkungen*. Berlin: Merve, 115–172.

Barthes, Roland (1976): *Die Mythen des Alltags*. Frankfurt a.M.: Suhrkamp.

Benjamin, Walter (1977): Franz Kafka. In: ders.: *Gesammelte Schriften II.2*. Frankfurt a.M.: Suhrkamp, 409–438.

Čapek, Karel (1920/1922): *W U R. Werstand Universal Robots. Utopistisches Kollektivdrama in drei Aufzügen. Deutsch von Otto Pick*. Prag, Leipzig: Orbis.

Caronia, Antonio (2015): *The Cyborg. A Treatise on the Artificial Man*. Lüneburg: Meson Press.

Dekel, Edan & David G. Gurley (2013): How the Golem Came to Prague. In: *The Jewish Quarterly Review* 103 (2), 241–258.

Derrida, Jacques (1989): Biodegradables. Seven Diary Fragements. In: *Critical Inquiry* 15 (4), 812–873.

Foucault, Michel (1983): *Der Wille zum Wissen. Sexualität und Wahrheit I*. Frankfurt a.M.: Suhrkamp.

Foucault, Michel (2014): *In Verteidigung der Gesellschaft. Vorlesung am Collège de France 1975–79*. Frankfurt a.M.: Suhrkamp.

Foucault, Michel (2015): *Die Geburt der Biopolitik. Geschichte der Gouvernmentalität II. Vorlesung am Collège de France 1978–1979*. Frankfurt a.M.: Suhrkamp.

Hamacher, Werner (1998): Die Geste im Namen. Benjamin und Kafka. In: ders.: *Entferntes Verstehen. Studien zu Philosophie und Literatur von Kant bis Celan*. Frankfurt a.M.: Suhrkamp, 280–323.

Haraway, Donna (1992): The Promises of Monsters. A Regenerative Politics for Inappropriate/d Others. In: Lawrence Grossberg, Cary Nelson und Paula A. Treichler (Hrsg.), *Cultural Studies*, New York: Routledge, 295–337.

Haraway, Donna (1995): Ein Manifest für Cyborgs. Feminismus im Streit mit den Technowissenschaften. In: dies.: *Die Neuerfindung der Natur. Primaten, Cyborgs und Frauen*. Frankfurt/New York: Campus, 33–72.

Haraway, Donna (2008): *When species meet*. Minneapolis, MN: University of Minnesota Press.

Haraway, Donna (2012): A wash in urine: DES and Premarin® in multi-species response-ability. In: *Women's Studies Quarterly* 40 (1–2), 301–316.

Jank, Marlen (2014): *Der homme machine des 21. Jahrhunderts. Von lebendigen Maschinen im 18. Jahrhundert zur humanoiden Robotik der Gegenwart.* Leiden: Brill/Fink.

Johnston, Keith M. (2011): *Science Fiction Film. A Critical Introduction*. Oxford: Berg Publisher.

Kafka, Franz (1920/1996): Die Sorge des Hausvaters. In: ders.: *Drucke zu Lebzeiten.* Frankfurt a.M.: Fischer, 282–284.

Kling, Alexander (2019): Konstellationen des Misfitting. Kafkas Arbeits- und Wohndinge. In: Agnes Bidmon & Michael Niehaus (Hrsg.), *Kafkas Dinge* (Forschungen der deutschen Kafka-Gesellschaft 6). Würzburg: Königshausen & Neumann, 23–50.

Kreuzer, Stefanie (2008): Künstliche Menschen und menschliche Künstlichkeit. E. T. A. Hoffmanns Automaten im Kontext eines SF-Motivkomplexes. In: *Der Deutschunterricht* 60, 28–40.

Latour, Bruno (2010): *Eine neue Soziologie für eine neue Gesellschaft. Einführung in die Akteur-Netzwerk-Theorie.* Frankfurt a.M.: Suhrkamp.

Latour, Bruno (2012): *Das Parlament der Dinge. Für eine politische Ökologie.* Frankfurt a.M. Suhrkamp.

Latour, Bruno (2013): *Wir sind nie modern gewesen. Versuch einer symmetrischen Anthropologie.* Frankfurt a.M.: Suhrkamp.

Levin, Boaz & Vera Tollmann: Kanarienvögel in den Wolken. In: *Spielregeln für EXTRACTOR. Ausstellungskatalog „Simon Denny. Mine"*, Kunstsammlung Nordrhein-Westfalen 2020, 17–25.

McCarthy, Tom (2019): Von der Rückkopplung zum Reflux. Kafkas Kybernetik der Revolte". In: ders.: *Schreibmaschinen, Bomben, Quallen. Essays*, Zürich: Diaphanes, 159–180.

Menville, Douglas & Robert Reginald (1977): *Things to Come. An Illustrated History of the Science Fiction Film*. New York: Times Books.

Merkl, Helmut (1988): Der paralysierte Engel. Zur Erkundung der Automatenliebe in E.T.A. Hoffmanns Erzählung ‚Der Sandmann'. In: *Wirkendes Wort* 38, 187–199.

Michels, Gerd (1980): Scheiternde Mimesis. Zu Franz Kafka: ‚Die Sorge des Hausvaters'. In: *Festschrift für Friedrich Kienecker zum 60. Geburtstag*. Heidelberg: Groos, 179–198.

Miller, J. Hillis (2016): *Lektüren – Interventionen. Literatur und die Zeichen der Zeit. Ausgewählte Studien.* London: Open Humanities Press.

Neumeyer, Harald (2011): Noch einmal Odradek. Franz Kafka, Wilhelm Dilthey, Viktor Šklovskij und ‚Die Kunst des Verstehens'. In: Moritz Baßler u.a. (Hrsg.), (Be-)richten und Erzählen: *Literatur als gewaltfreier Diskurs.* München: Fink, 151–168.

Parikka, Jussi & Paul Feigelfeld (2015): Media Archiology Out Of Nature. An Interview With Jussi Parikka. In: *e-flux Journal* 62.

Pagliarulo, Magdalena (2013): Das Motiv der Maschinenfrau von der Romantik bis ins 20. Jahrhundert. Weibliche Androiden bei E.T.A. Hoffmann, Fritz Lang und Stanislaw Lem. In: *Romantik*, 247–260.

Rubin, Charles T. (2013): The Golem and the Limits of Artifice. In: *The New Atlantis* 39, 56–72.

Saße, Günter (1978): Die Sorge des Lesers. Zu Kafkas Erzählung *Die Sorge des Hausvaters*. In: *Poetica* 10, 262–284.

Sauer, Lieselotte (1983): *Marionetten, Maschinen, Automaten. Der künstliche Mensch in der deutschen und englischen Romantik.* Bonn: Bouvier Verlag Herbert Grundmann.

Schmidgen, Henning (2012): Das Konzert der Maschinen. Simondons politisches Programm. In: *Zeitschrift für Medien- und Kulturforschung* 2, 117–134.

Schmieder, Falko (2014): Urgeschichte der Nachmoderne. Zur Archäologie des Anthropozäns. In: *Forum Interdisziplinäre Begriffsgeschichte* 3, 43–48.

Serexhe, Bernhard & Peter Weibel (2007): *Wolfgang von Kempelen: Mensch-(in der)-Maschine*. Berlin: Matthes und Seitz.

Shokrisaravi, Arash (2019): Odradek. This is a word's world, but it would be nothing without the creature, or the text. In: *International Journal of Humanities and Cultural Studies* 6 (2), 128–183.

Simondon, Gilbert (2012): *Die Existenzweise technischer Objekte*. Zürich: Diaphanes.

Tabbert, Thomas T. (2006): *Die erleuchtete Maschine – künstliche Menschen in E.T.A. Hoffmanns ‚Der Sandmann'*. Hamburg: Artislife Press.

Valery, Paul (1923/2017): *Eupalinos*. Berlin: Suhrkamp.

Wawrzyn, Lienhard (1990): *Der Automaten-Mensch: E.T.A. Hoffmanns Erzählung vom ‚Sandmann'; mit Bildern aus Alltag und Wahnsinn.* Berlin: Wagenbach.

Vogl, Joseph (1990): *Ort der Gewalt. Kafkas literarische Ethik.* München: Fink.

Wilke, Tobias (2004): Tückische Objekte. Dinglichkeit und Repräsentation bei Kafka. In: *Colloquia Germanica* 37 (1), 51–72.

Cornelia Ortlieb

Arbeit am fragilen Objekt

Die vier Dimensionen des Papiers bei Josef Albers

Objekte der Literaturwissenschaft sind üblicherweise Texte, also sprachliche Gebilde in unterschiedlichen Formaten und Medien, deren verlustfreie Übertragung und Speicherung oft wie selbstverständlich vorausgesetzt wird. Vielmehr wird als Text gemeinhin im forschenden Umgang mit Sprache und Schrift eben das verstanden, was sich unabhängig von den Medien und Materialien seiner Aufzeichnung immer wieder neu als dasselbe lesen lässt.[1] Blickt man allerdings, wie seit einiger Zeit auch zunehmend in philologischen Arbeiten üblich, auf die materiale Seite der Literatur, so kann diese angenommene oder unterstellte Identität des Textes mit sich selbst als mehr oder weniger explizit idealistische Hypothese fragwürdig werden.[2] So ist etwa schon die handschriftlich notierte Folge von Buchstaben-Gebilden auf einem materiell vorhandenen, physisch greifbaren kleinen Zettel offensichtlich etwas anderes als die Folge der ‚selben' Zeichen im Schwarzweißdruck auf Buchseiten und erst recht ihre Erscheinung als Lichtzeichen auf dem omnipräsenten Computer-Ausgabegerät, dem Bildschirm.[3]

Wenn also einerseits die Materialität von Schriftträgern und Zeichengebilden in je verschiedenen Medien zunehmend wissenschaftliche Aufmerksamkeit erfährt, so kann doch zugleich ihre nunmehr geläufige Präsentation in digitalen Medien darüber hinwegtäuschen, dass viele Objekte einer solchen erweiterten literaturwissenschaftlichen Forschung strenggenommen gar nicht zur Hand sind, sei es, dass sie in Archiven lagern, die keine Berührung empfindlicher Materialien erlauben – oder aufgrund pandemiebedingter Einschränkungen über lange Zeiträume komplett geschlossen sind – sei es, dass die materiellen Dinge, Sachen, Gegenstände als die man auch bereits den zitierten beschrifteten Zettel ansehen würde, ver-

1 Vgl. aber zur Differenzierung Endres, Pichler & Zittel (2017); Kammer & Lüdeke (2005).

2 Vgl. Ortlieb (2018a: 38–46). Schon „Erscheinungsformen des Schriftmediums" sind von ihrer je besonderen Materialität her bestimmt, „nicht [...] Repräsentation sprachlicher Elemente, sondern [...] Präsentation: das Schriftzeichen in seiner Eigenwertigkeit, seine visuelle und haptische Materialität, seine Konkretheit, Dinglichkeit und Körperlichkeit". Greber, Ehlich & Müller (2002: 9–16).

3 Vgl. die Beiträge der fortlaufenden Buchreihe Stingelin (2004).

https://doi.org/10.1515/9783111437392-008

schwunden und nur in der Überlieferung anderer Medien und mithin anderer Materialien mittelbar zu fassen sind.[4]

Diese Überlegungen lassen sich an einem Beispiel aus der Weimarer Phase des 1919 gegründeten *Bauhaus* erläutern, das zugleich einen, wenn auch vermittelten, Einblick in die wenig erhellten historischen Praktiken namentlich der sogenannten Vorkurse gibt.[5] Die frühen Papierarbeiten Josef Albers' können als eine besondere Sorte fragiler Objekte aus zugleich gewöhnlichem und speziellem Material für eine solche prekäre Annäherung mittels anderer Medien einstehen, die zudem auch eine – eigentlich in geisteswissenschaftlichen Arbeiten immer verlangte – mitlaufende Selbstreflexion erfordert.[6] Das gilt zumal für den Umgang mit autobiographischen Erzählungen und Photographien, die nicht als gleichsam durchsichtige Medien für ein dahinter zu erkennendes historisches Geschehen genutzt werden können oder betrachtet werden dürfen, weil sie bekanntlich je eigene Implikationen haben und entsprechend unterschiedliche Effekte zeitigen.

Die frühen Arbeiten des ausgebildeten Volksschullehrers und Bauhauskünstlers Josef Albers', der wegen der drohenden Verfolgung durch die NS-Politik 1933 in die USA emigrieren musste und dort als Maler und Hochschullehrer berühmt wurde, bieten sich für eine solche Reflexion schon deshalb an, weil das Bauhaus zu allererst eine Schule des Materials ist.[7] Wenn man gewohnt ist, beim Sprechen über (Kunst-)Gegenstände wie selbstverständlich über Formen und Farben zu sprechen, so lehrt das Bauhaus, zunächst und beharrlich auf das Material selbst zu schauen, in einer nicht-leeren Verdopplung: auf die Materialität des Materials, die Stofflichkeit des Stoffs. Das gilt zumal für die Anfänge jeder Schulung der angehenden Künstler:innen, die planmäßige Unterweisung und gemeinsame Arbeit in den *Vorkursen*, der sich alle Ankömmlinge unterschiedslos für sechs Monate unterziehen mussten.[8] Diese sind heute als Orte der Lehre und Kunstausübung per definitionem

---

4 Dies fällt besonders dort ins Auge, wo Archive und Sammlungen ‚Dinge' und ‚Papier' voneinander trennen und so auch die Einheit postalischer Sendungen nicht bewahren können, zumal bei der Fülle von per definitionem vergänglichen Konsum-Gegenständen im engeren Sinn, etwa Lebensmittel oder auch Blumensträuße u.ä. Vgl. zu einer Dingtheorie, die von klassischen Konzepten des Konsumierens ausgeht, Schivelbusch (2015).

5 Vgl. für eine grundlegende Darstellung dieser Kurse, ihrer Geschichte und der dort entstandenen Arbeiten mit einzigartiger Foto-Dokumentation Herzogenrath (1980).

6 Vgl. zu dieser paradoxen (Selbst-)Beobachtungssituation in der Begegnung mit Sammlungs-/Archiv-/Museumsobjekten Ortlieb (2018b).

7 Vgl. zu Details die neuerdings auf Deutsch vorliegende Biographie Darwent (2020).

8 Vgl. zur Geschichte des Bauhaus, seiner Grundsätze und Lehrpläne die Neuauflage des Standardwerks Droste (2019); das von Walter Gropius 1922 konzipierte Schema der Ausbildung, visualisiert als mehrfach unterteilter Kreis, mit halbjährigem Vorkurs, dann dreijähriger Werkstattarbeit mit „Formlehre" (vgl. Droste 2019: 48).

nicht mehr der wissenschaftlichen Forschung zugänglich, denn was dort gelehrt wurde, wie es gewesen sein mag, Stunde um Stunde in den Werkstätten buchstäblich am Material zu arbeiten, lässt sich nicht nacherleben und auch nur ansatzweise rekonstruieren – mit entsprechenden Folgen für die Bestimmung und Analyse der dort produzierten Dinge, Objekte oder Artefakte.[9]

So gibt am Ende der zahllosen Weimarer Vorkurs-Stunden von Josef Albers eigentlich nur ein einziger ausführlicher Bericht einen geradezu plastischen Eindruck von dieser speziellen Materialarbeit, eine Erzählung eigenen Rechts, auf die auch hier zurückgegriffen werden muss, weil sie die *black box* der Unterrichtsstunden zumindest schlaglichtartig erhellt. *Jede* Unterrichtsstunde ist allerdings eine solche *black box* und gerade den historischen Zeugen, die sie ja nicht als Beobachter, sondern als Teilnehmende miterlebt und mitgestaltet haben, ist zwar prinzipiell zu trauen, aber nur soweit zu glauben, wie es das komplexe Medium der autobiographischen Erzählung von zeithistorischen Ereignissen überhaupt zulässt.[10] Neben dieser Erzählung und mit ihr verbunden stehen jedoch die historischen Photographien von Erich Consemüller, die ganz außergewöhnliche Gebilde zeigen – und im Folgenden will ich versuchen, mit drei Grundüberlegungen auf diese doppelte Überlieferung zu reagieren, die zwar die Bauhaus-Arbeit am Material in zwei konkurrierenden Medien zugänglich macht, aber zugleich ihrer eigenen Logik unterwirft.

9 Immerhin können die Aufgabenstellungen für ‚Übungen' der Vorkurse mit Beispielen, gestützt auf entsprechende historische Texte und Abbildungen, nachvollzogen werden, vgl. Holländer & Wiedemeyer (2019). Eine begeisterte Schülerin/Studentin Albers' am Black Mountain College rühmt nicht nur seine „Weisheit", sondern gibt mit der Veröffentlichung einer Reihe von Nachlassnotizen auch einen Eindruck von Albers' programmatisch formulierten Prinzipen des Unterrichts, die schon wegen seiner erst in den USA mühsam erworbenen, beschränkten Kenntnisse der englischen Sprache meist apodiktisch kurzgefasst sind. Auch in den 1940er Jahren hat Albers demnach den Vorrang der praktischen Übung betont: „Practical work connects with reality. It fulfills actual needs and provides the educationally important satisfaction of achievement. It answers curiosity for experience as well as for information." (Albers 1946; Harris 2017/2018: 467).

10 Für literaturwissenschaftliche Perspektiven auf autobiographische Erzählungen ist nach wie vor die implikationsreiche Formel vom „autobiographischen Pakt" zwischen Autor:in und Leser:in leitend – ein stillschweigendes Übereinkommen, dass der entsprechend annoncierte Text so gelesen werden solle, *als ob* er ein autobiographischer Text wäre, vgl. Lacoue-Labarthe (1994 [1980]). Diese Auffassung umgeht das prinzipielle Paradox, wonach mit guten Gründen *jeder* Text als autobiographischer und ebenso *kein* Text als solcher aufgefasst werden könnte – zumindest in Zeiten, in denen noch menschliche Subjekte die Funktion Autorschaft zugeschrieben bekommen. Wie literarisches Schreiben in Zusammenarbeit mit einem nicht-menschlichen Akteur, einer ‚Künstlichen Intelligenz' erlebt werden kann, führt ein kurzweiliger Bericht aus dem Labor vor, vgl. Kehlmann 2021.

Denn was man auf den wenigen überlieferten Photographien sehen kann, ist ein omnipräsentes und entsprechend gewöhnliches Material, das in anderen Settings gar nicht eigens in den Blick geraten würde, wie vermutlich auch die historischen Bauhaus-Schüler erst darauf aufmerksam gemacht werden mussten, dass hier der Anfang ihrer künstlerischen Arbeit liegen sollte:

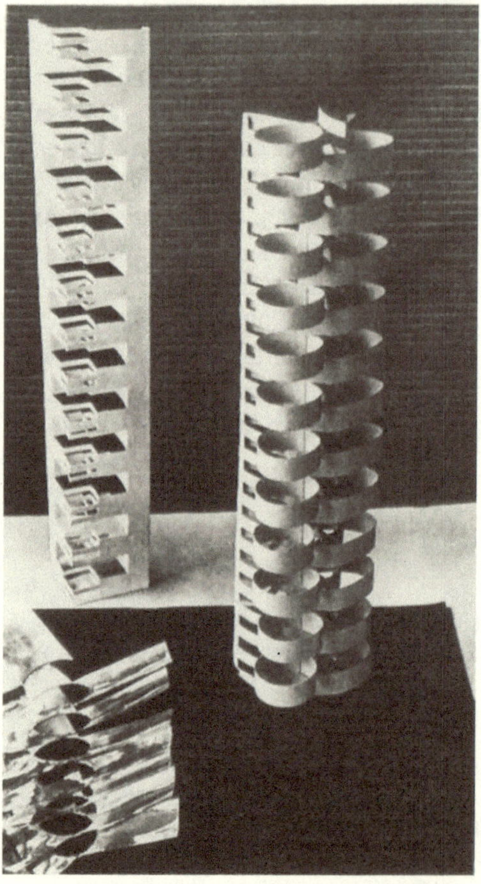

Abb. 1: Josef Albers, Vorkurs, Gefaltete Papierseiten.

Weiß auf Schwarz ist dort offenbar mehrfach ein simples Blatt Papier zu sehen, das gefaltet und aufgerichtet wurde, und entsprechend stellt sich als erstes die Frage, wieso ausgerechnet das Falten von Papier am Anfang künstlerischer Schulung stehen soll – als wäre man bei dem ehemaligen Volksschullehrer Josef Albers gewissermaßen noch einmal auf die ersten Bastelarbeiten kleiner Kinder zurückverwiesen. Zweitens wird das Blatt Papier offenbar gerade nicht so behandelt, wie man es in einer ersten Annahme von ‚Materialgerechtigkeit' oder -adäquatheit vermuten könnte, nämlich als Fläche, als zweidimensionaler Gegenstand von geradezu unmerklicher Höhe, als dünne Folie, die üblicherweise den Grund für andere Materialien bietet.[11] Und drittens wird das Spannungsverhältnis zwischen der unbestimmten Mengenangabe ‚Papier' und dem einzelnen Blatt mit seiner vielbeschworenen weißen Seite bei näherem Hinsehen hier noch einmal radikal neu interpretiert, so dass gerade diese Vorkurs-Arbeiten Josef Albers' als eigenständiger Beitrag zur historischen (Prä-)Avantgarde gelten können und müssen.[12]

1

Damit verlasse ich kurz die Photographie, zu der ich gleich zurückkehren werde, und betrachte die bereits angesprochene einzige ausführliche Erzählung aus dem historischen Inneren der Vorkurse. Albers, selbst seit 1920 Student am Bauhaus, hat ab 1923 einen Teil der Vorkurse übernommen und innerhalb kurzer Zeit eine neue ‚Werklehre' entwickelt, bei der anders als zuvor das Zeichnen nur noch eine untergeordnete Rolle spielte. Stattdessen wurden die Schüler in Fabriken und Handwerksbetriebe geführt, lernten einfaches Werkzeug zu handhaben und, vor allem, eine bestimmte Ordnung der Arbeit mit verschiedenen Materialien. Ab 1928 hat Albers die gesamten Vorkurse übernommen, aber ein Stundenplan von 1924 zeigt, welchen Raum die „Werkarbeit" schon vorher eingenommen hat, flankiert von den deutlich weniger umfangreichen Gestaltungsstudien an den Rändern der Woche und den geradezu marginalisierten Zeichenstunden bei Wassily Kandinsky und Paul Klee (s. Abb. 2).

---

11 Entsprechend versteht man im kunsthistorischen Zusammenhang unter ‚Papierarbeiten' solche, bei denen das Papier den (Mal-)Grund bietet – im Unterschied etwa zur klassischen Leinwand, vgl. Albers (1999).

12 Im 2019–2022 geförderten DFG-Projekt *Artefakte der Avantgarden 1885–2015* argumentieren wir, dass etwa die Papierarbeiten Stéphane Mallarmés und seine objektbezogenen Gedichte auf ‚sprechenden' Gegenständen wie Briefumschlägen, Visitenkarten und Fächern, aber auch auf Ostereiern, Calvadoskrügen und sogar flachen Kieselsteinen, Praktiken und Formate der Avantgarde-Künste des 20. Jahrhunderts vorwegnehmen, vgl. Ortlieb (2020).

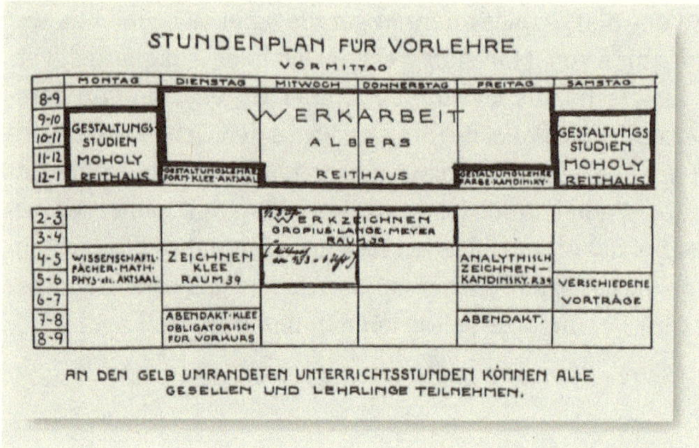

Abb. 2: Albers, Stundenplan Vorlehre, Droste, S. 91.

Mit dem Titel „Werklehre“ ist dabei schon angezeigt, dass es in den Weimarer Kursen tatsächlich um die „Ausbildung in einer Werkstatt zum Handwerksgesellen“ ging; in den USA wird Albers später den Titel für seine College-Kurse erweitern zu *Werklehre – Learning by Doing*, und dieses *Lernen durch Tun* ist offensichtlich bezogen auf einen weiten Begriff von handwerklicher Kunst als Experiment mit unterschiedlichen Materialien.[13] Schon in Dessau, also ab 1924, hat Albers für seine Vorkurse die wichtige Unterscheidung von zwei Übungsbereichen getroffen: Nach dem erzwungenen Umzug des Bauhaus gibt es in seinen Vorkursen „Materieübungen“ und „Materialübungen“. Mit „Materieübungen“ ist dabei zugleich der Prozess und das Ergebnis bezeichnet, nämlich das „zwecklose, spielerische Basteln“ mit verschiedenen Materialien, die dann zusammengefügt werden zu flächigen oder dreidimensionalen Gebilden, darunter etwa eine Art Collage aus Stahlblech, Stanniolpapier und rußgeschwärztem Glas (vgl. Albers 1999: 65). Eine „Materieübung“ von Erich Krause aus dem Jahr 1927, deren Thema lautet, „Nebeneinanderordnen der Materien“ und „Beziehungen Suchen“, zeigt eine Verbindung von verschieden-

13 Unter „Werklehre […] wurde in Weimar konkret die handwerkliche Ausbildung in den Werkstätten verstanden. Die künstlerischen Anteile wurden unabhängig davon von den Formmeistern in eigenen Kursen unterrichtet. Mit der Überarbeitung des Stundenplans wurde dann ab 1923 am Bauhaus unter ‚Werklehre‘ die dreijährige Ausbildung in einer Werkstatt zu einem Handwerksgesellen bezeichnet. Albers hatte dagegen ein sehr viel freieres Verständnis von der Werklehre. In dem Zusatz ‚Lernen durch Tun‘ spiegelt sich das bereits wider. Da das Black Mountain College keinen eigenen Abschluss in den künstlerischen Fächern bot, nutzte Albers die größere Freiheit, um mit den ungewöhnlichsten Materialien zu experimentieren. Selbst Laub und andere ‚objet trouvés‘ oder auch fertig zugeschnittene farbige Papiere kamen dabei zum Einsatz.“ (Sauer 2018: 52).

farbigen Pappen und Bindfäden auf Millimeterpapier (vgl. Krause 1937; Weitsch 1932).

Diese Erprobungen von Materialzusammenstellungen schließen noch eng an das an, was Johannes Itten und László Moholy-Nagy in Weimar entwickelt hatten, vielleicht mit einer gewissen Radikalisierung, weil die Bearbeitung hier programmatisch „ohne Werkzeug" erfolgen sollte, und, wie Albers (1928: 6) selbst in einer Erläuterung seiner Methode 1928 schreibt, im „engsten Materialkontakt", mit einer interessanten Präzisierung: „Es wird die *Haut* der Stoffe in Beziehung zueinander gesetzt. Nach Verwandtschaft oder Kontrast [...]." Die verwendeten Materialien sind aber auch solche, die nicht unbedingt zur Berührung einladen und teilweise eher widerständig sind, neben Papier und Pappe nämlich „Draht, Glas, Stroh, Sägespäne [...], Sackleinen, [...] Fliegendraht" und anderes (Schöbe 1998: 65). Den entscheidenden Unterschied zu den Weimarer Vorgängern in diesem von Albers so genannten „werklichen formunterricht" sieht Lutz Schübe in dieser Auswahl von Stoffen aus industrieller Herstellung – zu denen noch einige mehr zu rechnen wären – und dem „sachlichen Charakter der für die bloße Demonstration der Materialwirkungen geschaffenen Übungen" (Schöbe 1998: 65). Mit der zweiten Sorte der Übungen, den sogenannten „Materialübungen", greift Albers dann in Dessau offensichtlich auf seine eigene Entwicklung der Vorkurse in Weimar zurück, denn hier wird zuallererst Papier bearbeitet – worauf noch einmal zurückzukommen sein wird.

Interessanterweise hat aber der Maler Hannes Beckmann dieses vermeintlich voraussetzungslose Basteln ohne Werkzeug in pragmatisch orientierten Unterrichtsstunden als Teil seiner Initiation zum Künstler geschildert, die typischerweise Ereignischarakter hat. Seine Beschreibung der ersten Unterrichtsstunde, die Albers gibt, nachdem er mit einem Bündel Papier unter dem Arm den Raum betreten und die Blätter an die Studenten verteilt hat, eröffnet Beckmann mit einem Satz, der ihn zugleich als zuverlässigen Zeitzeugen einführen soll: „Ich kann mich lebhaft an den ersten Unterrichtstag erinnern." (Sauer 2018 nach Beckmann 1985: 51). Entsprechend macht Beckmann das Ereignis der ersten Studierenden-Anleitung präsent, indem er Albers selbst sprechen lässt:

> Jedes Kunstwerk hat ein ganz bestimmtes Ausgangsmaterial, und deshalb müssen wir zunächst einmal untersuchen, wie dieses Material beschaffen ist. Zu diesem Zweck wollen wir – ohne schon etwas anzufertigen – zuerst einmal damit experimentieren. Im Augenblick ziehen wir die Geschicklichkeit der Schönheit vor. Die Aufwendigkeit der Form ist abhängig von dem Material, mit dem wir arbeiten. Denken Sie daran, daß Sie oft mehr erreichen, indem Sie weniger tun. Unser Studium soll anregen zu konstruktivem Denken. Haben Sie mich verstanden?"
>
> (Sauer 2018 nach Beckmann 1985: 51)

Mit dieser vorgeblich wörtlich zitierten Rede Albers' ist nur ein kleiner Teil der ungewöhnlich detailreichen „lebhaften Erinnerung" Beckmanns gefüllt – das ist für sich erstaunlich genug, auch wenn man sich einen charismatischen Lehrer und einen besonders interessierten Studenten vorstellt. Tatsächlich ist dieser Text für Eckhard Neumanns Sammlung der *Bekenntnisse und Erinnerungen* von 1971 verfasst worden, also für den Zweck der Zeitzeugen-Dokumentation, mit einem zeitlichen Abstand von mindestens vierzig Jahren.

Wie bei Albers selbst rückt dann auch im Text das Tun und sein Objekt in den Vordergrund der Beschreibung, mit einem weiteren vorgeblich wörtlichen Zitat des Lehrers, der zunächst die Studenten auffordert, die ausgegebenen Blätter in die Hand zu nehmen, um „mehr daraus zu machen als es im Augenblick noch ist" (Sauer 2018 nach Beckmann 1985: 51). Der zitierte Albers ergänzt in Beckmanns autobiographischer Erzählung: „Ich möchte auch, daß Sie das Material respektieren, es sinnvoll gestalten und dabei seine Eigenheiten berücksichtigen. Wenn Sie das ohne Hilfsmittel wie Messer, Schere oder Leim schaffen, umso besser. Viel Spaß!" (Sauer 2018 nach Beckmann 1985: 51). Nach „Stunden" sei der Lehrer dann zurückgekommen und, so Beckmann, „ließ uns die Ergebnisse unserer Bemühungen vor ihm auf dem Boden ausbreiten. Da waren Masken entstanden, Boote, Schlösser, Flugzeuge, Tiere und verschiedenartige klug ausgetüftelte kleine Figuren, Kindergartenkram nannte er das alles." (Sauer 2018 nach Beckmann 1985: 51). Das ist so evident wie paradox, denn wer zum Basteln mit Papier ohne Werkzeug auffordert, wird solche Faltarbeiten erwarten dürfen oder müssen, die man schon als Kind lernt, mehr oder weniger kunstfertig auszuführen, einfache, gegenständliche Arbeiten, hier aber offenbar auch komplexe Gebilde, wie man doch mindestens die „Schlösser" nennen wollen würde.

An diesem auch dramaturgischen Höhepunkt der Erzählung kommt es jedoch zu einer wiederum vorhersehbaren, weil erzähltypischen Wendung:

> Dann wies er auf ein Gebilde, das äußerst einfach aussah, ein junger ungarischer Architekt hatte es hergestellt. Nichts Anderes hatte er getan als die Zeitung längs zu falten, so daß sie flügelartig aufrecht stand. Josef Albers erklärte uns nun, wie gut das Material begriffen, wie gut es verwendet worden und wie natürlich der Faltvorgang gerade bei Papier sei, weil er ein so nachgiebiges Material starr mache, derart starr, daß es an seiner schmalsten Stelle auf dem Rand – stehen könne.
>
> (Sauer 2018 nach Beckmann 1985: 52)

Das ist trotz der eingängigen Schilderung eine verblüffende Pointe: Wieso ausgerechnet das einfache Längsfalten eines Blatt Papiers der Beweis für das tiefste Verständnis seiner Material-Eigenart sein soll bleibt ebenso erklärungsbedürftig wie die Behauptung, der Faltvorgang sei, in einem starken Wort, auch noch für dieses Material „natürlich". Mit eben diesem Argument könnte man ja dafür plädieren, ein Mehr an Faltungen als ein Mehr an Begreifen oder Kunstfertigkeit aufzufassen – etwa mit Blick auf die vielen Einzel-Handbewegungen, die schon nötig sind, um aus einem Blatt Papier ein einfaches Boot zu formen. Die dabei hergestellten Gebilde könnten zudem als eine eigene „Papierkunst" angesehen werden, für deren Beginn allerdings in der Kunstgeschichtsschreibung erst die 1960er Jahre angesetzt werden.[14] Mit dieser Bezeichnung wird jedoch, paradox, zugleich eine Ausschlussbewegung befördert: „,Papierkunst' ist ein etwas unglücklicher Begriff, weil er wie ,Glaskunst' zu sehr auf das Material ausgerichtet ist und mehr nach Kunsthandwerk als nach freier Kunst klingt" (Bardt 2006: 11) – eine Unterscheidung, die das Bauhaus bereits programmatisch eingeebnet hatte. Als vergängliche Gegenstände innerhalb eines Lern- und Gestaltungsprozesses sind die in Albers' Vorkursen hergestellten Papier-Artefakte so zugleich offenbar begrifflich schwer zu fassen, denn auch im *Kunsthandwerk* würde man eher handfestere, praktische Gegenstände des täglichen Gebrauchs erwarten und nicht die bei Albers angefertigten gefalteten, gebogenen und gesteckten Papierblätter.

Die Wahl dieses Materials und der Akzent auf seiner Faltbarkeit ist jedoch bei Albers auch eine Reverenz an die gleichermaßen einfachen wie kunstvollen Techniken, die vor allem die japanische Kultur der Moderne entwickelt hat, um verblüffende dreidimensionale Gegenstände aus Papierblättern zu falten – alles das, was man auch im Westen seit dem späten 19. Jahrhundert unter dem Namen *Origami* kennt. Allerdings sind die bekannten oder berühmten Figuren dieser Kunst wiederum gegenständliche, wie etwa der Kranich oder auch die schon aus dem Jahr 1000 überlieferte Krabbe, gleichfalls traditionelle Frösche und ähnliches. Schon zwischen dem 14. und dem 18. Jahrhundert hat sich die Kunst des Papierfaltens jedoch in Japan aus *alltagspraktischen* Zusammenhängen zu einer eigens gelehrten Technik entwickelt: Man hat zunächst Papier zu Tüten und Schachteln gefaltet, dann aber diese Verpackungen zunehmend auch verschönert, und schon in der Mitte des 18. Jahrhunderts waren „Schachteln mit fünfhundert Faltgebilden" zu kaufen, die nicht nur praktische Zwecke erfüllten, sondern auch für bestimmte Zeremonien und Spiele verwendet wurden (Buisson 1991: 153). Entscheidend ist dabei, dass die organischen Konturen lebender Wesen im Papier nur reproduziert werden können, indem sie in klassische geometrische Formen überführt werden; das ist eine

14 „Obwohl es eine ,Kunst aus Papier' spätestens seit den sechziger Jahren gibt, existiert der Begriff Papierkunst erst seit 1986, als in Düren die erste Internationale Biennale der Papierkunst ausgerichtet wurde." (Bardt 2006: 11).

handgreifliche Erarbeitung der Form aus dem Material, die zudem, wie auch Albers' eigene Produktion, in Serie geschieht.[15]

2

Nun zu einem letzten wichtigen Punkt: Die überlieferten Schwarz-Weiß-Photographien aus den Vorkursen zeigen eindrucksvolle weiße Papiergebilde vor schwarzem Hintergrund – und oft auf schwarzem Grund. Und auch in meinen Zitaten habe ich nur an einer Stelle und reichlich unterbetont benannt, was das Besondere des verwendeten Materials bei Albers ist, wie man es schon dem von mir weggelassenen Anfang der Beckmann-Anekdote hätte ablesen können. Dort heißt es nämlich:

> Josef Albers betrat den Raum mit einem Bündel *Zeitungen* unter dem Arm, die er an die Studenten verteilen ließ. Dann wandte er sich uns zu und sagte ungefähr: ‚Meine Damen und Herren, wir sind arm und nicht reich. Wir können es uns nicht leisten, Material und Zeit zu verschwenden. Wir müssen aus dem Schlechtesten das Beste machen. Jedes Kunstwerk hat ein ganz bestimmtes Ausgangsmaterial, und deshalb müssen wir zuerst einmal untersuchen, wie dieses Material beschaffen ist.
>
> (Sauer 2018 nach Beckmann 1985: 50)

Und ein abschließender Satz zu dieser Anleitung wiederholt und präzisiert die Vorstellung vom „Untersuchen“: „Zu diesem Zweck wollen wir – ohne schon etwas anzufertigen – zuerst einmal damit experimentieren.“ (Sauer 2018 nach Beckmann 1985: 50).

Mit dieser Anweisung ist aber ins Gegenteil gesetzt, was kunsthistorische Diskurse typischerweise als das Verhältnis von Material und künstlerischem Werk bestimmen, nämlich die logische und chronologische Verkehrung, wonach das Material eines Kunstwerks eben das ist, was in diesem Kunstwerk verarbeitet worden ist. Der kunstwissenschaftliche Material-Begriff ist in der Regel von dieser Vorstellung des Werks abgeleitet, in dem sich realisiert hat, was dann sozusagen retrospektiv als sein Material ausgemacht werden kann – nicht umgekehrt. Das Material, schreibt Monika Wagner, wurde so lange Zeit ausschließlich als „Medium der

15 Herzogenrath spricht sogar davon, dass Albers' künstlerisches Werk auf Papier „seit 1932 im strengen Sinn als eine Folge von Serien entsteht“ (Herzogenrath 1980: 258). Und er zitiert Werner Hofmann mit der Erläuterung: „Die Einsicht in die Vorläufigkeit jedweder Lösung ästhetischer Probleme stellt den herkömmlichen Werkbegriff in Frage. Er wird abgelöst von einem virtuell unerschöpflichen Erfahrungsfeld, in das die Praxis eine Auswahl von ‚Lösungen‘ einträgt.“ (Herzogenrath 1980 nach Hofmann 1970: 9).

Form" betrachtet (Wagner 2001: 11). Wenn überhaupt, kommen andere Aspekte von Materialien (im Plural) vor der Formung im und zum Werk dann in den Blick, wenn ihre Bearbeitung eine besondere Kunstfertigkeit verlangt, denn schwierige, seltene, kostbare Materialien verlangen eine andere Aufmerksamkeit als die dem Künstler vertrauten, gewöhnlichen, die immer zur Hand sind. Albers' Hinweis auf das *schlechte* Material akzentuiert nochmals diese Verkehrung und gibt ihr einen klaren zeithistorischen und politischen Index: In Zeiten der Armut – gesamtgesellschaftlich in der Krisenzeit nach dem Ende des Ersten Weltkriegs, zur Gründungszeit des Bauhaus überall spürbar – wird sparsam mit den wenigen vorhandenen Materialien umzugehen sein.

Allerdings ist die Zeitung aber doch gar kein Material, für welche Handwerkskunst auch immer – es sei denn, man nimmt die neuesten Papierarbeiten von Künstlern in den Blick, die mit dezidiert politischem Impetus aus Zeitungsblättern, aber auch aus anderen minderwertigen Papieren wie dem auf der Straße aufgelesenen Fahrschein oder der Eintrittskarte Klebebilder fertigen, die sogenannten Collagen, die prominent von Dada-Künstlern auch zur Provokation genutzt wurden.[16] Albers' Vorschlag zur Untersuchung und zum Experiment überbietet diese Avantgarde-Kunst der 1910er- und 20er-Jahre noch, wenn der Kunst-Lehrer die eigentlich weiche Zeitungsseite zu verblüffend festen und stabilen Gebilden falten lässt, deren Prototyp ja erstaunlicherweise der ‚Flügel' sein sollte, den in Beckmanns Erzählung der einzige gelobte Schüler in der ersten Stunde fabriziert haben soll, indem er die Zeitung längs gefaltet und hingestellt hat. Das Experiment treibt also gewissermaßen die andere Seite des Materials hervor, sein Gegenteil, bei Beckmann im Zitat Albers' gefasst als „nachgiebiges Material", das „starr" gemacht werde. Das ist die dritte Dimension dieses Papiergebildes, zu der Albers ebenfalls programmatisch geäußert haben soll, die „auf dem Tisch liegende Zeitung habe nur eine einzige visuell aktive Seite", das „aufrecht stehe[nde] Papier" sei dagegen „beidseitig visuell aktiv geworden" (Sauer 2018 nach Beckmann 1985: 51).

Aber die vierte Dimension, die auf diese Weise ins Spiel kommt, ist doch zugleich entscheidend: Die Zeitung ist ein Medium mit einem exakten historischen Index, weil sie nach einer Taktung produziert wird, jeden Tag oder als Wochenzeitung, Monatsschrift etc. – die Tageszeitung darunter die billigste, also das „Schlechteste", wie Albers gesagt haben soll, aus dem man vielleicht nicht nur redensartlich „das Beste", nämlich die dreidimensionale weiße Skulptur macht, die zugleich ein perfektes geometrisches Gebilde und ein Triumph über die Gesetze der

16 Die Nähe von Bauhaus und Dada hat auch die Berliner Jubiläumsausaustellung im Jahr 2019, kuratiert von Nina Wiedemeyer, herausgestellt: vgl. https://berlinischegalerie.de/original-bauhaus/ (17. November 2023).

Schwerkraft ist. Auf all den, wie es hieß, „visuell aktiven" Seiten des fertigen Papiergebildes ist aber nach wie vor, auch wenn die vermeintlich Rein-Weiß-auf-Rein-Schwarz-Photographien es nicht zeigen, das typische Gemisch aus Buchstaben, Bildern und Zahlen zu finden, das die Ereignisse eines Tages notiert – und somit am Ende des Tages quasi erledigt ist, anders als das *Material* der Aufzeichnung, das Papier, das in all seinen Macharten und Formen Jahrhunderte oder Jahrtausende überdauern kann.

Schon die japanische Faltkunst des *Origami* hatte mit einer solchen Wiederverwertung bereits gebrauchter Papiere begonnen, aber hier ist es, angesichts der bedrohlichen wirtschaftlichen und politischen Lage nicht nur der Weimarer Republik, in jeder Hinsicht nicht die künstlerische Bearbeitung eines neutralen Stoffs, der dadurch erst zum Werk nobilitiert werden würde, sondern eine notwendige, handgreifliche Auseinandersetzung mit eben dieser zeitgenössischen Situation, die zugleich in den schwebenden, unwirklich weiß leuchtenden Papiergebilden auf den historischen Fotos überwunden und transzendiert wird.[17] Die Verfestigung der flüchtigen Zeitungsseite, deren Nachgiebigkeit durch die eigenhändige Umarbeitung zur Starrheit wird, ist somit das Gegenstück zu den faszinierenden Bildern, die Albers als sein eigener Lehrer unmittelbar nach seiner Ankunft in Weimar quasi im Ein-Mann-Vorkurs angefertigt hat. Darunter sind etwa Collagen, wie die einer Figur von 1921 (s. Abb. 3) und Montagen wie das berühmte *Gitterbild* von 1922 (s. Abb. 4).

17 Die Ästhetik der Photographien zitiert, trotz des dokumentarischen Charakters der Aufnahmen, die ‚Geistererscheinungen' der Photographie, die mit solchen Weiß-Gebilden auf schwarzem Grund auch immer wieder vorgeblich Übernatürliches, Feinstoffliches, Unsichtbares einfängt, aber auch an die ‚Fotogramme' von Noholy-Magy oder Man Ray erinnert, vgl. Geimer 2010.

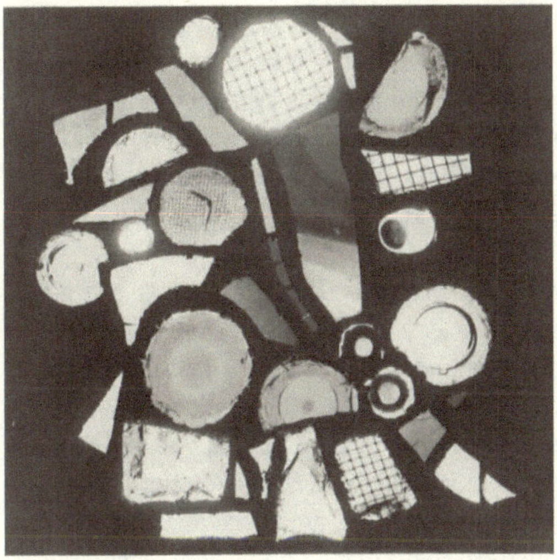

Abb. 3: Josef Albers: Glasbild *Figur*, 1921.

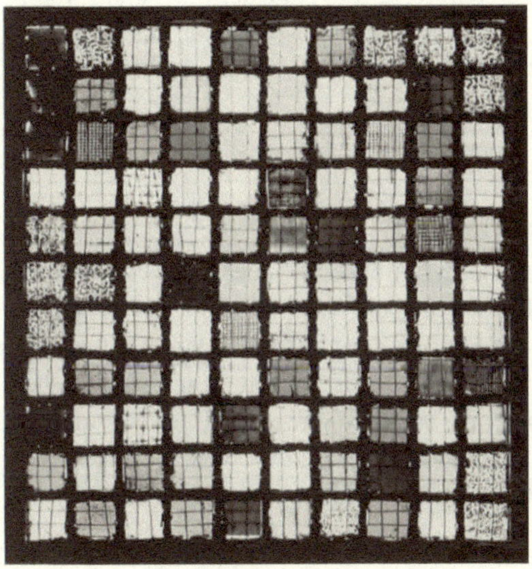

Abb. 4: Josef Albers: Gitterbild, 1922.

Die Glasscherben, gefunden im Abfall und restlos verarbeitet, fügen sich hier zu bunten Flächen, die zuallererst an Kirchenfenster erinnern, aber für ihre vierte Dimension ist entscheidend, dass sie nicht nur deshalb einer anderen Zeit angehören, sondern auch, weil Glas selbst in sich doppelt ist, als festes Material, das eigentlich die Molekülstruktur einer chaotischen Flüssigkeit hat.[18] In bestimmten Wüstenregionen in Libyen, wo der Sand sehr weiß ist und fast aus reinem Quarz besteht, kann Glas durch den Einschlag von Blitzen entstehen, in Gestalt erstaunlicher, selbst blitzförmiger Röhren, und das älteste bekannte Stück ist sogar 26 Millionen Jahre alt – es lag zu Schmuck verarbeitet im Sarkophag des ägyptischen Pharaos Tutanchamun.

Diese beiden minderen Materialien, das Glas aus Sand, das Papier aus einstmals Lumpen, dann Holz- und Pflanzenfasern, werden bei Albers Teil eines Prozesses der leiblichen Erfahrung von Zeit: Die unendliche Zeit des Glases steht gegen die unablässige tägliche Erneuerung des Zeitungsblatts, das produziert wird, um wieder entsorgt zu werden, hier aber buchstäblich stillgestellt ist, wie in den Glasbildern die Fragmente neu gefasst und dem Werden und Vergehen der Dinge entzogen sind. Das ist ein stiller Triumph über die Armut, die Vergeblichkeit und das drohende Ende avantgardistischer künstlerischer Formen und gegen den Zeitgeist, wenn mit der Hand des Künstlers nicht nur die Zeitung *starr* und unnachgiebig wird. Das vermeintlich harmlose Papierbasteln ohne Werkzeug ist somit, wie die ästhetische Anordnung von Glasscherben hinter Draht, ein jeder und jedem Studierenden unmittelbar zugänglicher, auch schmerzhafter körperlicher Akt des Widerstands.

3

Im Vorwort eines weiteren großen Bauhaus-Erinnerungsbuchs heißt es programmatisch: „Es sind die persönlichen Erinnerungen von Zeitzeugen, die berichten, was uns kein Objekt, kein Gebäude, kein Foto, kein Manifest und keine Satzung erzählen können." (Droste & Friedewald 2019: 7). Solche Berichte sind jedoch selbstredend gattungsgebundene Texte, die einer eigenen kritischen Überprüfung und Analyse bedürfen, nicht etwa historische Zeugnisse, die den Blick ungetrübt von Medien-Effekten auf das vergangene Geschehen lenken könnten. Wenn Objekte

18 Der Aggregatzustand von Glas ist so ungewöhnlich wie seine chemische Struktur: Man braucht zu seiner Herstellung Sand, genauer gesagt Körnchen aus Quarz, die im Sand enthalten sind, d.h. Siliziumdioxid, das aus der Reaktion von Silizium und Sauerstoff entsteht. Ein solcher Quarzkristall wird beim Erhitzen flüssig, aber, anders als bei Wasser, das bekanntlich nach dem Abkühlen zu Eis wird, sich aber auch wieder durch Wärme verflüssigen lässt und diese Aggregatzustände unzählige Male wechseln kann, fügen sich Siliziumdioxid-Moleküle nicht mehr leicht zu einem Kristall, vgl. Miodownik (2016: 194).

„erzählen" können, hätten sie auch eine Art Sprachmächtigkeit, obgleich eine solche in alter ideengeschichtlicher Tradition auf Lebewesen, lange Zeit sogar ausschließlich auf menschliche Subjekte beschränkt sein soll.[19] Das vergleichsweise neue Interesse an den verschiedenen Formen und Modi der Interaktion zwischen belebten Wesen und unbelebten Dingen hat jedoch auch vielerorts solche Überlegungen zu den Kommunikationsfähigkeiten vermeintlich sprachloser Dinge angeregt.[20] Ein (Mit-)Agieren der Dinge wird in bestimmten Kontexten bereits seit längerem intensiv diskutiert: Oft im Anschluss an die Überlegungen Bruno Latours zu einer „Akteur-Netzwerk-Theorie" (Latour 2008) entwickeln Disziplinen wie Philosophie und Soziologie, Wissenschaftsgeschichte und Anthropologie neue Konzepte von *agency* (Handlungsmacht /Agieren /Agenten und Agenturen), die beschreibbar machen, wie menschliche und nicht-menschliche Akteure in netzwerkartigen Gebilden an Handlungen oder ähnlichen Vorgängen beteiligt sind (vgl. Knappett 2008). So leitet Latours Argument zufolge ein spezielles Ding wie der ‚Berliner Schlüssel' seine Benutzer:innen unmissverständlich zu bestimmten Handlungen an, die sie nur gemeinsam mit diesem Gegenstand ausführen können (vgl. Latour 1996); es gibt gewissermaßen sprachähnliche Anweisungen zu einem bestimmten Gebrauch, die in ihrer Ausschließlichkeit sogar imperativen oder gar diktatorischen Charakter annehmen. Entsprechend trifft, Latour zufolge, der (simulierte) archäologische Blick nicht auf Dinge oder Objekte, sondern auf Praktiken: „‚Objekt' kann man den etwas widerständigeren Teil einer Kette von Praktiken nennen, aber nur solange er noch vergraben, weggeworfen, ausgesetzt, bedeckt, ignoriert, unsichtbar, ‚für sich' ist." (Latour 2008: 39). Allerdings ist hier das französische Wort *objct* mit seinem vermeintlichen deutschen Äquivalent übersetzt worden; an seiner Stelle könnten die oft synonym verwendeten Bezeichnungen Ding, Sache, Gegenstand stehen. Wenn solche materiellen, physisch vorhandenen Dinge der sogenannten wirklichen Welt zu Objekten des Handelns und des Erkennens gemacht werden, sind mit den Akten ihres Vereinzelns, Isolierens und Herausstellens typischerweise auch bestimmte ‚Erzählungen' verbunden, für die entsprechend auch ein literaturwissenschaftliches Instrumentarium bereitläge, das jedoch eigentlich für Texte und andere äquivalente Medien mit narrativen Strukturen entwickelt wurde.[21]

19 Die folgende Passage übernehme ich wörtlich aus Knebel & Ortlieb (2018: 19).

20 Mehr oder weniger buchstäblich oder metaphorisch thematisieren einige neuere Untersuchungen aus der Museums- und Sammlungsforschung wie auch aus der Wissenschaftsgeschichte und Medientheorie diese Sprachfähigkeit oder Sprache. Vgl. etwa Daston (2004); Schmidt (2016).

21 Vgl. aber die Arbeiten zur ‚Erzählung' von Ausstellungsobjekten – oder allein ihrer Anordnung im Raum, etwa Bal (2006).

Beunruhigender als solche sprachlichen und erkenntnistheoretischen Unschärfen, die auch in typisch literaturwissenschaftlichen Texten über Texte – erst recht über Dinge in Texten – omnipräsent sind, ist aber die Frage nach dem Gegenstand, hier ganz buchstäblich dem eigentlich zu beforschenden materiellen, physisch greifbaren Forschungsobjekt. Richtet sich das Erkenntnisinteresse auf die paradoxe Statik der zugleich zart-fragilen und widerständig-starren Papiergebilde, die seine Schülerinnen und Schüler unter Josef Albers' Anleitung anfertigten, so müssen diese Arbeiten oder Werke als unwiederbringlich verloren gelten: Bewahrt ist tatsächlich nur ihr weißer Schatten in den zeitgenössischen Photographien.[22] Folgt man Latours Überlegung, der zufolge die (archäologische) Suche nach Dingen nicht diese selbst, sondern die Praktiken, die mit ihnen verbunden waren – oder sind – erforschbar macht, so gerät die Rahmensituation des Vorkurses in den Blick, wie sie die wiederum nach bewährten narrativen Mustern vom Unterricht als Initiation durch einen charismatischen Lehrer konstruierte autobiographische Erzählung entwirft.[23]

Unmerklich hat dabei, wie gesehen, der Gegenstand seine Erscheinungsform gewechselt: Von der unwirklich weiß scheinenden Skulptur aus reinen Papier ist er zum ungeformten ‚schlechten Material' degradiert worden, dem „Bündel Zeitungen", das in weniger bescheidenen Verhältnissen als Abfall anzusehen wäre. Mit der Aufnahme klassischer Makulatur-Techniken der Wiederverwendung und Aufwertung gebrauchter Papiere schließt die einfache Hand-Übung des Vorkurses aber unversehens an die Praktiken neuester Papier-Künste an, wie sie die Avantgarden des 20. Jahrhunderts auch als Provokation bürgerlicher Sehgewohnheiten gegen den ‚guten Geschmack' etablieren. Die verarbeitete Zeitung als Medium der Manifeste von Surrealismus und Futurismus mit ihrem eigenen historischen Index als Gebrauchstext mit beschränkter, aktualitätsgebundener Reichweite ist jedoch zugleich bereits im 19. Jahrhundert Gegenstand und Material der Kunst (vgl. Vogt 2018). Ihre bewegte Geschichte ist in den Hand-Übungen der Vorkurse gleichermaßen zu bearbeiten, wie die Herausforderung, kurz nach dem Krieg, in einer Zeit der wirtschaftlichen und politischen Krise, aus solchermaßen minderem Material eine

22 Vgl. die zusätzlichen Beispiele der Photographien mit meist mehreren Objekten, darunter auch „stehendes papierblatt, plastisch gefaltet und ausgebeult in positiver und negativer bewegung (walter tralau)" von 1929, in Göbel 2006, Anhang, 16–17, Abb. 45–49, hier Abb. 46, https://publishup.uni-potsdam.de/opus4-ubp/frontdoor/deliver/index/docId/1217/file/goebel_diss_komprimiert.pdf (10. April 2021).

23 Die – paradoxe – zentrale Funktion von Rahmungen in Sammlungen und Museen und die entsprechenden Konsequenzen für objektbezogene Forschung hat das BMBF-Projekt *Parerga und Paratexte* aus dem Programm *Die Sprache der Objekte* untersucht, vgl. die noch fortgesetzte Schriftenreihe Grave et al. (2018).

neue Kunst zu entwerfen, neue Formen des Lernens einzuüben und nichts weniger als eine neue, bessere Gesellschaft zu bilden.

Für die wissenschaftliche Auseinandersetzung mit diesem weiträumigen und hochgespannten ‚Projekt Bauhaus', namentlich für die Erforschung der Papierarbeiten der Vorkurse, bieten sich mithin heute nur Einzellösungen an, die jeweils bestimmte Dimensionen der faszinierenden Papiergebilde vernachlässigen, sei es ihren Entstehungskontext, ihre politische und ästhetische Stoßrichtung – oder auch nur ihre Gestalt, die je einzigartige Form, Größe und Oberfläche. Hundert Jahre nach ihrem Erscheinen (und ihrem Verschwinden) kann man so mit den Mitteln des 21. Jahrhunderts auf diese Verluste mit einer eigenen kreativen Tätigkeit reagieren: Die Berlinische Galerie hat für die Bauhaus-Ausstellung zum Jubiläum 2019 eine Vitrine mit Albers' Figuren eingerichtet, die täuschend ähnlich aus weißem Kunststoff nachgebildet waren – also gleichsam die zweidimensionalen (digitalen) Photographien wieder in dreidimensionale, fassliche Gebilde verwandelt, die allerdings unter dem Glas der Vitrine von allen Seiten vor Zugriffen geschützt oder auch: nicht zu erforschen sind. Das Bauhaus Dessau setzt dagegen dezidiert Albers' Idee des Lernens durch Tun im zeitgemäßen Format einer Videoanleitung fort: Hier sieht man, meist im Zeitraffer, geschickte Hände weißes Papier mit Punkten, Linien und Kreisen versehen, schneiden, falten und aufstellen.[24] Die *Do it yourself*-Skulptur aus weißem Papier, gebaut im Home-Office, ist so ein Kandidat für neue Erzählungen und Berichte, deren Analyse künftiger Literaturwissenschaft und Objektforschung vorbehalten bleiben muss.

24 Vgl. Bauhaus Dessau: Offene Werkstatt digital: Vorkursübung nach Albers, mit dem werbenden Text: „Der Bauhausmeister Josef Albers stellte den Studierenden im Vorkurs viele Übungen zum Material Papier. Durch Schneiden, Falzen und Reißen sollten die Bauhäusler*innen stabile Konstruktionen erstellen, Ziel war die maximale Materialausnutzung und damit das Vermeiden von jeglichem Verschnitt. Mit diesem Video könnt ihr eine dem Vorkurs von Josef Albers am Bauhaus nachempfundene Übung selbst Schritt für Schritt selbst [sic] ausprobieren", https://www.bauhaus-dessau.de/de/machen/html (10. April 2021).

Literaturverzeichnis

Albers, Josef (1999): *Werke auf Papier. Ausst. Kat. Kunstmuseum Bonn (08.05.–02.08.1998).* Bonn: Nazraeli.

Albers, Josef (1946): *On General Education and Art Education*, (unveröffentlichter Nachlass).

Bal, Mieke (2006): Vielsagende Objekte. Das Sammeln aus narrativer Perspektive. In: Dies.: *Kulturanalyse*. Hrsg. v. Thomas Fechner-Smarsly & Sonja Neef. Dt. v. Joachiam Schulte. Frankfurt a. M.: Suhrkamp, 117–145.

Bardt, Juliane (2006): *Kunst aus Papier. Zur Ikonographie eines plastischen Werkmaterials der zeitgenössischen Kunst.* Hildesheim: Olms.

Bauhaus Dessau: Offene Werkstatt digital: *Vorkursübung nach Albers*. https://www.bauhaus-dessau.de/de/machen/html (10. April 2021).

Beckmann, Hannes (1985): Die Gründerjahre. In: Eckhard Neumann (Hrsg.), *Bauhaus und Bauhäusler. Erinnerungen und Bekenntnisse*. Köln: Du Mont, 275–277.

Buisson, Dominique (1991): *Japanische Papierkunst. Masken, Laternen, Puppen, Origami.* Paris: Terrail.

Darwent, Charles (2020): *Josef Albers – Leben und Werk.* Dt. v. Britta Schröder, Bern. Wien: Piet Meyer.

Daston, Lorraine (2004): *Things that talk. Object Lessons from Art and Science.* New York: Zone Books.

Droste, Magdalena (2019): *Bauhaus. 1919–1933*. Köln: Taschen.

Droste, Magdalena & Boris Friedewald (Hrsg.) (2019): *Unser Bauhaus. Bauhäusler und Freunde erinnern sich*. Aktualisierte Ausgabe. München, London, New York: Taschen.

Endres, Martin, Axel Pichler & Claus Zittel (Hrsg.) (2017): *Textologie. Theorie und Praxis interdisziplinärer Textforschung*. Berlin, Boston: De Gruyter.

Geimer, Peter (2010): *Bilder aus Versehen. Eine Geschichte fotografischer Erscheinungen.* Hamburg: Fundus.

Göbel, Paul L. (2006): *Papier als Werkstoff in der Bildenden Kunst. Eine Bestandsaufnahme der Moderne und die gestalterischen Möglichkeiten für den Kunstunterricht.* Dissertation Potsdam, https://publishup.uni-potsdam.de/opus4-ubp/frontdoor/deliver/index/docId/1217/file/goebel_diss_komprimiert.pdf (10. April 2021).

Grave, Johannes et al. (Hrsg.) (2018*): Parerga und Paratexte. Wie Dinge zur Sprache kommen. Praktiken und Präsentationsformen in Goethes Sammlungen.* 6 Bde. Dresden: Sandstein.

Greber, Erika, Konrad Ehlich & Jan-Dirk Müller (2002): Einleitung zum Themenband. In: Erika Greber, Konrad Ehlich & Jan-Dirk Müller (Hrsg.), *Materialität und Medialität von Schrift*. Bielefeld: transcript, 9–16.

Harris, Mary E. (2017/2018): The Wisdom of Josef Albers. In: *Appalachian Journal* 44/45 (2017/2018), 460–469.

Herzogenrath, Wulf (1980): Josef Albers und der „Vorkurs" am Bauhaus (1919–1933): mit zum größten Teil unveröffentlichten Fotos von Vorkursarbeiten von Erich Consemüller, 1927. In: *Wallraf-Richartz-Jahrbuch* 41 (1980), 245–277.

Holländer, Friederike & Nina Wiedemeyer (Hrsg.) (2019): *bauhaus übungsbuch*. Berlin: Bauhaus Archiv.

Kammer, Stephan & Roger Lüdeke (Hrsg.) (2005): *Texte zur Theorie des Textes*. Stuttgart: Reclam.

Kehlmann, Daniel (2021): *Mein Algorithmus und ich*. Stuttgart: Reclam.

Knappett, Carl (2008): The Neglected Networks of Material Agency: Artefacts, Pictures and Texts. In: Carl Knappett & Lambros Malafouris (Hrsg.), *Material Agency. Towards a Non-Anthropocentric Approach*. New York: Springer, 139–156.

Knebel, Kristin & Cornelia Ortlieb (2018): Sammlung und Beiwerk, Parerga und Paratexte. Zur Einführung. In: Kristin Knebel, Cornelia Ortlieb & Gudrun Püschel (Hrsg.), *Steine rahmen, Tiere taxieren, Dinge inszenieren. Sammlung und Beiwerk*. Dresden: Sandstein, 7–30.

Lacoue-Labarthe, Philippe (1994): *Der autobiographische Pakt*. Dt. v. Dieter Hornig & Wolfram Bayer. Frankfurt am Main: Suhrkamp.

Latour, Bruno (2008): *Wir sind nie modern gewesen. Versuch einer symmetrischen Anthropologie. Dt. v. Gustav Roßler*. Frankfurt a. M.: Suhrkamp.

Latour, Bruno (1996): Der Berliner Schlüssel. In: *Der Berliner Schlüssel. Erkundungen eines Liebhabers der Wissenschaften*. Dt. v. Gustav Roßler. Berlin: Akademie, 37–52.

Miodownik, Mark (2016): *Wunderstoffe. Zehn Materialien, die unsere Zivilisation ausmachen*. Dt. v. Jürgen Neubauer. München: DVA.

Ortlieb, Cornelia (2018a): Materialität und Medialität. In: Susanne Scholz & Ulrike Vedder (Hrsg.), *Handbuch Literatur & Materielle Kultur*. Berlin, Boston: De Gruyter, 38–46.

Ortlieb, Cornelia (2018b): Vor dem Glas. Reliquien der Berührung, Medien des Entzugs. In: Kristin Knebel, Cornelia Ortlieb & Gudrun Püschel (Hrsg.), *Steine rahmen, Tiere taxieren, Dinge inszenieren. Sammlung und Beiwerk*. Dresden: Sandstein, 172–193.

Ortlieb, Cornelia (2020): *Weiße Pfauen, Flügelschrift. Stéphane Mallarmés poetische Papierkunst und die* Vers de circonstance · Verse unter Umständen. Dresden: Sandstein 2020.

Sauer, Martina (2018): *Josef Albers: „So ist Kunst ... Erlebnis“*. Weimar: Römerweg.

Schivelbusch, Wolfgang (2015): *Das verzehrende Leben der Dinge. Versuch über die Konsumtion*. München: Fischer.

Schmidt, Sarah (Hrsg.) (2016): *Sprachen des Sammelns. Literatur als Medium und Reflexionsform des Sammelns*. Paderborn: Wilhelm Fink.

Stingelin, Martin (Hrsg.) (2004): *Zur Genealogie des Schreibens*. München, Paderborn: Wilhelm Fink.

Schöbe, Lutz: werklicher formunterricht. Josef Albers – Vorkurs in Dessau. In: Josef Albers (Hrsg.), *Werke auf Papier*, Ausst. Kat. Kunstmuseum Bonn (08.05.–02.08.1998). Bonn: Nazraeli, 57–71.

Vogt, Tobias (2018): *Artikel der Kunst. Alltagsobjekt und Wortspiel in den Pariser Bildkünsten des 19. Jahrhunderts*. Paderborn: Wilhelm Fink.

Wagner, Monika (2001): *Das Material der Kunst. Eine andere Geschichte der Moderne*. München: C.H. Beck.

Abbildungsverzeichnis

Abb. 1: Josef Albers, Vorkurs, Gefaltete Papierseiten. In: Göbel, Paul L. (2006): *Papier als Werkstoff in der Bildenden Kunst. Eine Bestandsaufnahme der Moderne und die gestalterischen Möglichkeiten für den Kunstunterricht*. Dissertation: Potsdam, S. 17, Abb. 48.

Abb. 2: Josef Albers, Stundenplan Vorlehre. In: Droste, Magdalena (2019): *Bauhaus. 1919–1933*. Köln: Taschen, S. 91.

Abb. 3: Josef Albers, Glasbild, 1921. In: Droste, Magdalena (2019): *Bauhaus. 1919–1933*. Köln: Taschen, S. 138.

Abb. 4: Josef Albers, Gitterbild, 1921. In: Droste, Magdalena (2019): *Bauhaus. 1919–1933*. Köln: Taschen, S. 141.

Alexander Waszynski

Macht des Benennens

Mikroben als sprachliche Objekte in Sammlungskontexten

1 Mikroben sammeln

Damit eine Mikrobe „existiert“, sind zwei notwendige Vorbedingungen zu erfüllen[1]: Die Mikrobe muss als Isolat in Reinkultur gebracht[2] und sie muss hinreichend beschrieben werden.[3] Für beide Techniken, die im Oberbegriff des „Sammelns“ von Mikroben aufgehen, gibt es standardisierte Verfahren, die hier als Gegenstand historischer „Umbesetzungen“ auf semantischer Ebene vorgestellt werden.[4] Dabei werden lebende Objekte beschrieben und umgeschrieben, aber auch Weltbezüge in das Objekt latent eingeschrieben. Solche Umbesetzungen werden im Folgenden anhand von vier prominenten Beispielen aus der Mikrobiologie näher beleuchtet.[5] Sie sollen zeigen, dass an der Konstitution der Mikrobe als *Biofakt* (vgl. Karafyllis

1 Der Aufsatz ist im Rahmen des Teilprojekts A des BMBF-Verbundforschungsprojekts „Kontamination und Lesbarkeit der Welt: Mikroben in Sammlungen zur Sprache bringen“ (FKZ 01UO1811A) entstanden. Verbundpartner waren das Seminar für Philosophie der Technischen Universität Braunschweig (TP A), die Universitätsbibliothek Leipzig (TP B) sowie das Leibniz-Institut DSMZ-Deutsche Sammlung von Mikroorganismen und Zellkulturen (TP C) in Braunschweig. Für zentrale Hinweise und konstruktive Kritik danke ich der anonymen Gutachterin. Für sachliche Richtigstellungen und wesentliche Ergänzungen (so zur Geschichte des Typus-Konzepts: Abschnitt 4) gilt mein Dank der Projektleiterin Prof. Dr. Nicole C. Karafyllis, für das Korrektorat Uwe Lammers, für Recherchen Leonhard Thomas (alle Technische Universität Braunschweig).

2 Die Etablierung moderner Omics-Technologien hat jedoch dazu geführt, dass die Relevanz der Kultivierung in den Hintergrund getreten und die physische Hinterlegung eines Stamms mittlerweile zu einem Kann-Kriterium geworden ist.

3 Gewiss „gibt“ es Mikroben jenseits der Erfüllung dieser Bedingungen, aber schon zu ihrem Nachweis bedarf es spezifischer Geräte und (z.B. sprachlicher) Verfahren, die an der Zurichtung der dann „epistemischen Dinge“ (Hans-Jörg Rheinberger) beteiligt sind. Insofern wird hier dem Hinweis Immanuel Kants gefolgt, „daß ein jeder Existenzialsatz synthetisch sei“ (Kant 1998 [KrV], B 626); die historisch wandelbaren „Zutaten“ gehen auch epistemologisch unweigerlich in die Natur-Objekt-Konstitution ein.

4 Zum Konzept der „Umbesetzung“: Blumenberg (1960); zur wissenschaftsgeschichtlichen Anwendbarkeit: Waszynski & Karafyllis (2020).

5 Dass im Zuge der molekularen Genetisierung seit Mitte des 20. Jahrhunderts biologische Objekte generell mit Schrift-, Umschrift- und Schreibmetaphern aufgeladen werden (vgl. z.B. das Wort „Transkription“) wird hier vorausgesetzt und nicht eigens analysiert.

https://doi.org/10.1515/9783111437392-009

2006) nicht nur Verfahren des Isolierens, Kultivierens und Lagerns, mithin die dazu nötigen Geräte und Artefakte, beteiligt sind; unerlässlich sind auch sprachliche Operationen. Sie schließen Beschreibungs-, Bezeichnungs- und Begriffsbildungsarbeiten ein, die über schriftbasierte Verweissysteme im Sinne der biologischen Nomenklatur und ihrer Rigidität weit hinausführen. Die Erschließung dieses genuin sprachlichen Bereichs der Mikrobiologie wird nachfolgend durch Bezüge auf philosophische Positionen Hans Blumenbergs (1920–1996) theoretisch gerahmt.

In Konkurrenz zur medizinischen Mikrobiologie etablierte sich seit den 1950er Jahren eine Allgemeine Mikrobiologie, die Mikroben bis heute ökologisch-planetar auffasst und mit ihnen neue biotechnologische Anwendungen findet (vgl. Karafyllis & Waszynski 2020). Die Mikrobe wurde damit ein ganzheitliches wie innovatives Objekt, was für alle sprachlichen Operationen zu der Hintergrundspannung führt, ob „die" Mikrobe als ein Singularetantum oder Pluraletantum aufzufassen ist. Eng verbunden mit dieser Entwicklung ist die Geschichte moderner Mikrobensammlungen, deren Ziel es ist, Mikrobenspezies dauerhaft und jeweils in Reinkultur zu erhalten (vgl. Overmann 2018). Für die Langzeitkonservierung werden heute vor allem zwei Verfahren genutzt: zum einen die Lagerung von Mikroben als gefriergetrocknetes Granulat (Lyophilisat) in Kühlung, zum anderen ihre Lagerung über flüssigem Stickstoff bei ultratiefen Temperaturen. Ihr Zustand lässt sich als halblebendig oder latent lebend beschreiben. Außerdem werden Lebendkulturen in oder auf Nährmedien vorgehalten (z.B. in Petrischalen oder Reagenzgläsern), die in regelmäßigen Abständen überimpft werden müssen.

Spezifizierte Mikroben sind schon lange in der Welt, z.B. in Form von Sammlungen von Hefekulturen im Bäckerei- und Brauereiweisen oder von Impfkulturen für die Milchwirtschaft; nicht selten handelte es sich um Lebensgemeinschaften, die nur als solche und für den praktischen Gebrauch interessierten (so bei regional typischen Kulturen für Kefir und Natursauerteige). Biologisch-taxonomisch spezifischere Forschungs- und Dienstleistungssammlungen kommen erst Ende des 19. Jahrhunderts auf. Als älteste gilt František Králs (1846–1911) bakteriologische, ab 1890 institutionalisierte Sammlung an der Deutschen Universität Prag (vgl. Strasser 2019; Karafyllis 2018). Schon an den Institutionsnamen dieser neuen Sammlungen lässt sich ablesen, dass, je nach Schwerpunkt und Ansatz, die Objekte unterschiedlich konzipiert worden sind. So spricht Ernst Přibram (1879–1940), der Králs Sammlung von Hefen, Bakterien und Pilzen übernahm, von einer „Sammlung von Mikroorganismen" (Přibram 1919); im Namen der 1904 gegründeten niederländischen Sammlung *Centraalbureau voor Schimmelcultures* (heute: *Westerdijk Fungal Biodiversity Institute*) liegt der Schwerpunkt auf „Kulturen"; im Namen der 1925 gegründeten *American Type and Culture Collection* findet sich ein Hinweis auf das taxonomisch zentrale Typus-Konzept (vgl. Abschnitt 4). Mit Blick auf die angeführten

Institutionsnamen lässt sich grob zwischen drei sprachlichen Zugängen zum Objekt unterscheiden:

a) *qua Taxonomie*: Sammlungsobjekte werden anhand ihrer Zugehörigkeit zu einer taxonomischen Großgruppe figuriert (etwa: Bakterien, Pilze/Hefen, Viren, Algen); damit einher gehen am Bibliotheksbegriff[6] orientierte Benennungsvarianten wie *Mykothek* (vgl. Cerny & Hoffmann 1987) und *Algothek* (vgl. EAWAG 1974: 31). Allerdings gibt es zahlreiche Fälle, in denen die Zuordnungen unklar sind, zumal sie sich historisch rasant verändern (vgl. Abschnitt 7). Hinzu kommt, dass fortwährend neue Arten entdeckt werden, was zu beständigen Revisionen und Erweiterungen des mikrobiologischen Systems führt. Auch die Ränder taxonomischer Abgrenzungen sind unscharf (z.B. Algen vs. Mikroalgen vs. Protisten). Ein übergreifendes Problem besteht darin, dass die Methoden der Artunterscheidung auf die Möglichkeiten des Sammelns angewiesen sind (vgl. Abschnitt 4); dass aber nicht alles, was zur hinreichenden Abgrenzung theoretisch notwendig wäre, praktisch gesammelt werden kann.

b) *qua Praxeologie*: Werden „Kulturen" als Sammlungsobjekte genannt, wird die Dimension der Handhabung betont, mithin die Geschichte der Kultivierung von Mikroorganismen. Der Fokus liegt hier auf einem wirklich (und nicht nur latent) lebenden Objekt, das aktiv stoffwechselt und wächst. In dieser Perspektive werden Organismen zusammen mit ihrer biologisch-technischen Zurichtung einschließlich der dafür notwendigen Praktiken, Geräte und Nährmedien gesammelt.

c) *qua Totalität*: Der Versuch, eine möglichst vollständige Sammlung zu stiften, setzt eine Konzeption von Ganzheit voraus, deren letzter sprachlicher Horizont ‚Welt' ist.[7] Modellbildend für eine im Zuge auch der jüngeren Wende zum Paradigma der Biodiversität (vgl. Grote 2018) bediente Tendenz zum allumfassenden Sammeln ist die bereits von Přibram für die ursprünglich Prager Sammlung gewählte Bezeichnung „Mikroorganismen", orientiert am mikroskopischen Maßstab. Sie umfasst eine Vielzahl an Kleinstlebewesen, schließt allerdings Viren sprachlich (wenn auch nicht pragmatisch) aus, da diese nichtzellulär sind und keinen eigenen Stoffwechsel aufweisen, ergo keine Organismen sind. Der Ausdruck ‚Mikrobe' für Kleinstlebewesen hat einen noch

6 Sammlungspraktiker im Bereich der Mikrobiologie beziehen sich explizit auf das Modell der Bibliothek, vgl. etwa Malik & Claus (1987: 138): „Microbial collections are living libraries, a continuing reference source and an essential base for related research studies", sowie Uruburu (2003: 101): „Culture collections are like libraries, but instead of books they store living material, i.e. microorganisms."

7 Es ist daher kein Zufall, wenn Mikrobiologen immer wieder auf diesen Ausdruck rekurrieren, so Gerhard Gottschalk (2009) in *Welt der Bakterien: Die unsichtbaren Beherrscher unseres Planeten*.

weiteren Radius, behält aber vor allem einen theoretisch-abstrahierenden Stellenwert (ähnlich wie „Same“ für die Samenbanken von Kulturpflanzen; vgl. Karafyllis 2018). Als Terminus zur biologischen Erfassung des spezifisch Gesammelten wird er nicht verwendet, wohl aber für dessen Totalität als Singularetantum.

Exemplarisch im Fokus steht im Folgenden die *Deutsche Sammlung von Mikroorganismen und Zellkulturen* (DSMZ), mit mehr als 70.000 Akzessionen eine der größten Mikrobensammlungen weltweit. Sie wurde 1970 auf vorgängige Initiative der Göttinger Mikrobiologie und mit Bundesmitteln zur Förderung der Biotechnologie und Strahlenforschung gegründet. Dies geschah noch ohne den späteren Sammlungsauftrag, auch Zellkulturen zu sammeln (seit 1991), weshalb ihr maßgeblicher Gründungsname *Deutsche Sammlung von Mikroorganismen* (DSM) lautete. Wegweisend für ihre Anlage waren bestehende internationale Mikrobenbanken wie die oben genannten, aber auch Sammlungen aus Agrarwissenschaft und Botanik bzw., in Abgrenzung dazu, aus Zoologie, Veterinär- und Humanmedizin. Besonderes Kennzeichen der DSM war eine anfangs dezentrale Struktur hochgradig spezialisierter Teilsammlungen, davon viele aus dem Agrarbereich, die über die Bundesrepublik verteilt waren und von Göttingen aus koordiniert wurden, wo sich auch die Hauptsammlung befand. Diese Netzwerkstruktur wurde in den späten 1980er Jahren im Zuge des Umzugs nach Braunschweig aufgegeben (vgl. ausführlich zur Geschichte der DSM: Karafyllis & Waszynski 2020 sowie Karafyllis 2020).[8] Seitdem entwickelte sich die DSMZ zu einem mikrobiellen Bioressourcen-Zentrum mit globaler Sammlungs- und Forschungstätigkeit.

Der historische Abriss zeigt, dass es weder selbstverständlich noch eindeutig ist, was genau gesammelt wird, wenn Mikroben oder Mikroorganismen gesammelt werden.[9] Schon auf Ebene der Institutionsnamen finden sich erste Zurichtungen der Objekte, produktive Unschärfen und Hinweise auf angrenzende Dispositive, die an der Konstitution des Gesammelten beteiligt sind.[10]

Die Macht des Benennens, d.h. die sprachliche Konfiguration „epistemischer Objekte“ (Abel 2018 mit Bezug auf Rheinberger 2018) mit den einhergehenden fach- und wissenschaftspolitischen Effekten, wird hier in einem möglichst weiten Sinn

---

8 Eine weitaus ältere und ebenfalls sehr umfangreiche, stärker pharmazeutisch ausgerichtete Sammlung bestand parallel – und bis zur Übernahme durch die DSMZ nach der Wende – am *Zentralinstitut für Mikrobiologie und experimentelle Therapie* (ZIMET) in Jena.

9 Deswegen gilt, dass die Frage „nach dem Was des Sammelns […] in ihrer Verschränkung mit dem Wie des Sammelns gestellt werden“ muss (Karafyllis 2018: 45).

10 Vgl. zum analogen Problem bei pflanzlichen Ressourcenzentren: Karafyllis (2018: 112–124).

verstanden. Sie schließt Prozesse des Bezeichnens, Beschreibens und Namen-Gebens gleichermaßen ein. So ist die übergeordnete und eher pragmatische Bezeichnung „Mikrobe" außerhalb der mikrobiologischen Nomenklatur zu verorten. Wenn es jedoch um die Frage geht, wie man den Gegenstandsbereich im Ganzen nennt, kann sie nicht außen vor gelassen werden. Innerhalb des Systems der Nomenklatur wiederum greifen standardisierte Verfahren, die das Benennen im Detail regulieren, etwa die „willkürliche Festlegung einer festen Verbindung von Art- und Gattungsnamen in einem zweiteiligen Namen" (Seidensticker 1996: 1623; vgl. Abschnitt 2). Denn auch für die Art- und Gattungsnamen von Mikroben gilt, was sich für Pflanzennamen sagen lässt: Ihre „Denotate sind [...] Element einer Menge" (Seidensticker 1996: 1622). Sie „enthalten also eine appellative Bedeutungskomponente" (Seidensticker 1996: 1622) – im Unterschied zu objektbezogenen Namen, Ortsnamen etwa, oder Eigennamen von Personen, die allerdings durchaus in die Benennung einer Art eingehen können (vgl. Abschnitt 6). Zeichentheoretisch liegt demnach keine Monoreferenz vor (vgl. Nübling, Fahlbusch & Heuser 2015: 17), wenngleich es für die mikrobiologische Benennungspraxis unabdingbar ist, die Objekte, auf die verwiesen wird, zunächst zu isolieren und zu vereinzeln (vgl. Abschnitt 4).[11] Auch bedarf es innerhalb der Nomenklatur keiner „beschreibende[n] Bestandteile" (Seidensticker 1996: 1623), aber dennoch lassen sich immer wieder deskriptive „Einsprengsel" beobachten. Das gilt sowohl für die Art- und Gattungsnamen selbst als auch für deren praxeologische Basis, also das Sammeln (vgl. Abschnitt 6). Davon nochmals zu unterscheiden ist die Beschreibung einer Art im wissenschaftlich-technischen Sinn. Und schließlich greift die Macht des Benennens auf Ebene der Bezeichnung der Großreiche des Lebens, wie das Beispiel der Einführung der neuen Domäne *Archaea* zeigt, womit die Gewichte disziplinärer Zuständigkeiten

11 Die pragmatische Gleichsetzung von Denotat und Objekt, wie sie in der Onomastik begegnet, lässt sich für den vorliegenden Kontext nur bedingt übernehmen: „Der Name verweist eindeutig auf einen außersprachlichen *Gegenstand*, ein sog. *Denotat* oder *Referenzobjekt*, wobei wir der Kürze und Eindeutigkeit halber im Folgenden immer nur von *Objekt* sprechen. Selbstverständlich sind auch belebte Denotate, wie Menschen und Tiere, in diesem referenzsemantischen Sinn Objekte (daher wird hier nicht von Subjekt o.Ä. gesprochen)." (Nübling, Fahlbusch & Heuser 2015: 19) Selbst unter Einklammerung des mengentheoretischen Problems – die Denotate wären lediglich Elemente einer bestimmten Menge – bleibt nämlich die Schwierigkeit bestehen, dass die semiotische Verwendung der Begriffs „Objekt" eine Stabilität oder gar Gegegebenheit suggeriert, die in mikrobiologischen Laboren nicht immer anzutreffen ist. Das materielle Objekt muss als solches – über Verfahren des Isolierens und Kultivierens, insgesamt des Sammelns – erst konstituiert werden, was oft gar nicht so einfach ist. So gibt es Fälle, in denen es zwar, weil ein Name existiert, ein Denotat, aber kein dazu passendes Objekt (mehr) gibt – und entsprechend müsste sich die ganze Anstrengung darauf richten, dem hypothetischen Objekt im referenzsemantischen Sinn ein materielles im biologischen Sinn neu oder wieder zuzuordnen.

zugunsten von Mikrobiologie (und Chemie) neu verteilt worden sind (vgl. Abschnitte 2 und 7).

Es wird hier nicht so weit gegangen, eine „Poetik“ von Mikrobennamen zu rekonstruieren;[12] wohl aber sollen weit über Nomenklatur und Labor hinausführende sprachliche Operationen erfasst werden, insofern sie direkt oder indirekt mit dem Identifizieren, Einteilen und überhaupt Handhabbarmachen von Kleinstlebewesen zusammenhängen und damit qua Benennung zum Abbau des „Chaos des Unbenannten“ (Blumenberg 1979a: 40; vgl. Abschnitt 8) beitragen.

2 Schwierigkeiten der Klassifikation

Die erläuterten Schwierigkeiten der Eingrenzung des Gegenstandsbereichs und seiner Inhalte (Begriffsintension und -extension von „Mikroorganismus“) lassen sich anhand der Benennungsprinzipien innerhalb der Mikrobiologie ebenso weiterverfolgen wie für den Ausdruck „Bakterium“. Griechisch *βακτήριον* bedeutet, wie lat. *bacillus*, „Stäbchen“. Zugleich ist die Etymologie, von der ausgehend die unter dem Mikroskop sichtbare Stäbchenform das morphologische Differenzkriterium sein müsste, nicht hinreichend, das von Christian G. Ehrenberg (1795–1876) 1828 eingeführte Genus *Bacterium*[13] oder gar das erst später so benannte, gleichnamige Reich Bacteria zu beschreiben. Nach erneutem Zweifel an den großräumigen Abgrenzungen innerhalb der mikrobiellen Welt wurde es wiederum in eines der „echten“ Bakterien (Eubacteria) überführt und damit zugleich in eine neue Hierarchiestufe, die sog. Domäne (vgl. Abschnitt 7). Roger Y. Stanier (1916–1982) und Cornelis B. van Niel (1897–1985), zwei der wichtigsten Vertreter des neuen Paradigmas einer Allgemeinen Mikrobiologie, konstatierten Anfang der 1960er Jahre: „the abiding intellectual scandal of bacteriology has been the absence of a clear concept of a bacterium“ (Stanier & van Niel 1962: 17). Allerdings führte diese konzeptuelle Offenheit nicht nur dazu, dass die mikrobiologisch vom Bakterium aus gedachte Welt des Mikrokosmos sich immer mehr Kleinstlebewesen eingemeinden konnte (so z.B. auch die einstige Blaualge als Cyanobacterium), sondern überdies dazu, dass die junge Disziplin Mikrobiologie im späten 20. Jahrhundert hierarchisch übergeordnete Großreiche (Domänen) gründen konnte, was den tradierten Disziplinen Botanik und Zoologie nicht möglich war; denn dort fand man nichts derart maßgeblich Neues. Jene

12 Zu einer Poetik der Pflanzennamen: Kranz (2020).

13 Andere damals schon bestehende Gattungen (allerdings als solche des Tierreichs, denn Ehrenberg ordnete sie der Familie der „Zitterthierchen“ zu) waren *Bacillaria, Monas* und *Vibrio* (Toepfer 2011a: 141).

hintergründige, bereits am Klassifikationsschema ansetzende Macht des Benennens wirkt im Sinne einer biologischen Weltordnung, in der Pflanze, Pilz und Tier (inklusive Mensch) unter dem gemeinsamen zellulären Dach der Eukaryonten versammelt, aber damit von anderen Domänen abgetrennt sind. Gegenüber all den vielen Einzellern ohne Zellkern (Prokaryonten) erscheinen die Eukaryonten[14] als Abzweigung im Stammbaum oder gar Randerscheinung im Rahmen einer mikro- und zellbiologischen Marginalisierungsstrategie.

So erfolgreich die Ordnungsmacht der Mikrobiologie im Großen war (d.h. auf der Ebene der Extension des mikrobiellen Lebens), so schwierig gestaltete sie sich im Kleinen, d.h. bei der Spezifikation der einzelnen Bestandteile der proklamierten Großreiche.

Das maßgebliche Benennungsprinzip basiert auf dem System der binären bzw. binominalen Nomenklatur, eingeführt im frühen 18. Jahrhundert durch Carl von Linné (1707–1778). Zentral für dieses Klassifikationsschema ist die international standardisierende Abgrenzung des wissenschaftlichen Namens (auf Latein) vom normalsprachlichen Vernakularnamen, also dem regionsspezifischen Gebrauchs- oder Trivialnamen. Der Name einer Art besteht aus zwei Teilen: dem Namen der Gattung und einem zumeist adjektivischen Epitheton, das die Art spezifiziert. Hinzu kommt als dritter Name derjenige des Erstbeschreibers, ggf. noch ein vierter, wenn es sich um Unterarten (Subspezies) oder Züchtungen (d.h. Kulturformen) handelt. Die Nomenklatur hängt eng mit dem System taxonomischer Hierarchie zusammen, wobei in jüngerer Zeit die Bestrebungen zur strikten Trennung von Nomenklatur und Taxonomie intensiviert worden sind (vgl. die Differenz „Formtaxa" und „echte Taxa"). Damit verbunden ist die größere wissenschaftsphilosophische Frage, ob das Klassifikationsschema ein „natürliches" System von Arten, z.B. in Form eines Stammbaums, repräsentieren soll oder nicht. Diese ideale Zielvorgabe ist durch die klassischen biologischen Disziplinen Botanik und Zoologie immer wieder an die Taxonomie herangetragen worden, erweist sich aber für die Zwecke und Benennungspraxen der Mikrobiologie als wenig zielführend. Denn im Vergleich zur geschätzten Gesamtzahl aller Bakterienarten bilden die bis dato bekannten und in Sammlungen vorgehaltenen Arten weniger als 0,1 % ab (vgl. Overmann 2018: 230), d.h. das Hintergrundschema der Klassifikation ist unzureichend figuriert.

Zahlreich beforscht wurde, dass der mit der Linnéschen Systematik erlangte Zugewinn an sprachlicher Präzision dem geschichtlichen Wandel und damit der Kontingenz unterliegt: „In the Linnaean hierarchy, a name indicates a taxon's classification, so a change in classification requires a change in name." (Ereshefsky

14 Die Etablierung der Unterscheidung geht auf Stanier zurück. Vgl. Toepfer (2011b: 483).

2007: 423)[15] Ein einmal verliehener Name kann (und soll) prinzipiell durch einen genaueren ersetzt werden, was nicht zuletzt deshalb notwendig ist, weil sich durch die Entdeckung neuer Arten die Hierarchien des „natürlichen" Systems immer wieder ändern. Allerdings kann an einem einst vergebenen Namen auch dann festgehalten werden, wenn neuere taxonomisch relevante Erkenntnisse eine Änderung nahelegen müssten. Dies gilt bis in die höchsten Hierarchiestufen, d.h. Domänen und Reiche.

Der seinerseits mehrfach umbenannte *International Code of Nomenclature of Prokaryotes*[16] sieht vor, dass Namen a) stabil, b) unzweideutig und c) notwendig sein müssen. Er sieht nicht vor, dass besonders typische oder repräsentative Merkmale eines Taxons aufgegriffen werden müssen. Um die genannten Kriterien zu erfüllen, findet das Prinzip der Priorität der Namensgebung Anwendung. Es besagt, dass ein einmal verliehener Name nach Möglichkeit gültig bleibt, auch wenn eine Änderung geboten schiene; dieses Prinzip darf und will aber wiederum nicht stark genug sein, um Umbenennungen in besonders gut begründeten Fällen gänzlich auszuschließen.[17] Ein Teil der Konfusion auf der Spezifikationsebene hängt mit diesen im 20. Jahrhundert intensivierten Bestrebungen zusammen, Konfusionen in der Nomenklatur zu vermeiden. Der Name soll ein *Label* sein und begründet sich nicht aus der Beschreibung von Eigenschaften oder Merkmalen. Häufig entstammt er aber genau solchen Beschreibungen (vgl. Abschnitte 3 und 6) und bildet die erste Referenz zwischen Wort und Objekt, und damit die Bedeutungsebene. Zwar brauchen Wort und Objekt sich nicht zu entsprechen, um Gültigkeit innerhalb der

---

15 Hier ist zu beachten, dass ein Taxon ein sprachliches Ordnungsinstrument ist, das, in gegenwärtigem Gebrauch, Gruppen von Organismen bezeichnet, die zu einem bestimmten Zeitpunkt existieren, es ist nicht gleichbedeutend mit „Spezies" oder im Sinne einer Abstammungslinie („Kladen") zu verstehen (vgl. Toepfer 2011b: 488).

16 Nach bis ins 19. Jahrhundert zurückreichenden Bestrebungen und einem im Rahmen des zweiten Internationalen Kongresses für Mikrobiologie (London, 1936) vorgestellten Entwurf wurde die erste Fassung als *International Code of Nomenclature of Bacteria and Viruses* 1958 veröffentlicht, revidierte Fassungen 1975 und 1990 als *International Code of Nomenclature of Bacteria* (1975). Eine wesentliche Rolle spielte hierbei die *American Society of Microbiology* (gegr. 1899). Die aktuelle, den übergreifenden Titel „Prokaryotes" beinhaltende Version (2008) ist jüngst nochmals kommentiert worden (Parker, Tindall & Garrity 2019) und seit Mai 2023 in einer überarbeiteten Fassung zugänglich. Der Einfachheit halber und weil die im Folgenden vertieft diskutierten Beispiele den Prokaryoten (im weitesten Sinn) zuzuordnen sind, wird auf die komplexe und weitaus ältere Geschichte des heutigen *International Code of Nomenclature for algae, fungi, and plants* (ICN) hier nicht eingegangen. Die Regularien sind zugänglich unter: https://www.iaptglobal.org/icn (Stand: 4. März 2023).

17 Darüber wacht eine Kommission, die aus zwölf, vom *International Committee on Systematics of Prokaryotes* gewählten FachwissenschaftlerInnen zusammengesetzt ist. Zur derzeitigen Besetzung vgl. https://www.the-icsp.org/judicial-commission (Stand: 4. März 2023).

Nomenklatur zu erreichen,[18] dennoch ist ihre Verbindung (die Denotation) nicht unmotiviert. Es gibt einen notwendig deskriptiven Teil innerhalb des Systems, welches jedoch nicht strikt deskriptiv operieren darf, um operabel zu sein. Es gilt, ein Kräftegleichgewicht zwischen Deskriptivität und Operationalität herzustellen. Die Macht des Benennens basiert auch darauf, was durch Beschreibungen zugänglich geworden ist.

3 Trägheit des Namens: *Actinomyces*

Es gibt Organismen, die nach gegenwärtigem Stand gar keine Bakterien (mehr) sind, aber ‚bacterium' noch in ihrem Binomialnamen tragen (vgl. Abschnitt 7). Umgekehrt finden sich in Ordnungs- und Klassenbezeichnungen namentlich Pilze (griech. mykes), die biologisch Bakterien sind, so die „Streptomyzeten" und die „Aktinomyzeten", wörtlich „Strahlenpilze",[19] 1877 durch den Botaniker Carl Otto Harz anhand der Art *Actinomyces bovis*, Verursacher einer Rinderkrankheit, beschrieben (heutiger Name: *Actinomyces israelii*). Seit Anfang des 20. Jahrhunderts konnte die eindeutige Zuordnung der Aktinomyzeten zu den Pilzen, die wegen der fadenartigen, an Schimmel erinnernden Erscheinung und des pilzlich anmutenden Geflechts (Mycel) in der Kultur und unter dem Mikroskop plausibel schien, schrittweise überholt werden. Allerdings lässt sich der Korrekturprozess zunächst auf allgemeine, durch die fortschreitende Etablierung der Bakteriologie eingebrachte Veränderungen in der Taxonomie zurückführen: 1923 konstatierten Herbert W. Conn und Harold J. Conn in ihrem Lehrbuch *Bacteriology. A Study of Microorganisms and Their Relation to Human Welfare*, dass es zwar „much doubt as to whether this genus belongs with the bacteria" gebe, es aber vorherrschende Tendenz unter Bakteriologen sei, Aktinomyzeten den *Bacteria* zuzuordnen (Conn & Conn 1923: 101). Die Autoren erkennen zugleich einen sprachlichen Widerspruch, denn die Wissenschaft von den Bakterien erhebt den Anspruch, gerade nicht nur für diese zuständig zu sein: „no text-book in bacteriology is complete unless it gives considerable space to yeasts, fungi and protozoa." (Conn & Conn 1923: 71) Gegenüber dem bis heute wirkmächtigen Topos der *Vollständigkeit* treten sprachliche Differenzierungen immer wieder zurück (vgl. Abschnitt 1).

18 Es geht um eine „Befreiung der Artnamen von essenzialistischen Bezügen" (Toepfer 2011a: 141).

19 Es handelt sich um eine im 19. Jahrhundert vorgenommene Neubildung aus dem Altgriechischen (Harz 1877), die sich auf die bei der pathologischen Untersuchung sichtbaren Auswirkungen der sog. „Strahlenpilz-Krankheit" (Aktinomykose) von Rindern bezieht. Die im Gewebe entstehenden Wucherungen (Drusen) verlaufen strahlenartig.

Maßgeblich beteiligt an der Weiterentwicklung einer tragfähigen Binnengliederung des neu zugeschnittenen Gegenstandsbereichs war der US-amerikanische Bakteriologe Robert E. Buchanan (1883–1973), später einer der prägenden Akteure in den jahrzehntelangen Bemühungen um einen internationalen Code zur Nomenklatur von Bakterien (vgl. Cowan 1992). Aus der Vielzahl der zu Beginn des 20. Jahrhunderts zirkulierenden Klassifikationsschemata hatte das von Buchanan vorgeschlagene (Buchanan 1917) Eingang in die erste Auflage des einflussreichen Referenzwerks *Bergey's Manual of Determinative Bacteriology. A Key for the Identification of Organisms of the Class Schizomycetes* (1923) gefunden. Das *Bergey's Manual* bildet auch insofern eine wissenschaftshistorische Zäsur, weil es die Abkehr von einer strikt morphologischen Bestimmung von Mikroorganismen institutionalisierte und die Nomenklatur stärker zu den Ansprüchen der Kultivierung hin öffnete. Buchanans Vorlage lieferte den „Schlüssel" zur Gliederung der Klasse der Schizomyzeten (wörtlich: „Spaltpilze"), die Anfang des 20. Jahrhunderts im Grunde schon überholt war. „Schizomyzeten" war vor der Jahrhundertwende die allgemeine und auf eine Prägung Carl Wilhelm Nägelis (1817–1891) zurückgehende Bezeichnung für Mikroorganismen, welche sich durch Teilung vermehren. Dieser Ausdruck, ab Mitte der 1870er Jahre nach und nach durch „Bakterium" ersetzt (vgl. Toepfer 2011a: 141), bot paradoxerweise das Dach, unter dem sich die Aktinomyzeten aus der Gruppe der Pilze etwas herauslösen ließen. Nach den „true bacteria" („Eubacteriales") bildeten die „Actinomycetales" die zweite der sechs von Buchanan vorgeschlagenen Ordnungen. Seine Definition legte jedoch eher graduelle Unterschiede zu den Pilzen nahe: „The thread bacteria or ray fungi which show a filamentous form, frequently with true branching. Not water forms. As a group intergrading with the fungi." (Buchanan 1917: 162) Erst in den 1960er Jahren wurde die Zuordnung zu den Bakterien endgültig festgeschrieben (vgl. Ul-Hassan & Wellington 2009: 27); heute ist die Ordnung Actinomycetales in der Klasse[20] *Actinobacteria* Gegenstand der Bakteriologie statt der Mykologie.[21]

Die Benennungspraxis ist der referenziellen Deckung von Wort und Objekt weniger verpflichtet als der Handhabbarkeit innerhalb der international bindenden Bezeichnungssprache Latein (inklusive ihrer altgriechischen Relikte), der internationalen Wissenschaftssprache Englisch (als Publikationssprache), und beider

20 1997 waren die *Actinobacteria* noch eine Klasse, seit 2002 firmieren sie in biologischen Systematiken als Abteilung (Divisio).

21 Für die interne Gliederung der Ordnung der Actinomycetales in zahlreiche Unterordnungen zum Ende der 1990er Jahre zeichnet der damalige Leiter der DSMZ, Erko Stackebrandt, zusammen mit R. M. Kroppenstedt, Leiter der vormaligen DSM-Teilsammlung Aktinomyzeten an der TH Darmstadt, verantwortlich.

miteinander interagierenden Klassifizierungs- und Benennungspraxen. So wurde der *International Code of Nomenclature of Prokaryotes* als „instrument of scientific communication“ beschrieben, in welcher Namen allein Gültigkeit beanspruchen können: „Names have meaning only in the context in which they were formed and used.“ (Parker et al. 2019: 14) Deswegen haben die in Gebrauch stehenden Binomialnamen zugleich eine lebensweltliche Seite, z.B. das Genus *Lactobacillus* (Milchwirtschaft) oder die Bäckerhefe *Saccharomyces cerevisiae*, die, wie der Speziesname sagt, einst in derart verallgemeinerter Form auch beim Bierbrauen Anwendung fand. Man könnte von Vernakularnamen zweiter Ordnung sprechen. Zwar gibt es ein latentes Alltagswissen um Mikroben und deren Anwendung, aber anders als in der klassischen Botanik und Zoologie[22] entziehen sich die Objekte als solche der unmittelbaren Anschauung; auch im Mikroskop sind Bakterien morphologisch viel weniger diversifiziert als Pflanzen oder Tiere, die man über Bestimmungsbücher artspezifisch erschließen kann. Sinnlich erfahrbar sind Mikroben über durch sie verursachte Phänomene wie Geruch und Verfärbung, im medizinischen Bereich auch über die Symptome von Krankheitserscheinungen (vgl. oben *Aktinomyces bovis*). Angesichts der Verwissenschaftlichung und Technisierung der Mikroben ist es umso wichtiger, auf die Spur des Trivialen hinzuweisen: Zwischen der arbiträren Benennung und dem Rest an Motiviertheit zur weiteren Spezifikation öffnet sich ein epistemisch relevanter Bereich lebensweltlicher Anschaulichkeit, der eigene szientifische Relevanz erlangen kann.[23] In jüngerer Zeit erhalten Mikroben ihre Namen erst durch den wissenschaftlichen Diskurs, vermittelt durch technische Artefakte wie Messapparaturen und Prozeduren zur Feststellung von Stoffwechselwegen und Zusammensetzung des Erbgutes und der Zellwand; für letztere steht paradigmatisch die schon früh praktizierte Technik der Gram-Färbung, die die bis heute gültige Zweiteilung in gram-positive und -negative Bakterien erlaubt.

In Mikrobennamen konserviert sich auch, wie die nachfolgenden Abschnitte im Detail zeigen, die Geschichte der Techniken der Sichtbarmachung und Beobachtung, des Sammelns und Kultivierens, allgemein: der Handhabung. Dabei können zwei in der ersten Hälfte des 20. Jahrhunderts intensivierte, sich fortan immer wieder kreuzende und aufeinander angewiesene Bemühungen der modernen Mikrobiologie unterschieden werden: den Ansprüchen der Nomenklatur und denen der

22 Ausnahmen wären das Phyto- und Zooplankton: hier ist der Einzelorganismus ebenfalls nur mikroskopisch zugänglich.

23 Das legt für Fächer, in denen Objekte beforscht werden, die mit bloßem Auge sichtbar sind, den Umkehrschluss nahe, dass auch dort im Trivialnamen eine Genauigkeit eigenen Rechts liegen kann.

Kultivierung von Mikroorganismen gerecht zu werden. Diesen beiden Linien lassen sich zwei eminente Fachvertreter zuordnen: Während von Robert E. Buchanan gesagt werden konnte, dass „his intense interest in names and the meanings of words" mit einer, zumindest in den späten Jahren, „almost complete indifference to the biological aspects of bacteria" einhergehen konnte (Cowan 1992: 4), steht Cornelis B. van Niel für das geradezu gegenteilige Paradigma einer maßgeschneiderten, insbesondere die chemischen Stoffwechselvorgänge berücksichtigen Kultivierung, dessen Wirkmächtigkeit sich bis in die Gründung der *Deutschen Sammlung von Mikroorganismen* nachvollziehen lässt (vgl. Abschnitt 6).

4 Zwischen Taxonomie und Kultivierung: zum Typus-Konzept

Innerhalb der klassischen und im Wesentlichen von Linné geerbten, in der Binnengliederung aber umstrittenen Rangfolge biologischer Taxa – *Regnum/Regio*, *Divisio/Phylum*, *Classis*, *Ordo*, *Familia*, *Genus* und *Species* – haben *Genus* und *Species* einen besonderen Stellenwert, da sie als einzige eine direkte Referenz zu existierenden Organismen aufweisen müssen. Dies hängt mit dem für beide in Anschlag gebrachten Typus-Konzept zusammen. Der Typus ist das Element eines Taxons, mit dem dessen Name permanent verbunden ist, er dient als eindeutige Referenz. Neben der o.g. Prioritätsregel ist das Typus-Konzept die zweite Säule der Taxonomie. Allerdings ist die Frage, wie sich der Typus zum Taxon verhalten und somit die Referenz gestaltet werden soll, in den letzten 250 Jahren sehr unterschiedlich behandelt worden. Zu Linnés Zeit zählte die empirische Erfahrung des Wissenschaftlers im Umgang mit den verschiedenen Variationen zu/als eine/r Art, um das Wesentliche an ihr zu erkennen und beschreibend festzulegen. Daraus wurde imaginär eine Art Idealtypus festgelegt (z.B. mithilfe eines beschreibenden Bauplans bei Tieren), der gerade kein reales Objekt in Einzelform repräsentieren sollte, sondern die abstrakte Menge seiner Möglichkeiten. Erst im Zuge des 19. Jahrhunderts entstand der Anspruch auf eine Entsubjektivierung des Beschreibens durch eine festgelegte, externe Objekt-Referenz. Man arbeitete mit Holotypen, d.h. einem lebenden Individuum, das als Ganzes beschrieben wurde und gemeinhin als typisch für seine Art galt bzw. gilt. Dieser Holotyp wurde in einer naturhistorischen Sammlung hinterlegt, z.B. als Herbarexemplar oder genadeltes Insekt, oft mit paralleler Referenz auf eine publizierte Zeichnung, die den lebenden Habitus illustrieren sollte. So bildete sich mit Verbesserung der konservatorisch-präparatorischen Maßnahmen in

Zoologie und Botanik der Anspruch heraus, dass für jedes Taxon ein Typus realiter existieren sollte.

In dieser Hinsicht wurde die Sammlung zum Weltmodell, d.h. zu einer künstlichen Welt, die die natürliche Welt originalgetreu repräsentieren sollte wie Abbild und Urbild. Problematisch war dabei – neben Verwerfungen im biologischen Art-Konzept – die rasante Zunahme der beschriebenen Arten mit immer neuen Namen für die gleiche Art (Problem der Synonyme) bzw. mit immer neuen Typus-Vertretern unter dem gleichen Namen (Problem der Homonyme), gepaart mit der Zunahme der Sammlungen in allen Ländern der industrialisierten Welt. Die Macht des Benennens war damit weder einzelnen führenden Wissenschaftlern noch Ländern vorbehalten. Um eine neue Art zu beschreiben, musste mit den textlichen Referenzen in Bibliotheken und mit dem exemplarischen Typus-Referenten in Sammlungen gearbeitet werden, d.h. man musste zu den Sammlungsorten reisen. Dies war v.a. nordamerikanischen Taxonomen ein Dorn im Auge, weil die Vorherrschaft über die Nomenklatur in Europa lag. Das bestehende Typus-Konzept wurde angezweifelt und als unpraktikabel erachtet, statt des materiellen Anschauungsexemplars sollten die textlichen Beschreibungen mehr an Gewicht erhalten und auch die Nomenklaturregeln verschärft werden. So kam es zur Mitte des 19. Jahrhunderts zur Krise der Taxonomie von Pflanzen und Tieren, in der die sich just erst entwickelnde Bakteriologie und Protistenkunde an Relevanz zu gewinnen suchte. Da sie weder über Sammlungen ihrer Objekte verfügte, noch ihre Objekte (Bakterien und Schimmel) als Individuen fassbar waren und auch gängige Spezieskonzepte (z.B. die auf Sexualität abhebende „Fortpflanzungsgemeinschaft") nicht funktionierten, war für sie das bisherige Typus-Konzept ohnehin nicht operationalisierbar. Sehr allgemein gesprochen profitierten Mikrobiologen von der Krise der Taxonomie in den biologischen Nachbardisziplinen dahingehend, dass das Taxon mittlerweile vom (sprachlich angereicherten) Typus her bestimmt werden konnte anstatt nur umgekehrt. Frühe Systematiker der Mikrobiologie waren gemeinhin taxonomisch versierte Botaniker wie Ehrenberg oder Ferdinand Cohn (1828–1898), die mit Hilfe von Zeichnungen und textlichen Beschreibungen eine erste Ordnung in die Welt des Mikrokosmos brachten; entsprechend oft findet sich gemäß der Prioritätsregel der Nachname beider Forscher noch heute. Allerdings gab die Morphologie der Mikroben zu wenig für ihre Diversifikation und damit Spezifikation her, weshalb chemische und stoffwechselphysiologische (z.B. die aerobe oder anaerobe Lebensweise), später auch genetische Merkmale zur Beschreibung für Bakterientaxa, hinzutraten. Erst zur Mitte des 20. Jahrhunderts wird sich auch in der Taxonomie der Mikrobiologie die abgewandelte Forderung eines Holotypus durchsetzen, d.h. ein materieller Referent eines Taxons, hinterlegt in einer Mikrobensammlung. Dieser ist der sogenannte Typstamm, der sich auf eine einzelne Kolonie, idealiter sogar auf eine einzelne Zelle zurückführen lässt. Mit dem Typstamm holt die Mikrobiologie dasjenige ein, was in der Botanik und Zoologie das individuelle Exemplar ist (selbst wenn es auch dort oft aus Typserien besteht, was hier nicht näher vertieft werden kann). Lorraine Daston hat das Verhältnis von Name und Exemplar pointiert beschrieben:

> The name of a botanical species does not inhere in the population of all members of that species, nor in some abstracted prototype or essence of the species, but rather in a single, concrete individual specimen that has been designated by the person who first publishes a newly discovered species as its holotype or type specimen, ideally for all time.
>
> (Daston 2004: 157)

Daston betont die Relevanz der Autorschaft innerhalb der Benennungspraxis: „Botanists may not create their species, but they author them in a strong sense, belied by the figurative but borne out by the literal sense of a ‚nominal author'—here, the author of a name." (Daston 2004: 163) Ausgehend von dieser These lassen sich zwar durch Benennungspraxen erzeugte Machteffekte beschreiben, aber mit einem ausschließlich bei sprachlichen Handlungen ansetzenden Zugang reißt die Verbindung zum Objekt, die über alle semiotischen Erschwernisse hinweg plausibel zu machen die größte Herausforderung ist, zumal im Bereich der Mikrobiologie die physiologischen Ansprüche einer Mikrobenspezies eine Vielzahl an sprachlichen Entscheidungen notwendig machen, die noch im Vorfeld der Nomenklatur liegen. Entsprechend relevant ist die Schnittstelle zwischen Praktiken des Benennens und solchen des Kultivierens. Genau diese Schnittstelle ist es, deren Stabilität taxonomische Systematiken voraussetzen müssen.

In der Mikrobiologie bezieht sich „Stamm" auf den Kulturstamm, im Englischen „strain". Es handelt sich um eine Mikrobenkultur, die aus einer einzelnen Kolonie im Kulturmedium angezogen wird. Als Typstamm wird der für eine Spezies maßgebliche Stamm bezeichnet. Er ist nicht im strengen Sinn repräsentativ für eine Spezies, da diese dann als jenseits dieses Repräsentanten existierend verstanden sein müsste; das, was eine Spezies ist, hängt vielmehr von den Eigenschaften des Typstamms selbst ab. James T. Staley und Noel R. Krieg haben das Problem wie folgt beschrieben: „The type-strain has great importance for classification at the species level, because a species consists of the type strain and all other strains that are considered to be sufficiently similar to it as to warrant inclusion with it in the species" (Brenner, Staley & Krieg 2001: 28). Eine Spezies *besteht* („consists") aus dem Typstamm und den ihm ähnlichen Stämmen. Andererseits gibt es vor allem pragmatologische Gründe, am Konzept der Repräsentation festzuhalten. Es müsste dann von einer Repräsentation gesprochen werden, in der das Repräsentierte im Repäsentieren miterzeugt wird.

Um von einem effektiven Namen – von einem Namen, der in der Literatur auch ohne stabile Referenz Verwendung findet – bzw. von einem Vernakularnamen zu einem im Sinne des Codes gültigen Namen zu kommen, bedarf es der Festlegung eines solchen Typus. Dies wiederum muss einerseits durch einen entsprechenden Artikel in einer internationalen Fachzeitschrift, maßgebliches Organ ist das *International Journal of Systematic and Evolutionary Microbiology* (seit 1951), geschehen, andererseits durch Hinterlegung eines Stamms in einer anerkannten Sammlung mit dem entsprechenden Sicherheitsduplikat in einer anderen Referenzsammlung.[24] Der „Ort" eines Namens liegt zwischen Schrift, Kulturmedium und Lagerungstechnik, und geographisch stets zwischen mindestens zwei Sammlungsstätten. Mit Bezug auf die medialen und infrastrukturellen Rahmungen sind es zwei Garanten von Reproduzierbarkeit, die die eindeutige Verbindung von Wort und Objekt stützen: Publikationsapparat und Mikrobenbank.

Semiotisch betrachtet liegt die Schwierigkeit darin, dass sich zwar eine von den physischen Objekten (Referenten) unabhängige Semiose beobachten lässt – etwa in Aushandlungsprozessen über den Bedeutungsumfang eines Mikrobennamens –, diese Objekte aber qua Typus-Konzept und d.h. über die aktive Herstellung einer arbiträren und nachprüfbaren Verbindung zwischen Objekt und Name bereits in diesen Prozess eingreifen müssen. „Bacillus subtilis" zum Beispiel ist der Name, der an einen bestimmten Stamm, d.h. an Organismen und tatsächliche Nachkommen eines einmal isolierten Kulturstamms, gebunden ist und erst so als Signfikant dazu in der Lage ist, auf Denotationsebene Bakterien genau dieser Spezies zu umfassen. In diesem Sinn ist das Objekt zugleich Bezeichnetes und Unterpfand des Bezeichnens. Ohne die in Mikrobensammlungen hergestellte Verbindung bliebe die Signifikation freischwebend und an die über Mikroben erstellten Merkmalkataloge gebunden, sodass in Grenzfällen „Bacillus subtilis" auch als Name für Mikroben Verwendung finden könnte, die dieser Spezies gar nicht zuzuordnen sind. Historisch betrachtet ist genau dies geschehen – mit der Pointe, dass zur Lösung des Problems auf die Ebene der Texte und Illustrationen zurückgegangen werden musste.

24 „Wenn eine neue Bakterienspezies in einer wissenschaftlichen Zeitschrift beschrieben wird, dann wird ein Stamm als namensgebender Typstamm des Taxons für den späteren taxonomischen Vergleich mit anderen Stämmen der Spezies festgelegt. Der neue Typstamm muss in den nationalen Kulturensammlungen von mindestens zwei Ländern hinterlegt werden, wodurch die Typstämme der Öffentlichkeit zugänglich werden, denn das ist eine Voraussetzung dafür, dass der neue Speziesname auf seine Richtigkeit überprüft werden kann." (Madigan et al. 2013: 690)

5 Zwischen Text, Objekt und Organismus: *Bacillus subtilis*

Mikrobensammlungen unterliegen ihrerseits einer Vielzahl an Standardisierungsmechanismen, die von der *World Federation for Culture Collections* (WFCC) in Form von Empfehlungen und einer Richtlinie gebündelt werden. In taxonomischer Hinsicht nehmen sie die notwendige Funktion ein, Typstämme vorzuhalten. Diese müssen für jedes Objekt auch schriftlich fixiert werden, und zwar im Medium des Katalogs, den die DSM(Z) seit 1974 in mehreren Auflagen herausgegeben hat und heute digital und online einsehbar weiterführt.[25] Der Akzessionsnummer des Stamms wird zur Kennzeichnung als Typstamm ein hochgestelltes „T" hinzugefügt. Am Beispiel von *Bacillus subtilis* (DSM-10^{T}) soll im Folgenden gezeigt werden, dass schriftliche Fixierungen kein „Beiwerk" sind, sondern bereits in die Konstitution des mikrobiellen Objekts eingehen.

Der Eintrag „*Bacillus subtilis*" [DSM-10^{T}] im *Catalogue of Strains 1989* der Deutschen Sammlung von Mikroorganismen lautet (DSM 1989: 25):

> ***Bacillus subtilis*** (Ehrenberg) Cohn 1872^{AL}
> 10^{T} = ATCC 6051, CCM 2216, IFO 12210, NCIB 3610, NCTC 3610
> ¬ ATCC ¬ H. J. Conn (Marburg strain). Type strain (1300)
> % GC 42.9 T_m; 43.1 BD (3768). Assay of antibacterial agents in urine (736).
> Guthrie bioassay (detection of phenylketonuria) (1509). Production of spores (1510).
> (Medium 1, 30 C).

Neben dem akzeptierten Namen finden sich im Katalogeintrag Hinweise auf den Erstbeschreiber (Ehrenberg) des Organismus, damals unter dem Namen *Vibrio subtilis* (vgl. Ehrenberg 1835), und die Erstveröffentlichung des heute gültigen Namens aufgrund einer differenzierteren Beschreibung (vgl. Cohn 1872). Die zweite Zeile nennt Akronyme internationaler Mikrobenbanken, die Nachkommen desselben Stamms führen, sowie die ihm jeweils entsprechende Akzessionsnummer (z.B. für die *American Type and Culture Collection*: ATCC 6051). Die dritte Zeile verweist auf die Objektgeschichte unter Angabe des Ersthinterlegers (Harold J. Conn) und der letzten Sammlungsstationen vor Aufnahme in die DSM(Z), d.h. auf die Provenienzgeschichte, wie man im Falle musealer Objekte sagen würde. In diesem Fall ist die vorgängige Aufbewahrungsstelle des Typstamms die ATCC, so legt es der Eintrag nahe. Vor den Hinweisen zu Eigenschaften, Vorkommen und Nährmedium am Ende wird die für den Typstamm entscheidende Printreferenz angegeben. Hinter

25 Vgl. https://www.dsmz.de/collection/catalogue (4. März 2023).

„(1300)“ verbirgt sich die 1980 im *International Journal for Systematic Bacteriology* veröffentlichte „List of Approved Names“, in der wiederum auf ein anderes maßgebliches Publikationsorgan für Bakteriensystematik verwiesen wird, nämlich auf das schon erwähnte *Bergey's Manual* (vgl. Skerman, McGowran & Sneath 1980: 256). Der heute online zugängliche Katalog gibt die zusätzliche Information, dass die Beprobung des hinterlegten Stamms vor dem „20.07.1966“, dem mutmaßlichen Zugangsdatum, erfolgt sei.[26] Blickt man näher auf den Hinweis zur Ersthinterlegung, stößt man erneut auf das Problem der Passung von Wort und Objekt. Denn die Überlieferungslücke zwischen Erstbeschreibung und Ersthinterlegung hat entsprechende Folgen für die Identität des Organismus:

> There has been a great deal of confusion regarding the identity of *Bacillus subtilis*, largely because of the inadequate early descriptions and the distribution under that name of cultures that were in reality the commonly occuring *B. cereus*. After a careful study Conn [Conn 1930] came to the conclusion, which was later accepted by the International Committee on Bacteriological Nomenclature, that the so-called Marburg strain of *B. subtilis* fitted the early descriptions.
>
> (Smith, Gordon & Clark 1952: 72)

Der an der *New York State Agricultural Experiment Station* in Geneva forschende Bakteriologe Harold J. Conn (Ko-Autor des 1923 erschienenen Lehrbuchs *Bacteriology*) hatte 1930 verschiedene Stämme aus Mikrobenbanken, u.a. aus der ehemals Králschen Sammlung, sowie ein neues Isolat untersucht. Er konnte innerhalb der zu seiner Zeit als *Bacillus subtilis* bezeichneten und vorgehaltenen Mikroben zwischen zwei Traditionslinien unterscheiden: Der auf der Grundlage seiner Publikation zum Typstamm gewordene Stamm ließ sich auf eine an der Universität Marburg angelegte agrarwissenschaftliche Sammlung (vgl. Gottheil 1901) zurückführen. Diese Traditionslinie stand in Konkurrenz zu einer in Robert Kochs Berliner Laboratorium nachverfolgbaren Linie, die Conn mit dem sog. „Michigan“-Stamm in Verbindung gebracht hatte. Es gab also mindestens zwei unterschiedliche „Exemplare“ in Sammlungen mit demselben Namen (Homonymie-Problem). Aufschlussreich ist nun die Mutmaßung darüber, *warum* biologisch unterschiedliche Organismen einen identischen Namen geführt haben: „A possible explanation of these mixed descriptions is that the cultures described were impure; but perhaps it is rather more probable that the confusion has come about from one writer borrowing illustrations or certain items of text from some other author.“ (Conn 1930: 348) Die bioontologische Konfusion über die Identität von *Bacillus subtilis* wird hier über eine im Publikationsapparat verwurzelte Praxis des Zitierens bzw.

26 https://www.dsmz.de/collection/catalogue/details/culture/DSM-10 (4. März 2023).

Bezugnehmens auf Bildmaterial erläutert. Deutlich wird, wie im Typus-Konzept selbst bildliche, textliche und materielle Referenzen miteinander konfligieren können. Wem soll die letztliche Deutungsmacht des Beschreibens zukommen? Conns erheblicher Forschungsbeitrag von 1930 bestand also nicht darin, einen spezifischen Stamm in der Natur gefunden und isoliert zu haben, sondern darin, ein bereits mit Sammlungsgeschichten verbundenes Depositum ausfindig gemacht zu haben, dessen Neubeschreibung sich in Deckung mit einer früheren Beschreibung bringen ließ.[27] Auf den ersten Blick erlangt die textliche Referenz die Deutungshoheit, bei genauerer Hinsicht aber die materielle in Form des in einer Sammlung deponierten Objekts, selbst wenn diese Jahrzehnte später erfolgte. Der für die Gattung *Bacillus* maßgebliche Typstamm ist im historisch labilen Medium der Beschreibung produziert worden, seine Identität musste rekonstruiert werden. Sein bioontologischer Status liegt demnach im Zwischenraum der Zeichen- und Verweissysteme, unter Einschluss der Kultivierungs-, Reinigungs- und Lagerungsmethoden.

Zu den Gründungsobjekten der damals noch in Göttingen angesiedelten DSM-Zentrale gehörten zahlreiche *Bacillus*-Stämme. Der frühe Eintrag zu DSM-10 im ersten Katalog von 1974 (DSM 1974: 17) gibt allerdings die Auskunft, dass dieser Stamm nicht (wie der 1989 vorgehaltene) direkt von der US-amerikanischen ATCC bezogen worden ist, sondern Umwege über drei große Sammlungen genommen hatte: über London (*National Collection of Type Cultures* – NCTC), Aberdeen (*National Collection of Industrial and Marine Bacteria* – NCIB)[28] und zuletzt Brno (*Cechoslovak Collection of Microorganisms* – CCM):

> Bacillus subtilis (Ehrenberg) Cohn 1872 {89}
> Medium 1; 30°C
> 10 ATCC 6051, NCTC 3610, NCIB 3610, CCM 2216
> ¬ CCM ¬ NCIB ¬ NCTC ¬ R.S. Breed. Neotype {33}. % 42.4 {36}.

Es lässt sich nachweisen, dass der Stamm 1932 zuerst von Robert S. Breed (1877–1956), einem weiteren zentralen Protagonisten der frühen US-amerikanischen Bakteriologie, an die Londoner Sammlung abgegeben worden ist.[29] Breed selbst, zu dieser Zeit Leiter der *New York State Agricultural Experiment Station*, hatte ihn anscheinend von Conn, der den Marburg-Stamm zwei Jahre zuvor von Geneva aus an

27 Ohl (2015: 60) konstatiert mit Blick auf den Prozess der Artbeschreibung und -benennung generell: „Der erste Gang führt dabei unweigerlich in die Bibliothek."

28 Heute: NCIMB – National Collection of Industrial, Food and Marine Bacteria.

29 Vgl. https://www.phe-culturecollections.org.uk/products/bacteria/detail.jsp?refId=NCTC+3610&collection=nctc (4. März 2023).

die ATCC weitergeben hatte, übernommen. Eine rezentere Studie hat die Genomsequenzen der heutigen Stämme ATCC 6051^T und NCIB 3610^T verglichen und ist zu dem Ergebnis gekommen, dass „it seems likely that both are authentic representations of Conn's Marburg strain" (Zeigler et al. 2008: 6989). Dass 1974 im DSM-Katalog noch „Neotype" angegeben wird, geht auf eine internationale Übereinkunft zurück (vgl. Smith et al. 1964: 269); offenbar liegt der Grund für diese Zuschreibung in der unsicheren Vorgeschichte des als Typstamm identifizierten Marburg-Stamms (vgl. Conn 1930). Die beiden Katalogeinträge jedenfalls deuten auf eine diskontinuierliche, unweigerlich mit anderen Mikrobenbanken verknüpfte Sammlungsgeschichte des dauerhaft als DSM-10 erfassten Objekts hin. Der Erhalt der Akzession über Zeit ist nicht an die bruchlose Erhaltung der Kultur bzw. des Granulats gebunden, was das auch für Maximallagerungsdauern relevante Problem der Gestaltung der Übergänge aufwirft. Zwar lassen sich beide Herkunftslinien des Typstamms von *Bacillus subtilis* bis nach Geneva (und von dort mutmaßlich nach Marburg) zurückverfolgen, aber die räumlichen und zeitlichen Distanzen lassen dessen Identität nicht unberührt. Es gibt Indizien für eine minimale Diversifizierung des aus historischen Gründen nicht mehr in der ursprünglichen Reinkultur vorliegenden, sondern nur noch in zahlreichen und über den ganzen Globus verstreuten Nachkommen fortlebenden Typstamms über Zeit. Dazu gehört der zwischen den beiden unter DSM-10 gefassten Stämmen leicht variierende Gehalt an Guanin- und Cytosin-Molekülen (1974: 42,4% GC bzw. 1989: 42,9% GC). Der Typstamm, stabilisierende Instanz der Nomenklatur, ist seinerseits instabil, potentiell durch einen annähernd identischen Abkömmling ersetzbar.

Sind Mikroben schon mit Blick auf ihr biologisches Vorkommen „Kosmopoliten" (Overmann 2018: 238–239), wobei der biologische Fokus auf *kosmos* (und nicht: *polis*) liegt, weil Mikroben nahezu überall – von der Atmosphäre bis zur Tiefsee – vorkommen, so sind sie auch als standardisierte Sammlungsobjekte Weltreisende. Bei diesem Kosmopolitismus aber liegt der Bedeutungsschwerpunkt auf der gesetzgebenden *polis*, d.h. der nationalstaatlichen Ausrichtung der Sammlung, die Objekte für bestimmte forschungs- und industriepolitische Zwecke im eigenen Land vorzuhalten. Wo die jeweiligen Mikroben aufgesammelt und ggf. isoliert wurden, tritt dabei in den Hintergrund. Seit Inkrafttreten des Nagoya-Protokolls am 12. Oktober 2014 hat sich dies grundlegend geändert. Im Rahmen der UN-Biodiversitätskonvention, dem *Übereinkommen über die biologische Vielfalt* (1993), regelt es den „Access to Genetic Resources and the Fair and Equitable Sharing of Benefits Arising from their Utilization to the Convention on Biological Diversity".[30] Das globale Sammeln von Mikroben unterliegt nun strengen Regeln, die Souveränität über

30 https://www.cbd.int/abs/doc/protocol/nagoya-protocol-en.pdf (4. März 2023).

die auf nationalstaatlichem Territorium vorfindlichen biologischen Ressourcen und deren ökonomische Potentiale gewährleisten sollen, was aber sammlungstechnisch vor Herausforderungen stellt.[31]

6 Macht des Beschreibens: *Chromatium okenii*

Für die Gründung der DSM weitaus relevanter als die stäbchenförmigen Bazillen waren andere Bakterienfamilien, und zwar, weil sie anspruchsvoller zu handhaben waren und gerade die Kultivierung schwierig zu erhaltender Mikroorganismen einer Mikrobensammlung ein internationales Alleinstellungsmerkmal sichert. Aus der Gruppe der phototrophen Schwefelbakterien ließen sich – obwohl Fortschritte in den Kultivierungstechniken gemacht worden waren, u.a. von Cornelis B. van Niel – einige Organismen lange Zeit nicht oder nur schwer in Reinkultur bringen und auch nicht über längere Zeiträume erhalten. Dies hängt vor allem damit zusammen, dass sie schwimmend beweglich sind, einen besonderen autotrophen Stoffwechsel haben und keinen Sauerstoff und nur wenig Licht vertragen. Zu dieser Gruppe zählt eines der häufigsten freibeweglichen Schwefelbakterien, *Chromatium okenii,* das eine außergewöhnliche Geschichte nicht nur seiner Kultivierung, sondern auch seiner Benennung vorweisen kann.

Chromatium okenii ist benannt nach dem Philosophen und Naturforscher Lorenz Oken (1779–1851). In dem Beinamen handelt es sich um ein sog. Ehrentaxon.[32] Auch hier hat es, bis zur Aufnahme in die Liste der „List of Approved Names“ eine

31 Die DSMZ nimmt dazu wie folgt Stellung: „Auf der einen Seite besitzt nun jedes Land die souveränen Rechte über seine Ressourcen und kann damit sogenannte Biopiraterie verhindern. Aber auf der anderen Seit ist seit Inkrafttreten 2014 das Sammeln von Bakterien, Pilzen oder anderen Mikroorganismen in vielen Ländern deutlich umständlicher geworden. Bei vielen Wissenschaftlern herrscht momentan Unsicherheit darüber, was sie dürfen, was nicht und welche Genehmigungen notwendig sind.“ https://www.dsmz.de/de/dsmz/nagoya-protokoll (4. März 2023).

32 Während es in Botanik und Mikrobiologie gemäß der internationalen Codes zur Nomenklatur geboten ist, nur Namen von Wissenschaftlern als Ehrentaxa zu verwenden, sind die Benennungspraxen in der Zoologie durchaus für Prominenz aus Politik, Popkultur und Geistesgeschichte sowie für Familienmitglieder offen. Vgl. hierzu das Kapitel „‚Ich benenne diesen Käfer nach meiner lieben Frau …‘“ in Michael Ohls *Die Kunst der Benennung* (Ohl 2015: 167–194). Aus Botanik und Mikrobotanik gibt es allerdings Vorstöße, auch in diesen Fächern die gleiche Offenheit walten zu lassen. So wurde unlängst vorgeschlagen, zwei neu entdeckte Gattungen einzelliger Algen *Blixaea* und *Unruhdinium* zu nennen: nach den Musikern der Band „Einstürzende Neubauten“ (vgl. Gottschling et al. 2017): „This would be in tradition of, for example, Linné (1753), who dedicated many of his plant names to mythological figures“ (298).

Reihe effektiver Namen gegeben, die teils parallel bestanden. An der Umbenennungsgeschichte dieses Bakteriums lässt sich studieren, wie sich eine phänotypische Charakteristik – das purpurfarbene Erscheinungsbild – im Namen niedergeschlagen hat, aber auch ganz andere Bezugsgrößen relevant gewesen sind: Ehrenberg hatte es zunächst als „Monas okenii“ bzw. „Pseudomonas okenii“ (Ehrenberg 1838) benannt und dadurch auf die metaphysische Monadenlehre angespielt (vgl. Waszynski & Karafyllis 2020). Bereits wenige Jahre später kam die Variante „Chromatium okenii“ (Perty 1852) auf, dann „Rhabdomonas rosea“ (Cohn 1875) und „Rhabdochromatium roseum“ (Winogradsky 1888). Bemerkenswert ist der mehrfache Registerwechsel in der Benennung: vom Begriff „monas“ und einer Forscherpersönlichkeit zur Kombination derselben mit einer neuen Substantivbildung zu Farbe überhaupt (gr. χρῶμα), dann eine Spezifizierung von „monas“ durch den Zusatz des allgemeinen Merkmals der Stabförmigkeit (von gr. ῥάβδος), später der Verlust des metaphysischen Begriffs zugunsten einer doppelten Orientierung an sichtbaren Merkmalen. Die Reihe ließe sich fortsetzen. Die schwankenden, auf ganz heterogene Sprachbereiche zurückgreifenden Benennungen des Bakteriums korrelieren mit den Unsicherheiten in seiner Kultivierung.

Hans Günter Schlegel (1924–2013), Mitte der 1960er Jahre Begründer des Standardwerks *Allgemeine Mikrobiologie* (1969) und zeitgleich Gründer der *Deutschen Sammlung von Mikroorganismen* in Göttingen,[33] hatte sich in seiner bis heute unveröffentlichten und noch im Fach Botanik angesiedelten Dissertation *Vergleichende Untersuchungen über die Lichtempfindlichkeit einiger Purpurbakterien* (1950) mit der Kultivierung empfindlicher Schwefelpurpurbakterien befasst, um an ihnen photobotanische Experimente durchführen zu können, darunter auch *Chromatium okenii*. Schlegels Arbeit ist alles andere als nüchtern. Sie enthält umfangreiche Schilderungen, beispielsweise zur Beprobung am Schlossteich in Ostrau bei Halle/Saale und zu den anschließenden Verfahren im Labor:

> Gewöhnlich verfuhr ich in der Weise, dass ich mir vom natürlichen Standort Schlamm und Wasser holte, das schon durch die charakteristische Färbung (karminrot) einen hohen Gehalt an Chromatium Okeni [!] verriet. Die mit diesem Material beschickten Standzylinder fanden an einem Nordfenster Aufstellung. Die suspendierten Schlammteilchen setzten sich innerhalb eines Tages ab. Die Chromatien verzogen sich z.T. in den Schlammhorizont, z.T. bildeten sie dicht über ihm eine Bakterienplatte. Diese wanderte dem Beleuchtungsrhythmus entsprechend auf und ab. Hatten sich die Bakterien in der Nacht fast ausnahmslos in den Schlamm zurückgezogen, so kamen sie in den zeitigen Vormittagsstunden eine zeitlang als scharf

33 2003 hat sein Name Eingang in die Gattung *Schlegelella*, 2010 in die Gattung *Hansschlegelia* gefunden: https://lpsn.dsmz.de/genus/schlegelella; https://lpsn.dsmz.de/genus/hansschlegelia (4. März 2023).

> begrenzte Bakterienplatte zum Vorschein. Diese löste sich später auf, und die Organismen erfüllten fast den ganzen Kulturzylinder. Im Sommer trat oft eine so lebhafte Vermehrung ein, dass das ganze Wasser karminrot gefärbt erschien [...]. Die Wechsel der Jahreszeiten und täglichen Lichtverhältnisse sind für die Vorbereitung der Untersuchung der Lichtsensibilität im Labor bereits entscheidend.
>
> (Schlegel 1950: 8–9)

Der deskriptive Aufwand, der nicht nur das Objekt, sondern auch dessen Umfeld, die Techniken des Besammelns, den zyklischen Lichtrhythmus und nicht zuletzt den Beobachter selbst erfasst, war notwendig, um überhaupt einen Schritt in der Reinkultivierung und damit auch in der Benennungspraxis voranzukommen. Schlegels Göttinger Kollege, der Kultivierungsspezialist und Spracharbeiter Norbert Pfennig (1925–2008), wird wenig später die entscheidenden Weiterentwicklungen – u.a. eine Anpassung von Kulturmedium und Kulturgefäß – beisteuern, die letztlich dazu führen, dass es gelingt, *Chromatium okenii* in Kultur zu bringen und dauerhaft vorzuhalten; auf Grundlage dieser Expertise wird die Gründung der DSM mit ihren Zweigstellen vorangetrieben (vgl. Karafyllis & Waszynski 2020). Für die Frage, wie Mikroben *als* sprachliche Objekte konfiguriert werden, erscheint mir dieser Zusammenhang entscheidend, denn *um überhaupt* einen Typstamm – und damit die einmalige Referenz eines wissenschaftlichen Namens im Sinne des internationalen Codes – erhalten zu können, bedarf es eines Verfahrens, das auf eine hochgradig deskriptive und veranschaulichende Sprache angewiesen ist. Nicht nur *Technisierung* und *Technologisierung* gehen ein in die Namen, sondern auch die *Techniken des Beschreibens*, die es erlauben, das Verfahren nachzuvollziehen und somit zu reproduzieren. Ohne solche genuin sprachlichen Lösungen konnte der über die kultivierungsabhängige Fixierung im Typstamm führende Schritt zur Taxonomie nicht gelingen.

Weiterhin fällt auf, dass die äußere Wirklichkeit nicht nur Untersuchungsgegenstand, sondern auch Bildspender für das zur Beschreibung des Verfahrens herangezogene Vokabular ist: „Chromatium Okeni pipettierte ich morgens, noch bevor es sich zur Wolkenbildung aus dem Schlammhorizont erhob, dicht über diesem ab und konzentrierte es in den Anreicherungsröhrchen." (Schlegel 1950: 16–17) Prägungen wie „Wolkenbildung" und „Schlammhorizont" verkleinern die sichtbare Welt des Makrokosmos auf den Radius mikrobieller Wirkmächtigkeit; etwa zeitgleich, in den 1950er Jahren, entdeckt die Mikrobiologie die Umkehrrichtung: nämlich die gesamten Stoffwechselkreisläufe der Welt von solchen Wirkmächtigkeiten der kleinsten Lebewesen her zu denken. *The Microbial World* (Stanier, Doudoroff & Adelberg 1957) meint nicht nur die überregionale Verbreitung der Mikroben, sondern lässt die Welt selbst als mikrobielle greifbar werden. Schlegels Vorarbeiten wie auch die von Pfennig später ausgebaute Kultivierungsexpertise spielen in dieses Paradigma hinein. Der Weg zur mikrobiellen Welt führt über die phänomenale. Versuche, diese Phänomenalität zugunsten einer seit den 1970er Jahren durch neue Sequenziertechniken befeuerten Handhabbarkeit zu tilgen (vgl. Abschnitt 7), lassen sich jener problematischen epistemologischen Bewegung zurechnen, die Blumenberg (1981) zum Schluss seiner *Lesbarkeit der Welt* beschrieben hat: „Vor der Einfalt der Präskription verliert die Vielfalt der Deskription ihren Eigenwert". Wissenschaft, in dieser Weise zum „Formelsinn" fortschreitend, zerstöre „unausweichlich den Fundus ihrer Rechtfertigungen, die immer" – so auch in Schlegels eindrücklichem Bericht – „anthropotrope Elemente enthalten" (Blumenberg 1981: 408). Diese Elemente finden sich im Katalogeintrag der DSM zu *Chromatium okenii* nur noch in verklausulierter Form wieder, nämlich als lakonischer Hinweis auf den „pond", den Ostrauer Schlossteich, und die spätere Publikation zur „Anreicherungskultur einiger Schwefelpurpurbakterien" (Schlegel & Pfennig 1961 [=113]) (DSM 1989: 35):

> ***Chromatium okenii*** (Ehrenberg) Perty 1852^{AL}
> 169^{T}¬ N. Pfennig, strain 1111. Pond (113). Type strain (18, 1300).
> % GC 50.0 (4). Physiology (114, 115). Surface structure (116).
> (Medium 28, 20 C, anaerobic).

Das für die DSM identitätsstiftende und im Kontext der internationalen Nomenklatur bedeutsame Objekt ist heute übrigens verloren. Nun gibt es zwar den Namen noch, aber den spezifischen Organismus, der diesen Namen zwischenzeitlich nach den international anerkannten Kriterien verbürgt hatte, nicht mehr (vgl. Abschnitt 9).

7 Neologismen: *Methanobacterium thermautotrophicum*

Schließlich sei ein weiterer Organismus als Beispiel dafür genannt, wie das binominale Prinzip unterwandert und zugleich an seinem äußersten *systematischen* Rand, nämlich auf Ebene der großen Domänen des Lebens, signifikant umgeschrieben wurde. Das Beispiel ist das methanogene, also Methan bildende *Methanobacterium thermautotrophicum* [bzw. *thermautotrophicum*], so benannt 1972, als das angebliche Bakterium in Urbana, Illinois, vom Team um Ralph Wolfe (1921–2019) erstmalig und mit den hohen Ansprüchen für anaerobe Kultivierung im hochtemperierten Bereich in Kultur gebracht werden konnte. Das Epitheton *thermautotrophicum* verweist auf die autarke Lebensweise und die Hitzeaffinität: 65 °C ist die optimale

Wachstumstemperatur. Der in Urbana isolierte und phänotypisch unauffällige Stamm hat Berühmtheit erlangt, weil er Teil einer wissenschaftlichen Revolution gewesen ist. Die Gruppe um den ebenfalls in Urbana arbeitenden Biophysiker Carl Woese (1928–2012) hatte ein Verfahren entwickelt, das Mikroben auf neuer Grundlage klassifizieren konnte: die Molekularsequenzierung einer ribosomalen Ribonukleinsäure (rRNA) aus der kleinen Untereinheit (16S) des Ribosoms, eines bei allen Organismen vorkommenden Zellorganells. Die 16S-rRNA gilt als evolutionär konservativ, anders als die Erbinformation des Zellkerns; sie wird deshalb als biologischer Zeitmesser („Uhr") für die Untiefen der Abstammungsgeschichte genutzt. Der maßgebliche Befund in Urbana war: Die rRNA-Sequenz von *Methanobacterium thermautotrophicum* unterschied sich im Aufbau von der in fast allen anderen bis dato sequenzierten Bakterien. Die Differenz wurde auch durch Ergebnisse zur molekularen Zellwandstruktur erhärtet. Für den Namen des Modellorganismus hatte Woese allerdings nicht viel übrig: „a fourteen-syllable monstrosity" (zit. n. Quammen 2018: 79). In diametraler Entgegensetzung zu den an mikrobieller Phänomenalität orientierten Beschreibungen Schlegels wie zur sprachlichen Akribie Buchanans verwendete er stattdessen die Laborbezeichnung „Delta H" oder, in noch knapperer Form, schlicht „ΔH", die so auch in den DSM-Katalog aufgenommen worden ist (DSM 1989: 73):

> ***Methanobacterium thermoautotrophicum*** Zeikus and Wolfe 1972^{AL}
> 1053^{T} = ATCC 29096
> ¬ J. G. Zeikus, ΔH. Sewage sludge, Urbana, Ill., USA (2046, 2047). Type strain (1300).
> % GC 49.7 (1682), 48.6 (1687). Taxonomy (1682). Fine structure (2048). Growth studies (1683). Cell wall (1716, 1684). Sensitivity to antibiotics (1604). DNA-dependent RNA polymerase (1685). (Medium 110 or 131, 65 C, anaerobic).

Die Rückstufung des gängigen Binominalnamens in einen formelhaften Vernakularnamen aus der Sprachgemeinschaft des Labors gibt mehr als eine wissenschaftsgeschichtliche Anekdote her, weil damit in diesem Fall nicht nur die taxonomisch-typologische Orientierung an Morphologie, Habitat und Stoffwechsel über Bord geworfen, sondern auch die Tragfähigkeit des geltenden Benennungssystems insgesamt in Zweifel gezogen worden ist. Bereits auf sprachlicher Ebene greift die Bewegung der Technisierung, im Sinne der Husserlschen Phänomenologie verstanden als Versuch, „‚im Sprunge' voran[zu]kommen" (Blumenberg 1981: 34).

Aus dem Ergebnis v.a. der Sequenzierung ermittelte Woese eine neue Domäne des Lebens: die erdgeschichtlich frühen *Archaea*, die er anfangs noch unter dem Namen *Archaebacteria* fasste, was eine Anschlussfähigkeit an das Reich der Bakterien suggerierte. Der Neologismus *Archaea* bezeichnete dann aber eine phylogenetisch maximale Distanz zum Reich der Bakterien, ihren Merkmalen und Stoffwechselansprüchen; die Frage nach dem Ursprung des Lebens wurde neu verhandelbar.

Ganz konkret geschah dies in einem Briefwechsel zwischen Woese und dem Münchener Mitinitiator der DSM, Otto Kandler (1920–2017) (vgl. Sapp 2009). Die Begründung für den vereinfachend-generalisierenden Namen *Archaea* (analog zu *Planta* und *Bacteria*) war an der taxonomischen Praxis orientiert: „there is a common tendency among taxonomists to use the most simple endings for the highest ranks" (Kandler 1990). Die Methan bildende Mikrobe ließ sich jetzt auch sprachlich nicht mehr den Bakterien zuordnen. Die konsequenzenreiche Veränderung fand innerhalb der Zeichen statt und wurde, was den Modellorganismus betrifft, implizit sogar bis in die Schriftbildlichkeit hinein ausgereizt: Der vierte Buchstabe des griechischen Alphabets (Δ) hatte den Vorzug, die neue Dreigliedrigkeit des Systems auch graphisch einzuholen. Doch obwohl das nach Rängen gestufte System fundamental modifiziert werden konnte, blieb aufgrund der Trägheit der Nomenklatur der einmal zugewiesene Name auf Spezies-Ebene, mit geringfügigen Modifkationen, bestehen. Bei den Methanbakterien verhält es sich also genau umgekehrt als bei den Aktinomyzeten, die taxonomisch Bakterien sind, obwohl sie namentlich nicht so heißen. Die impliziten Benennungsstrategien folgen hier ganz unterschiedlichen Machtinteressen: Während es für die Antibiotikaproduzenten bei Aktino- und Streptomyceten Sinn macht, sie imaginär an das berühmteste Antibiotikum Penicillin, gewonnen aus dem Pinselschimmel, anzulehnen, wäre die Beibehaltung eines „falschen" Namens für die Geltung der Archaebakterien hinderlich. Denn hier geht es um die große Erzählung zur Entstehung des Lebens auf diesem Planeten, in der derjenige seinen Namen verewigen kann, der über den Ursprung des Werdens von Leben verfügt: d.h. über dasjenige, was noch nicht Bakterium ist. Und das waren Woese und Kandler selbst.

8 Names for Life

Weil die Geschichtlichkeit der Benennungen zu fortwährenden Verwirrungen in der mikrobiologischen Verkehrssprache führt, sind Bestrebungen unerlässlich, diese Veränderungen im Detail zu archivieren. Anzuführen sind zwei im Februar 2020 zusammengeschlossene Datenbanken, die von der DSMZ betrieben werden und das Ziel verfolgen, den aktuellen Stand der Nomenklatur zusammen mit der Vorgeschichte und entsprechenden Synonymen abzubilden: *Prokaryotic Nomenclature Up-to-Date* (PNU) und *List of Prokaryotic names with Standing in Nomenclature* (LPSN).[34] Zugleich hat sich ein Wirtschaftszweig herausgebildet, in dem diese

34 Vgl. https://lpsn.dsmz.de/ (4. März 2023).

Geschichtlichkeit ein neues Geschäftsmodell ermöglicht hat. So bietet die 2004 gegründete Firma *NamesforLife*, LLC, mit Sitz in East Lansing, Michigan, an, die vielverschlungenen Wege der Nomenklatur durch Softwarelösungen operabel zu halten:

> NamesforLife was founded to solve a long-standing problem in biology: resolution of the ambiguity between nomenclature and biological objects and concepts. NamesforLife technology, N4L, makes names actionable. In a N4L-enabled document or database, when encountering a name, the user clicks or mouses over it and a menu of authoritative information is displayed: an up-to-date historical record of both the name and taxon in its current and prior states and its synonyms; technical and non-technical papers in which the organism is a key subject; information about its availability from biological resource centers, databases holding molecular sequence data; and reliable information regarding its pathogenicity, utility, and safety requirements are made available.[35]

Dass mittels Programmiersprache die Zone der Vieldeutigkeit zwischen Wort und Objekt aufgelöst werden soll, ist ein weiterer Schritt auf dem Weg der Technisierung und bildet ein digitales Komplement zum Paradigma biotechnologischer Nutzbarmachung. Parallel ist in der Wissenschaftsgeschichte das *data mining* zu einem eigenen Forschungszweig geworden, in dem sich der Konflikt zwischen semantischer Deskription und digitaler Präskription wiederholt. Ein lohnendes, hier aber nicht weiter zu verfolgendes Unterfangen wäre es daher, die deskriptiven, veranschaulichenden und ambigen Anteile im Rahmen der *Digital Humanities* herauszuarbeiten. Ein möglicher Einsatzpunkt könnte dabei die Praxis des für Lebenswissenschaften so entscheidenden Namen-Gebens überhaupt sein.

Folgt man der im Kapitel „Einbrechen des Namens in das Chaos des Unbenannten" zu Beginn von Blumenbergs *Arbeit am Mythos* (1979) verfolgten These, richtet sich diese Praxis auf das unzugängliche Welt-Ganze, den „Absolutismus der Wirklichkeit":

> Die Welt mit Namen zu belegen, heißt, das Ungeteilte aufzuteilen und einzuteilen, das Ungriffige greifbar, obwohl noch nicht begreifbar zu machen. Auch Setzungen der Orientierung arbeiten elementaren Formen der Verwirrung, zumindest der Verlegenheit, im Grenzfall der Panik, entgegen.
>
> (Blumenberg 1979a: 49)

Namen depotenzieren das „Chaos des Unbenannten", indem sie ein anderes stiften. Dies gilt auch für die Benennungen der mikrobiellen Welt und die ihrer vorgängigen Zerteilungen und Differenzierungen. Nachvollziehen lassen sich historisch

35 https://www.namesforlife.com/company (4. März 2023).

variable Versuche, eine verlorene Ganzheit zu restituieren:[36] etwa durch Ausgriffe auf die Frühgeschichte der Erde, globale Sammlungstätigkeit oder den hypothetischen Anspruch, *alle* Mikrobenarten irgendwann gesammelt zu haben (vgl. Karafyllis & Waszynski 2020). Auch das *NamesforLife*-Modell kann als Versuch einer solchen Restitution verstanden werden: das Heterogene und Widerstrebende durch die Verrechnung in einem einheitlichen und Beherrschbarkeit suggerierenden Format *als* Ganzes neu handhabbar zu machen.

9 Schlussfolgerungen

Das Voranstehende betonte die „authentische Leistungsart" (Blumenberg 1979b: 77) sprachlicher Verfahren innerhalb der Mikrobiologie. Wie an den drei Beispielen und nicht zuletzt an variierenden Begriffsumfängen von „Mikroorganismus" und „Bakterium" gesehen, arbeiten sprachliche und schriftliche Konfigurationen mit daran, was wissenschaftliche Objekte *sind*. Ihr Stellenwert innerhalb wissenschaftlicher Zeichen- und Verweissysteme – und damit ihre Handhabbarkeit überhaupt – hängt eng mit Praktiken der Benennung zusammen. So gesehen, tragen Namen *für* Mikroorganismen dazu bei, an der Faktizität *von* Mikroorganismen mitzuarbeiten. Die Mikrobe ist auch deswegen anfänglich *Biofakt* (Karafyllis), d.h. gemacht und geworden zugleich. Im Zusammenspiel von Taxonomie und Nomenklatur sind die beschriebenen Verfahren des Isolierens, Kultivierens, Standardisierens, Nummerierens, Katalogisierens, Sequenzierens und Publizierens untereinander verbunden: involviert sind auf der einen Seite Apparaturen und Techniken, auf der anderen historisch-sprachliche Dimensionen: nicht nur im Sinne des von der Naturforschung des 18. Jahrhunderts hinterlassenen Erbes, des Vokabulars der griechisch-römischen Antike und normativer Entscheidungen, sondern auch im Hinblick auf eine deskriptive, veranschaulichende und rhetorisch durchwirkte Sprache, die sich immer wieder Bahn bricht.

Während Mikroben ungeachtet ihrer Kleinheit in unserer Lebenswelt eine immer größere Rolle einzunehmen scheinen, treten Beschreibungen mit Lebenswelt-Bezug in den Hintergrund. Der Rest an Phänomenalität in den Benennungen, die im *labeling* strukturell vermieden werden muss, ist für die dazu notwendige Kultivierung jedoch konstitutiv, wie das Beispiel *Chromatium okenii* gezeigt hat. Es

36 Dies als generelles Kennzeichen von Lebendsammlungen in materieller Perspektive: „Materiell gesehen, soll der gesammelte *Teil* ermöglichen, das *Ganze* zu regenerieren oder genetisch zu ‚restaurieren'" (Karafyllis 2018: 41).

scheint daher kein Zufall zu sein, dass der Typstamm DSM-169^T verloren gegangen ist, während sich das sprachliche Leitbild der Mikrobiologie, durch Fortschritte in Verfahren der Sequenzierung, zunehmend technisiert hat. Innerhalb des taxonomischen Systems gibt es an der Stelle der Gattung *Chromatium* einen Riss, der in jüngsten Studien mittels derjenigen Verfahren zu beheben versucht wird, die ihn durchaus mitproduziert haben. So hat eine schweizerisch-dänische Forschungsgruppe Chromatien aus dem Lago di Cadagno (im untigen Zitat abgekürzt LaCa) in den Schweizer Alpen umfassend hinsichtlich ihrer 16S-rRNA-Sequenzen analysiert und mit denen von DSM-169^T verglichen, ist dabei aber auf eine sammlungstechnische Grenze gestoßen:

> Phylogeny based on the 16S rRNA gene revealed a 99% sequence identity with C. okenii DSM 169T and C. okenii strain LaCa groups with Allochromatium and Thiocystis spp. […] Since the C. okenii DSM 169T type strain or other Chromatium spp. are not available anymore in strain collections, a more detailed genomic comparison within the genus Chromatium was not possible.
>
> (Luedin et al. 2019: 4)

An die Stelle des vormals hinterlegten physischen Objekts ist sein skripturaler Rest in Form der 16S-rRNA-Sequenz getreten. Damit lässt sich wissenschaftsgeschichtlich ein weiterer Fall der von Blumenberg in anderem Kontext gesehenen fundamentalen Verschiebung, in der „das Zeichen […] selbst die Substantialität der Sache" gewinnt (Blumenberg 1964: 22), nachvollziehen. Das „more detailed" hingegen erkennt die irreduzible Objektbindung des taxonomischen Systems an, in dem sich Gattungszuschreibungen nicht innerhalb von Schriftmetaphoriken aushandeln lassen. Das Beispiel *Methanobacterium thermautotrophicum* hat gezeigt, dass die derart gefundenen Zuschreibungen von immenser Tragweite sein können, aber auch, dass sie auf tatsächlich vorgehaltene Organismen angewiesen bleiben. Kultivieren und Sequenzieren lassen sich auf lange Sicht nicht gegeneinander ausspielen. Zum Abgleich aufschlussreich ist die Aussage eines prominenten Schülers von Pfennig über dessen Einstellung zur frühen Molekularsequenzierung:

> Er war erst zurückhaltend, dann aber durchaus neugierig. Er war kein „Abstraktling". Er musste etwas sehen, anschauen können. Die 16S-rRNA konnte auch Verwandtschaften aufdecken, die man gar nicht sah. Das hat ihn schon sehr interessiert. Aber er hätte niemals [Aussagen] zugestimmt, [die] nur auf dieser Basis [getroffen werden]. *Er hat beim Phänomen*

> *angefangen*. Wenn er zum Beispiel eine Färbung in einem Gewässer sah, wollte er herausfinden, warum das so war.[37]

Dieser phänomenbasierte Ansatz steht nur scheinbar in Kontrast zu den Untersuchungspraktiken eines Fachs wie der Mikrobiologie, das vorwiegend mit Objekten zu tun hat, die der Sichtbarkeit entzogen sind. Denn auch durch das Mikroskop muss geschaut werden; die Sequenz muss gelesen werden. Zwischen der Anschauung des Objekts und ihrer Veranschaulichung durch Schrift entsteht eine epistemologische Vakanz.

Offen bleibt dabei die Frage, inwiefern jene Praktiken, mithin die Übergänge zum Schreiben und Beschreiben, sei es mittels Publikationsapparat oder dechiffrierender Arbeit an der Taxonomie, die angestrebte epistemologische Reinheit der Objekte produktiv kontaminieren, sogar notwendig kontaminieren müssen. Eine auf ewig festgeschriebene Identität der jeweiligen Mikrobe wäre somit ausgeschlossen.

37 Telefonisches Interview mit Prof. Dr. Friedrich Widdel, ehem. Direktor des Max-Planck-Instituts für Marine Mikrobiologie in Bremen, 25. April 2019, meine Hervorhebung, A.W.

Literaturverzeichnis

Abel, Günter (2018): Epistemologie epistemischer Objekte: Replik zum Beitrag von Hans-Jörg Rheinberger. In: Ulrich Dirks & Astrid Wagner (Hrsg.), *Abel im Dialog: Perspektiven der Zeichen- und Interpretationsphilosophie*. Berlin & Boston: De Gruyter, 575–590. https://doi.org/10.1515/9783110522280-033 (4. März 2023).

Blumenberg, Hans (1981): *Die Lesbarkeit der Welt*. Frankfurt a.M.: Suhrkamp.

Blumenberg, Hans (1979a): *Arbeit am Mythos*. Frankfurt a.M.: Suhrkamp.

Blumenberg, Hans (1979b): *Schiffbruch mit Zuschauer*. Frankfurt a.M.: Suhrkamp.

Blumenberg, Hans (1964): Wirklichkeitsbegriff und Möglichkeit des Romans. In: Hans R. Jauß (Hrsg.), *Nachahmung und Illusion. Kolloquium Gießen 1963. Vorlagen und Verhandlungen*. München: Eidos, 9–27.

Blumenberg, Hans (1960): *Die Legitimität der Neuzeit*. Frankfurt a.M.: Suhrkamp.

Brenner, Don J., James T. Staley & Noel R. Krieg (2001): Classification of Prokaryotic Organisms and the Concept of Bacterial Speciation. In: David R. Boone & Richard W. Castenholz (Hrsg.), *Bergey's Manual of Systematic Bacteriology. Second Edition 1: The* Archaea *and the Deeply Branching and the Phototrophic* Bacteria. New York: Springer, 27–31.

Buchanan, Robert E. (1917): Studies in the Nomenclature and Classification of the Bacteria. II. The Primary Subdivisions of the Schizomycetes. In: *Journal of Bacteriology* 2 (2), 155–164.

Cerny, Gerhard & Peter Hoffmann (1987): *Mykothek – Mikrobiologie der Packstoffe*. Göttingen: Erich Goltze 1987.

Cohn, Ferdinand J. (1872): Untersuchungen über Bacterien. In: *Beiträge zur Biologie der Pflanzen* 1(2), 127–224.

Conn, Harold J. (1930): The Identity of *Bacillus Subtilis*. In: *The Journal of Infectious Diseases* 46 (4), 341– 350.

Conn, Herbert W. & Harold J. Conn (1923): *Bacteriology. A Study of Microörganisms and their Relation to Human Welfare*. Baltimore: The Williams & Wilkins Company.

Cowan, S.T. (1973): Obituary: Robert E. Buchanan, 1883–1973. In: *Journal of General Microbiology* 77, 1– 4.

Daston, Lorraine (2004): Type Specimens and Scientific Memory. In: *Critical Inquiry* 31 (1), 153–182. https://doi.org/10.1086/427306 (4. März 2023).

Deutsche Sammlung von Mikroorganismen (DSM) (1974): *Catalogue of Strains 1974*. Göttingen.

Deutsche Sammlung von Mikroorganismen (DSM) (1989): *Catalogue of Strains 1989: Bacteria, Filamentous Fungi, Yeasts, Plasmids, Phages*. Braunschweig.

EAWAG – Eidg. Anstalt für Wasserversorgung, Abwasserreinigung und Gewässerschutz (1974): *Jahresbericht 1974*. Dübendorf.

Ehrenberg, Christian G. (1835): Dritter Beitrag zur Erkenntniss grosser Organisation in der Richtung des kleinsten Raumes. In: *Physikalische Abhandlungen der Koeniglichen Akademie der Wissenschaften zu Berlin aus den Jahren 1833–1835*, 143–336.

Ereshefsky, Marc (2007): Species, Taxonomy, and Systematics. In: Mohan Matthen & Christopher Stephens (Hrsg.), *The Handbook of Philosophy of Biology*. Amsterdam: North Holland, 403–428.

Gottheil, Otto (1901): Botanische Beschreibung einiger Bodenbacterien. In: *Centralblatt für Bakteriologie*. Abt. 2, 7, 680–691.

Gottschalk, Gerhard (2009): *Welt der Bakterien: Die unsichtbaren Beherrscher unseres Planeten*. Weinheim: Wiley-VCH.

Gottschling et al. (2017): Two new generic names for dinophytes harbouring a diatom as an endosymbiont, Blixaea and Unruhdindinlum (Kryptoperidiniaceae, Peridinales). In: *Phytotaxa* 306 (4), 296–300. https://doi.org/10.11646/phytotaxa.306.4.6 (4. März 2023).

Grote, Matthias (2018): Petri dish versus Winogradsky column: a longue durée perspective on purity and diversity in microbiology, 1880s–1980s. In: *History and Philosophy of the Life Sciences* 40, Article number 11. https://doi.org/10.1007/s40656-017-0175-9 (4. März 2023).

Harz, Carl O. (1877): Actinomyces bovis, Ein neuer Schimmel in den Geweben des Rindes. In: *Deutsche Zeitschrift für Thiermedizin* 5, 125–140.

Kandler, Otto (1990): Brief an Carl Woese vom 5. Januar 1990. Zit. n.: Jan Sapp (2009), *The New Foundations of Evolution: On the Tree of Life*. Oxford, New York: Oxford UP, 262.

Karafyllis, Nicole C. (2020): Kontamination und Lesbarkeit der Welt: Die Anfänge der „Deutschen Sammlung von Mikroorganismen" in Göttingen und Grundlegendes zur Sammlungsforschung. In: Braunschweigische Wissenschaftliche Gesellschaft (Hrsg.), *Jahrbuch 2019*. Braunschweig: J. Cramer, 126–149.

Karafyllis, Nicole C. (2018): Die Samenbank als Paradigma einer Theorie der modernen Lebendsammlung. Über das Sammeln von Biofakten und ihre Liminalitäten. In: Nicole C. Karafyllis (Hrsg.), *Theorien der Lebendsammlung. Pflanzen, Mikroben und Tiere als Biofakte in Genbanken* (Lebenswissenschaften im Dialog 25). Freiburg i.Br.: Karl Alber, 39–136.

Karafyllis, Nicole C. (2006): Biofakte – Grundlagen, Probleme, Perspektiven. In: *Erwägen Wissen Ethik* 17 (4), 547–558.

Karafyllis, Nicole C. & Alexander Waszynski (2022): Das ganze Spektrum: Die Frühgeschichte der *Deutschen Sammlung von Mikroorganismen* DSM. In: *Acta Historica Leopoldina* 80, 87–117.

Kranz, Isabel (2020): Zur Poetik der Pflanzennamen in der Botanik: Carl von Linné. In: *Poetica* 50 (1–2), 96–118. https://doi.org/10.30965/25890530-05001005 (4. März 2023).

Luedin, Samuel M. et al. (2019): Draft Genome Sequence of *Chromatium okenii* Isolated from the Stratified Alpine Lake Cadagno. In: *Scientific Reports* 9 (1). https://doi.org/10.1038/s41598-018-38202-1 (4. März 2023).

Madigan, Michael T. et al. (2013): *Brock Mikrobiologie*. 13., aktualisierte Auflage. München u.a.: Pearson.

Malik, Khursheed A. & Dieter Claus (1987): Bacterial Culture Collections: Their Importance to Biotechnology and Microbiology. In: *Biotechnology and Genetic Engineering Reviews* 5 (1), 137–198. https://doi.org/10.1080/02648725.1987.10647837 (4. März 2023).

Nübling, Damaris, Fabian Fahlbuch & Rita Heuser (2015): *Namen. Eine Einführung in die Onomastik*. 2., überarbeitete und erweiterte Auflage. Tübingen: Narr.

Ohl, Michael (2015): *Die Kunst der Benennung*. Berlin: Matthes & Seitz.

Overmann, Jörg (2018): Konzeption, Relevanz und Zukunftsperspektiven moderner biologischer Ressourcenzentren am Beispiel des Leibniz-Instituts DSMZ-*Deutsche Sammlung von Mikroorganismen und Zellkulturen*. In: Nicole C. Karafyllis (Hrsg.), *Theorien der Lebendsammlung. Pflanzen, Mikroben und Tiere als Biofakte in Genbanken* (Lebenswissenschaften im Dialog 25). Freiburg i.Br.: Karl Alber, 229–249.

Parker, Charles T., Brian J. Tindall & George M. Garrity (2019): International Code of Nomenclature of Prokaryotes. Prokaryotic Code (2008 Revision). In: *International Journal of Systematic and Evolutionary Microbiology* 69 (1A), S1–S111.

Perty, Maximilian (1852): *Zur Kenntnis kleinster Lebensformen*. Bern: Jent & Reinert, 1-228.

Přibram, Ernst (1919): *Der gegenwärtige Bestand der vorm. Králschen Sammlung von Mikroorganismen*. Wien: Frommannsche Buchdruckerei (Hermann Pohle) in Jena.

Quammen, David (2018): *The Tangled Tree: A Radical New History of Life*. New York: Harper Collins.

Rheinberger, Hans-Jörg (2018): Über epistemische Dinge. In: Ulrich Dirks & Astrid Wagner (Hrsg.), *Abel im Dialog: Perspektiven der Zeichen- und Interpretationsphilosophie*. Berlin & Boston: De Gruyter, 565–574. https://doi.org/10.1515/9783110522280-032 (4. März 2023).

Sapp, Jan (2009): The New Foundations of Evolution: On the Tree of Life. Oxford, New York: Oxford UP.

Schlegel, Hans G. (1969): *Allgemeine Mikrobiologie*. Stuttgart: Thieme.

Schlegel, Hans G. (1950): Vergleichende Untersuchungen über die Lichtempfindlichkeit einiger Purpurbakterien. (Unveröffentlichte Dissertationsschrift) Halle/Saale.

Schlegel, Hans G. & Norbert Pfennig (1961): Anreicherungskultur einiger Schwefelpurpurbakterien. In: *Archiv für Mikrobiologie* 38, 1–39.

Seidensticker, Peter (1996): Nomenklaturen: Pflanzennamen. In: Ernst Eichler, Gerold Hilty & Heinrich Löffler et al. (Hrsg.), *Namenforschung. Ein internationales Handbuch zur Onomastik*, 2. Teilband (Handbücher zur Sprach- und Kommunikationswissenschaft 11.2). Berlin, Boston: DeGruyter, 1622–1162.

Skerman, Victor B. D., Vicki McGowan & Peter H.A. Sneath (1980): Approved Lists of Bacterial Names. In: *International Journal of Systematik and Evolutionary Microbiology* 30 (1), 225–420.

Smith, Nathan R.; Thomas Gibson & Ruth E. Gordon (1964): Type Cultures and Proposed Neotype Cultures of Some Species in the Genus Bacillus. In: *Journal of General Bacteriology* 34, 269–272.

Smith, Nathan R., Ruth E. Gordon & Francis E. Clark (1952): *Aerobic spore-forming bacteria*, Washington, DC: US Department of Agriculture Monograph (16).

Stanier, Roger Y. & Cornelis B. van Niel (1962): The Concept of a Bacterium. In: *Archiv für* Mikrobiologie 42, 17–35.

Stanier, Roger Y., Michael Doudoroff & Edward A. Adelberg (1957): *The Microbial World*. Englewood-Cliffs: Prentice-Hall.

Strasser, Bruno J. (2019): *Collecting Experiments. Making Big Data Biology*. Chicago, London: UP Chicago.

Toepfer, Georg (2011a): Eintrag „Bakterium". In: Ders., *Historisches Wörterbuch der Biologie*. Bd. 1, Stuttgart, Weimar: Metzler, 141-151.

Toepfer, Georg (2011b): Eintrag „Taxonomie". In: Ders., *Historisches Wörterbuch der Biologie*. Bd. 3, Stuttgart. Weimar: Metzler, 469–493.

Ul-Hassan, Atiya & Elizabeth M. H. Wellington. (2009): Actinobacteria. In: *Encyclopedia of Microbiology*. Amsterdam u.a.: Elsevier, 25–44.

Uruburu, Federico (2003): History and services of culture collections. In: *International Microbiology* 6, 101–103.

Waszynski, Alexander & Nicole C. Karafyllis (2020): Re-Collecting Microbes with Hans Blumenberg's Concept of „Reoccupation" (*Umbesetzung*): from Isolating/Cultivating towards Digitizing/Synthesizing. In: *Zeitschrift für Medien- und Kulturforschung* 11 (1), 95–115.

Winogradsky, Sergei (1888): Beiträge zur Morphologie und Physiologie der Bakterien. Heft 1: Zur Morphologie und Physiologie der Schwefelbakterien. Leipzig: Felix.

Zeigler, Daniel R. et al. (2008): The Origins of 168, W23, and Other *Bacillus subtilis* Legacy Strains. In: *Journal of Bacteriology* 190 (21), 6983–6995. https://doi.org/10.1128/JB.00722-08 (4. März 2023).

Personenregister

https://doi.org/10.1515/9783111437392-010

www.ingramcontent.com/pod-product-compliance
Lightning Source LLC
LaVergne TN
LVHW042238300926
849161LV00003B/390
* 9 7 8 3 1 1 1 4 3 7 1 3 2 *